高等职业教育"十四五"系列教材

高等职业教育土建类专业"互联网+"数字化创新教材

土木工程检测技术（下册）

杨俊池	刘永翔	主　编
李晓琛	程俭廷	副主编
温伟标	李庆臻	
徐凯燕	李炎清	主　审

中国建筑工业出版社

图书在版编目（CIP）数据

土木工程检测技术. 下册 / 杨俊池，刘永翔主编；
李晓琛等副主编. — 北京 ：中国建筑工业出版社，
2024.2

高等职业教育"十四五"系列教材　高等职业教育土
建类专业"互联网＋"数字化创新教材

ISBN 978-7-112-29727-6

Ⅰ. ①土… Ⅱ. ①杨… ②刘… ③李… Ⅲ. ①土木工
程-工程结构-检测-高等职业教育-教材　Ⅳ.
①TU317

中国国家版本馆 CIP 数据核字（2024）第 069709 号

本书内容全面，贴近实战，关注目前土木工程最新检测技术成果，具有较强的工程实用性、针对性和可操作性。全书分上下册，共 19 章。下册为道桥隧道分册，内容包括无损检测技术、道路检测技术、桥梁检测技术、隧道检测技术、交通安全设施检测技术、边坡工程监测技术、软土地基监测技术、检测新技术。

本书基于目前最新规范标准进行编写，邀请广东省各大检测企业行业专家与校内有经验的教师，校企合作共同编写，具有较强的土木工程检测行业特色。本书可作为高等职业教育土建类专业教材，同时也是土木工程试验检测专业人员的培训及参考用书。

为方便教学，作者自制课件资源，索取方式为：

1. 邮箱：jckj@cabp.com.cn；2. 电话：（010）58337285；3. 建工书院：http://edu.cabplink.com。

责任编辑：王予芊
责任校对：张　颖

高等职业教育"十四五"系列教材
高等职业教育土建类专业"互联网＋"数字化创新教材

土木工程检测技术（下册）

杨俊池　刘永翔　主　编
李晓琛　程俭廷
温伟标　李庆臻　副主编
徐凯燕　李炎清　主　审

*

中国建筑工业出版社出版、发行（北京海淀三里河路 9 号）
各地新华书店、建筑书店经销
北京鸿文瀚海文化传媒有限公司制版
北京圣夫亚美印刷有限公司印刷

*

开本：787 毫米×1092 毫米　1/16　印张：20¾　字数：518 千字
2024 年 4 月第一版　　2024 年 4 月第一次印刷
定价：**59.00** 元（赠教师课件）
ISBN 978-7-112-29727-6
（42129）

教材编审委员会

（按姓氏笔画排序）

王江鸿　　任朝军　　刘永翔　　刘　伟　　关志深

危　强　　杜文淳　　李庆臻　　李炎清　　李晓琛

杨俊池　　何惟煌　　陈运辉　　林超群　　钟　源

徐凯燕　　唐辉强　　彭永胜　　程俭廷　　曾卫平

温伟标　　赖仁纯

前　言

习近平总书记在党的二十大报告中明确提出，要加快构建以国内大循环为主体、国内国际双循环相互促进的新发展格局。在党的二十大精神和国家双循环新发展格局的引领下，我国经济高速持续发展，建筑业也保持迅猛的发展势头，作为传统的土建行业仍然焕发着蓬勃生机，建设速度与规模位居世界前列。与此同时，大量的土木建筑进入老化期，既有土建结构的检测、健康监测、评价及养护已成土木建筑建设的重要组成部分。

为了确保新建工程的施工质量和既有建筑结构的安全使用，土建行业对工程质量检测工作提出了更高的要求，作为"工程质量卫士"的试验检测肩负着"质量强国"的历史使命。另外，随着新技术、新材料、新工艺"三新技术"的快速发展，新的测试技术手段不断更新，自动化、智能化、智慧化、无人化、无损化、标准化已成为工程质量检测的发展趋势。大量的基础设施建设过程中积累了很多宝贵的工程试验检测经验，也取得了很多专业技术标志性成果，如测试技术手段、方法等，需要及时加以总结推广和应用。

为此，我们邀请了广东省各大检测企业行业专家与校内有经验的专业教师，根据多年的土木工程试验检测实践、资质评审、技术咨询和专业教学经验，校企合作，共同编写本教材，旨在总结土木工程试验检测实践经验，为广大应用型高校师生和检测行业技术人员提供一本全面、实用、贴近实战的专业教材和参考指南，以期在我国土木工程的质量控制方面发挥一定的积极作用。

本教材分上下册，下册共8章。本教材由广东交通职业技术学院杨俊池、佛山市公路桥梁工程监测站有限公司刘永翔担任主编，并负责统稿。本教材编审委员会特邀广东交通职业技术学院土木工程学院院长徐凯燕教授（博士）、广州市道路研究院有限公司董事长李炎清高级工程师担任本教材主审，两位专家认真细致地审核了全书，并提出了许多宝贵的修改意见和建议，在此特向二位专家深表谢意！具体分工如下：

第十二章　无损检测技术由广东交通职业技术学院杨俊池编写；

第十三章　道路检测技术由广东交通职业技术学院杨俊池；广东路宏达检测技术有限公司关志深编写；

第十四章　桥梁检测技术由广州诚安路桥检测有限公司程俭廷编写；

第十五章　隧道检测技术由佛山市公路桥梁工程监测站有限公司刘永翔；广州诚安路桥检测有限公司程俭廷编写；

第十六章　交通安全设施检测技术由广东交科检测有限公司温伟标编写；

第十七章　边坡工程监测技术由广东省建筑科学研究院集团股份有限公司赖仁纯编写；

第十八章　软土地基监测技术由广东省有色工业建筑质量检测站有限公司林超群；广东惠和工程检测有限公司危强、任朝军编写；

第十九章　检测新技术由广东省建筑科学研究院集团股份有限公司李晓琛编写。

本教材的编写得到了各编写单位领导、专家、老师及广大同行的大力支持，广东和立土木工程有限公司陈运辉、广东交大检测有限公司李世豪、广东交通职业技术学院刘伟等专家、老师提供了一些宝贵的素材和建议，再次特别致谢。

由于本教材涉及的专业领域、内容甚多，加之编者知识水平所限，书中不妥之处在所难免，恳请广大同行专家及读者批评指正。另外，编书过程中，有些参考引用的内容由于难以溯源，在此也一并感谢原作者。未能一一标注出处，敬请谅解。

目 录

第十二章 无损检测技术 ················· 001

第一节 概述 ················· 002

第二节 无损检测常见方法 ················· 004

第三节 无损检测的基本原理 ················· 005

第四节 混凝土结构缺陷检测 ················· 010

第五节 钢筋位置及保护层厚度检测 ················· 013

第六节 锚杆长度检测 ················· 016

第七节 立柱埋深检测 ················· 018

第八节 超声相控阵检测技术 ················· 021

思考题 ················· 023

第十三章 道路检测技术 ················· 024

第一节 道路检测技术概况 ················· 025

第二节 压实度检测 ················· 028

第三节 回弹弯沉检测 ················· 035

第四节 几何尺寸检测 ················· 043

第五节 平整度检测 ················· 058

第六节 CBR 试验 ················· 064

第七节 抗滑性能检测 ················· 070

第八节 渗水系数检测 ················· 079

第九节 沥青含量和矿料级配检测 ················· 082

第十节 沥青混合料马歇尔稳定度检测 ················· 086

第十一节 沥青混合料车辙动稳定度检测 ················· 089

第十二节 无机结合料稳定材料无侧限抗压强度试验 ················· 091

第十三节 水泥（石灰）剂量测定 ················· 093

第十四节 路况检查与技术状况评定简介 ················· 094

思考题 ················· 098

第十四章 桥梁检测技术 ················· 099

第一节 概述 ················· 100

第二节 桥梁技术状况评定 ················· 101

第三节　桥梁荷载试验 ··· 113

第四节　桥梁承载能力评定 ··· 128

第五节　桥梁健康监测技术 ··· 141

第六节　锚下有效预应力检测 ·· 150

第七节　孔道摩阻损失检测 ··· 155

第八节　注浆密实度检测 ·· 158

思考题 ··· 162

第十五章　隧道检测技术 ··· 163

第一节　概述 ··· 165

第二节　隧道施工质量检测 ··· 170

第三节　隧道监控量测 ··· 183

第四节　运营隧道技术状况评定 ·· 199

思考题 ··· 208

第十六章　交通安全设施检测技术 ···································· 209

第一节　概述 ··· 210

第二节　交通标志检测 ··· 211

第三节　路面标线检测 ··· 220

第四节　波形梁钢护栏检测 ··· 230

第五节　突起路标检测 ··· 237

第六节　隔离设施检测 ··· 245

第七节　防眩板检测 ·· 252

第八节　轮廓标检测 ·· 252

思考题 ··· 252

第十七章　边坡工程监测技术 ··· 254

第一节　概述 ··· 255

第二节　变形监测 ··· 257

第三节　应力监测 ··· 263

第四节　地下水位监测 ··· 264

第五节　裂缝监测 ··· 265

第六节　巡视检查 ··· 266

第七节　数据处理及信息反馈 ·· 266

第八节　边坡自动化监测 ·· 268

第九节　边坡监测常见问题及注意事项 ·································· 268

思考题 ··· 269

第十八章　软土地基监测技术 ··· 270

第一节　概述 ··· 271

第二节　沉降监测（沉降板监测） ···································· 273

第三节　水平位移监测 ··· 276

第四节　深层水平位（测斜）监测 ·································· 278

第五节　土体分层沉降监测 ··· 280

第六节　孔隙水压力监测 ·· 282

第七节　土压力监测 ·· 283

第八节　地下水位监测 ··· 284

第九节　真空度监测 ·· 285

第十节　监测资料的分析与应用 ···································· 286

思考题 ·· 290

第十九章　检测新技术 ·· 291

第一节　结构抗震试验 ··· 292

第二节　风洞试验 ··· 298

第三节　机器人在土木工程检测中的应用 ······················ 307

第四节　装配式建筑检测 ·· 316

思考题 ·· 323

参考文献 ··· 324

第十二章

无损检测技术

知识目标

1. 了解无损检测的基本概念；

2. 熟悉无损检测的主要方法及其基本原理；

3. 掌握无损检测的基本应用（混凝土结构缺陷、钢筋位置及保护层、锚杆长度、立柱埋深、超声相控阵等检测方法）。

能力目标

1. 能理解并应用无损检测基本理论进行相关无损检测；

2. 根据相关规范，能进行混凝土缺陷、钢筋位置及保护层、锚杆长度、立柱埋深、超声相控阵等检测，能对试验检测数据进行计算、分析、评价并出具报告。

素质目标

刻苦钻研、创新意识、科学严谨、精益求精。

思维导图

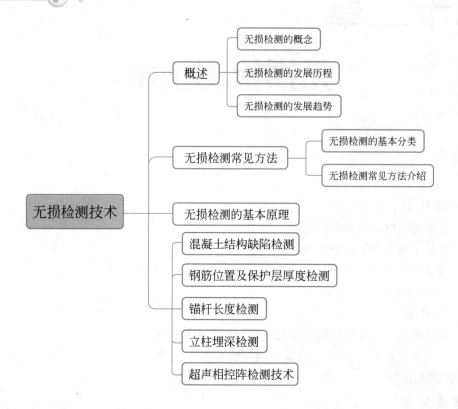

第一节 概述

1. 无损检测的概念

无损检测技术（Non Destructive Testing，简称 NDT），也称非破坏性检测，是指在检查机械材料内部不损害或不影响被检测对象使用性能，不伤害被检测对象内部组织的前提下，利用材料内部结构异常或缺陷存在引起的热、声、光、电、磁等反应的变化，以物理或化学方法为手段，借助现代化的技术和设备器材。对试件内部及表面的结构、状态及缺陷的类型、数量、形状、性质、位置、尺寸、分布及其变化进行检查和测试的方法。

无损检测技术主要有射线检验（RT）、超声检测（UT）、磁粉检测（MT）和液体渗透检测（PT）四种。其他无损检测方法有涡流检测（ECT）、声发射检测（AE）、热像/红外（TIR）、泄漏试验（LT）、交流场测量技术（ACFMT）、漏磁检验（MFL）、远场测试检测方法（RFT）、超声波衍射时差法（TOFD）等。

无损检测人员必须在资格证书（分Ⅰ、Ⅱ、Ⅲ三级）有效期内从事与持证项目和资格等级相适应的工作。可通过特种设备行业协会、中国机械工程学会无损检测学会、船级社培训考取相应证书。

2. 无损检测的发展历程

无损检测技术的发展历程可分为三个阶段：

第一阶段：无损探伤阶段（ND Inspection），探测试件是否存在缺陷；

第二阶段：无损检测阶段（ND Test），探测试件是否存在缺陷及其结构、性质、位置等；

第三阶段：无损评价阶段（ND Evaluate），不仅要掌握缺陷的有无、属性、位置、大小等信息，还要评估分析其对被检构件的影响程度。

3. 无损检测的发展趋势

无损检测技术是在物理、材料、力学、机械、电子、计算机、信息、人工智能等学科的基础上发展起来的一门应用技术。无损检测具有非破坏性、全面性、全程性等特点，在工程、工业及医疗等专业领域的作用日益重要，也是土木工程试验检测未来的发展方向和趋势。

无损检测技术未来的发展主要体现在超声相控阵技术和微波无损检测等方面。

超声检测是应用最广泛的无损检测技术，具有许多优点，但需要耦合剂和换能器接近被检材料，因此，超声换能、电磁超声、超声相控阵技术得到快速发展。其中，超声相控阵技术是近年来超声检测中的一个新的技术热点。

超声相控阵技术使用不同形状的多阵元换能器来产生和接收超声波波束，通过控制换能器阵列中各阵元发射（或接收）脉冲的时间延迟，改变声波到达（或来自）物体内某点时的相位关系，实现聚焦点和声束方向的变化，然后采用机械扫描和电子扫描相结合的方法来实现图像成像。相控阵超声检测原理如图 12-1 所示。与传统超声检测相比，由于声束角度可控和可动态聚焦，超声相控阵技术具有可检测复杂结构件和盲区位置缺陷和较高的检测频率等特点，可实现高速、全方位和多角度检测。对于一些规则的被检测对象，如管形焊缝、板材和管材等，超声相控阵技术可提高检测效率、简化设计、降低技术成本。特别是在焊缝检测中，采用合理的相控阵检测技术，只需将换能器沿焊缝方向扫描即可实现对焊缝的覆盖扫查检测。相控阵超声换能器按其阵元排列形式不同分为三大类，即线形阵、矩形阵和圆形阵。将不同的阵元排列形式和聚焦法则结合形成相控阵检测 3 种基本的扫查方式，即线性扫查、扇形扫查及动态深度聚焦，如图 12-2 所示。

图 12-1　相控阵超声检测原理

微波无损检测技术将在 330～3300MHz 中某段频率的电磁波照射到被测物体上，通过分析反射波和透射波的振幅和相位变化以及波的模式变化，了解被测样品中的裂纹、裂缝、气孔等缺陷，确定分层媒质的脱粘、夹杂等的位置和尺寸，检测复合材料内部密度的不均匀程度。

微波的波长短、频带宽、方向性好、贯穿介电材料的能力强，类似于超声波。微波也可以同时在透射或反射模式中使用，但是微波不需要耦合剂，避免了耦合剂对材料的污染。由于微波能穿透对声波衰减很大的非金属材料，因此该技术最显著的特点在于可以进行

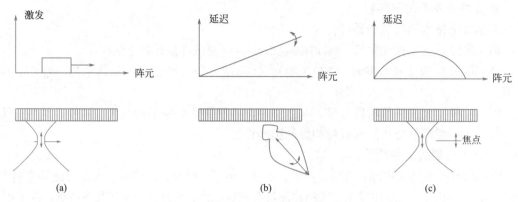

图 12-2 相控阵超声检测 3 种扫描方式
（a）线性扫描；（b）扇形扫描；（c）动态深度聚焦

最有效的无损扫描。微波的极比特性使材料纤维束方向的确定和生产过程中非直线性的监控成为可能。它还可提供精确的数据，使缺陷区域的大小和范围得以准确测定。此外，无需特别分析处理，采用该技术就可随时获得缺陷区域的三维实时图像。微波无损检测设备简单、费用低廉、易于操作、便于携带，但是由于微波不能穿透金属和导电性能较好的复合材料，因而不能检测此类复合结构内部的缺陷，只能检测金属表面裂纹缺陷及粗糙度。

近年来，随着军事工业和航空航天工业中各种高性能的复合材料、陶瓷材料的应用，微波无损检测的理论、技术和硬件系统都有了长足的进步，从而大大推动了微波无损检测技术的发展。

第二节　无损检测常见方法

1. 无损检测的基本分类

工程无损检测技术根据所依托的技术手段，大体可分为三大类。详见无损检测主要方法分类表（表 12-1）。

无损检测主要方法分类表　　　　表 12-1

分类	代表检测方法	检测参量
波动振动类	冲击弹性波、超声波、AE(声发射)、打声法	振幅、频率、相位、时间、速度
电磁波类	电磁诱导、微波（探地雷达）	振幅、频率、相位、时间、速度
	红外线、可见光（激光）	颜色、灰度、相干等
	X 射线法	射线的衰减
其他类	回弹法等	回弹值

2. 无损检测常见方法介绍

（1）冲击弹性波法

弹性波，是指在固体材料中传播的物质粒子的微小振动传播形成的波，也曾被称为

"机械波""应力波""地震波"等。由于变形微小，物体处于弹性状态，因此被称为弹性波。

冲击弹性波就是利用机械式或压电式装置在测试对象内部或表面产生一个微小扰动，再利用接收装置接收该微小扰动，从而检测对象内部状态的方法。简而言之，冲击弹性波就是通过人工锤击、电磁激振等物理方式激发的弹性波。

冲击弹性波具有能量较大、测试距离远且适用于频谱分析的优点，应用越来越广泛。其中低应变基桩完整性检测、冲击回波法检测、锚杆检测都是代表性的方法。近年来，弹性波CT、弹性波雷达EWR等可视化技术也得到飞跃性发展。

（2）超声波法

超声波法，是指采用压电式晶体激振和接收，激发的信号频率超过20kHz的方法。该方法具有波长短、分辨率高的特点，在小型构件、金属构件缺陷检测方面应用较广泛，特别是采用换能器相阵的技术可提高成像质量。超声相控阵技术是近年来超声检测中的一个新的技术热点。

（3）雷达法

雷达法全称是地质雷达法，也叫探地雷达法（Ground Penetrating Radar，简称GPR），借助发射天线定向发射的高频（10～1000MHz）短脉冲电磁波在地下传播，检测被地下地质体反射回来的信号或透射通过地质体的信号来探测地质目标的交流电法勘探方法。其工作原理类似于地震勘探法，也是基于研究波在地下的传播时间、传播速度与动力学特征。其特点是只需一个测试面，结果直观。目前，地质雷达技术广泛应用于隧道超前预报、工程场地勘查、地下管网探测、工程质量检测、金属矿化代勘查、地表水资源调查甚至考古探查当中，取得了较好的检测效果。

（4）红外热成像法

红外热成像法是根据物体向外进行热辐射的原理，运用光电技术检测物体热辐射的红外线特定波段信号，将该信号转换成可供人类视觉分辨的图像和图形，从而检测其表面温度分布并以图像方式表现的一种检测技术。红外热成像技术使人类超越了视觉障碍，由此人们可以"看到"物体表面的温度分布状况。其特点是无接触、可遥感、可大面积测试，对多层材料的脱粘较为敏感，适用于检测建筑外墙饰面的剥离、结构渗漏、建筑外墙保温隔热效果、加固材料粘贴质量等方面检测，结果直观，快速检测。

（5）X射线法

X射线法是利用射线穿过物质，通过测试其衰减特性来检测结构内部缺陷的一种方法。它具有穿透力强、结构直观、分辨力高等优点，其突出缺点是有放射性、设备较庞大、检测费用较高等。

第三节　无损检测的基本原理

振动和冲击弹性波可以直接反映混凝土结构和材料的力学特性、几何条件和边界条件，具有作为土木工程无损检测的得天独厚的条件，从而得到了广泛的瞩目和飞速的发展。而超声波则可以作为冲击弹性波的一个特例。在此以冲击弹性波为例，简要介绍一下无损检测的基本原理（图 12-3）。

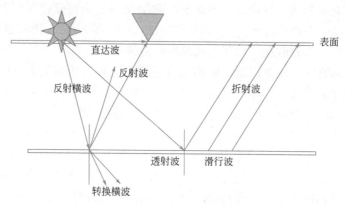

直达波

反射波

反射横波

折射波

转换横波

透射波　滑行波

表面

图 12-3　冲击弹性波的反射特性

首先，要分清楚两个容易混淆而又相互关联的概念，即"振动"和"波动"。"振动"表示局部粒子的运动，其粒子在平衡位置做往复运动。而"波动"则是全体粒子的运动的合成。在振源开始发振产生的扰动，以波动的形式向远方向传播，而在波动范围内的各粒子都会产生振动。换句话说，在微观看主要体现为振动，而在宏观来看则容易体现为波动。

在土木、交通工程中所用的无损检测技术里，也会用到各种波动和振动作为测试媒介。常用的有光波、电磁波、弹性波（包括冲击弹性波、超声波、声波）等。其中，冲击弹性波用锤或其他激振装置冲击产生，能够直接反映材料的力学特性，具有激振能量大、操作简单、便于频谱分析等特点，是一种非常适合无损检测的媒介，基桩完整性小应变检测技术就是其最广泛的应用领域之一。

在混凝土、岩土、金属等固体物质中，通过力或应变发振产生的扰动波叫弹性波。根据波动的传播方向与粒子的振动方向的关系可分为 P 波（纵波、又叫疏密波，波的传播方向与粒子运动方向平行）和 S 波（又叫横波，波的传播方向与粒子运动方向垂直）。相对以激振弹性波的波长而言，在波长范围内只有一个自由面时，会形成表面波（通常是瑞利波，即 R 波）。而在波长范围内有两个平行表面时，则会形成板波（也称 Lame 波）。

无论是瑞利波还是板波，其介质质点均产生相应的纵向和横向振动。两种振动的合成，使质点作椭圆轨迹的振动并传播。而板波与表面波的不同之处主要有：

（1）板波的传播要受到两个界面的束缚，从而形成对称型（S 型）和非对称型（A型）两种情况。对称型板波在传播中，质点的振动以板厚的中心面为对称，即板的上下表面上质点振动的相位相反，中心面上质点的振动方式类似于纵波。非对称型板波在传播中，上下表面质点振动的相位是相同的，板的中心面上质点振动方式类似于横波。瑞利波则仅有一个模态；

（2）板波具有频散特性，即波速随着频率的变化而变化。而瑞利波不具有频散特性，即在均质弹性体中，不同波长的瑞利波的波速是相同的。

　　所谓冲击弹性波就是根据激发的弹性波在弹性介质（土木工程检测中通常为混凝土）中的传播规律来研究被测物理结构与性质的一种无损检测方法。其中弹性介质是指外力作用下，固体的体积和形状会发生相应的变化（形变），外力去掉后，固体又恢复成原来的状态，这种特性称之为弹性，具有该特性的固体称之为弹性介质。

　　冲击弹性波的产生通常通过激振锤来实现。激振锤越小、产生的频率越高。打击对象越硬，激振锤与被测体间的接触时间越短，产生的频率也越高（图12-4）。

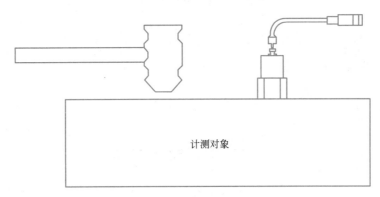

计测对象

图 12-4　通过激振产生冲击弹性波

　　小的硬质锤可产生高频的弹性波，大的硬质锤可产生低频的弹性波，即与锤和打击对象的接触时间有明显的关系。

　　冲击弹性波的传播特性主要包括速度和衰减特性。弹性波中有各种成分波，其传播速度也各有不同。弹性波的各种波中，P波速度最快。P波的传播速度不仅取决于传播物体的尺寸、形状，还取决于P波的波长。由于超声波发送信号产生的P波的波长比用锤打击产生的冲击波的波长要短很多，因此在平板结构中，传播的冲击弹性波的P波速度比超声波的P波速度大约慢3%。

　　冲击弹性波的衰减特性主要体现在以下三个方面：

　　（1）几何衰减：体波（P波、S波）沿圆球状扩散传播，能量密度与传播距离的平方成反比。R波（瑞利波）沿圆柱状扩散传播，表面积与传播距离成正比，衰减比体波慢。

　　注：体波是由震源震动直接产生在地球内部传播的地震波。

　　（2）透过衰减：在遇到不同材料时，有反射或重复反射产生，使得传播能量减弱。

　　（3）黏滞性衰减：弹性波的额频率越高，其黏性衰减越大，与频率呈指数关系。如图12-5所示。

　　冲击弹性波的反射特性：弹性波在介质中传播时，介质波阻抗发生改变，会在该界面上发生反射和透射（图12-6）。现定义波阻抗 Z 为：

$$Z = \rho \cdot CA \tag{12-1}$$

式中：Z——介质波阻抗；

　　　ρ——介质密度，

　　　C——弹性波波速，

　　　A——截面面积。

　　假设 R 为反射系数，T 为透射系数，则：

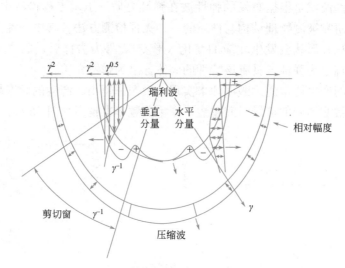

图 12-5 弹性波的传播与衰减

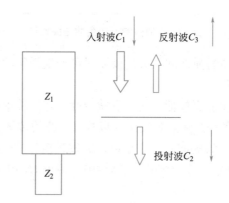

图 12-6 变化的波阻抗面发生的反射和通过

$$R = \frac{\rho_2 C_2 - \rho_1 C_1}{\rho_1 C_1 + \rho_2 C_2} = \frac{Z_2 - Z_1}{Z_1 + Z_2} \tag{12-2}$$

$$T = \frac{2\rho_2 C_2}{\rho_1 C_1 + \rho_2 C_2} = \frac{2Z_2}{Z_1 + Z_2} \tag{12-3}$$

综上所述，冲击弹性波法主要就是利用其传播、反射等特性来实现检测目的。其主要应用原理如下：

（1）通过分析冲击弹性波在板状结构内部的多次回波频率来对被测结构内部缺陷及厚度进行检测（图 12-7）。

（2）利用相位反转法检测混凝土裂缝深度，当激发的弹性波（包括声波、超声波）信号在混凝土内传播，穿过裂缝时，在裂缝端点处产生衍射，其衍射角与裂缝深度具有一定的几何关系。相位反转法正是基于该原理将激振点与接收点沿裂缝对称配置，从近到远逐步移动。当激振点与裂缝的距离与裂缝深度相近时，接收信号的初始相位会发生反转（图 12-8）。

（3）利用自动激振装置在立柱柱头截面上发出一个脉冲信号，该信号在立柱端面发生反射，通过对发射信号及反射信号的抽取，从而计算立柱长度和埋深（图 12-9）。

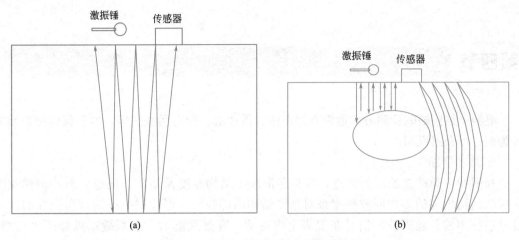

图 12-7 混凝土厚度及缺陷检测原理图

（a）往复一次时间 T1；（b）往复一次时间 T1；提前反射时间 T2；绕射延后时间 T3 T2＜T1＜T3

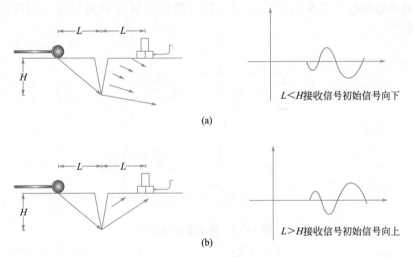

图 12-8 混凝土裂缝测深原理

（a）相位反转前示意；（b）相位反转后示意

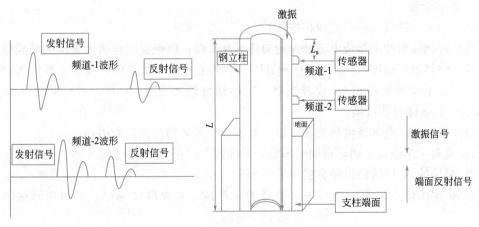

图 12-9 立柱埋深检测原理

混凝土结构缺陷检测

混凝土结构缺陷检测方法通常有超声法、雷达法、冲击回波法等，本节仅以冲击回波法为例进行介绍说明。

1. 基本原理

利用冲击弹性波的反射特性，可检测混凝土结构厚度及缺陷。通过分析冲击弹性波在板状结构内部的多次回波频率来对被测结构内部缺陷及厚度进行检测。当激发的弹性波（包括声波、超声波）信号在混凝土内传播，穿过裂缝时，在裂缝端点处产生衍射，其衍射角与裂缝深度具有一定的几何关系。相位反转法正是基于该原理将激振点与接收点沿裂缝对称配置，从近到远，逐步移动。当激振点与裂缝的距离与裂缝深度相近时，接收信号的初始相位会发生反转。这就是通过相位反转法检测混凝土裂缝的基本原理（图 12-10）。

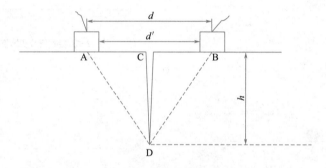

图 12-10　混凝土裂缝检测

2. 方法标准

《冲击回波法检测混凝土缺陷技术规程》JGJ/T 411—2017。

3. 仪器设备

（1）冲击回波仪（单点式或扫描式）

应配置钢球型冲击器或电磁激振的圆柱形冲击器；应配置测量表面振动的宽频带接收传感器（位移或加速度），带宽宜为 800Hz～100kHz；数据采集仪宜具备信号放大功能且增益可调，不少于 2 通道模/数转换器，转换精度应不低于 16 位，采样频率不应低于 100kHz，且采样点数可调。

（2）高频域压电加速度传感器（以混凝土多功能无损检测仪为例）

1）应有 2 个或以上通道可同时采集，采样频率应在 250kHz 以上；

2）采用的 A/D 转换设备分辨率不应小于 16bit；

3）根据测试对象厚度选择不同直径的激振锤，对象厚度越厚，采用的激振锤直径越大。

4. 检测步骤

（1）混凝土厚度检测

1）开箱检查仪器，仪器包括工业电脑、传感器、AD 转换器、电荷电缆、激振锤（两个）；

2）连接仪器由远端到近端，或者近端到远端；

3）打开 PE 采集系统，点击"结构材质/结构厚度"；

4）采用 D10/D17 激振锤（小构件采用小锤，大构件采用大锤），敲击混凝土时采用梅花点激振方式进行采集，敲击时应在混凝土对角线相交处进行敲击，采集的时候需要查看电压；

5）混凝土采集两组数据，第一组是采集已知厚度混凝土，第二组数据是未知厚度混凝土；由已知混凝土厚度的波速求得未知厚度混凝土的厚度；

6）数据采集完毕后开始进行数据解析，打开 PE 解析系统，流程如下：

① 对于已知厚度（图 12-11）：

图 12-11　数据解析流程（已知厚度）

② 对于未知厚度（图 12-12）：

图 12-12　数据解析流程（未知厚度）

（2）混凝土裂缝深度检测

1）打开采集系统；

2）采用 D10/D17 激振锤（小构件采用小锤，大构件采用大锤），敲击采集数据（采集数据一般 12 组，要有有效数据 8 组），选取两条裂缝进行深度检测（深度不超过50cm），采集的时候需要查看电压；

3）采集完毕后进行解析，打开 PE 解析系统，流程如图 12-13 所示：

图 12-13　混凝土裂缝深度检测数据解析流程

注意：裂缝深度测试厚度输入混凝土测出来的厚度；起点距裂缝距离是开始点距离裂缝的距离；激振点移动间隔为点与点的间隔。

（3）混凝土缺陷检测

1）打开 PE 采集系统，点击结构材质及缺陷；

2）采用 D10/D17 激振锤（小构件采用小锤，大构件采用大锤），敲击采集数据（采集数据一般 12 组，要有有效数据 8 组），采集的时候需要查看电压，电压过大/过小检查问题；

3）采集完毕后进行解析，打开 PE 解析系统，流程如图 12-14 所示：

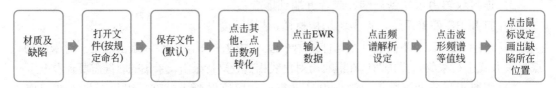

图 12-14　混凝土缺陷检测数据解析流程

4）EWR 相关数据输入，开始位置可以填 0 或者填距离边界的距离，填 0 可直接从开始布线处量，间隔是每个点的间隔，最小速度则是混凝土测出来的速度，最大厚度是测出来的厚度；

5）频谱设定采用最大熵法（MEM）进行解析。

5. 计算分析

混凝土结构构件厚度按 $H = V_c T / 2$ 计算；

混凝土结构构件裂缝深度及缺陷通过 PE 解析系统进行计算分析。

6. 检测记录与报告

检测记录与报告内容要素齐全，报告应包括以下内容：

（1）项目概述，包括工程名称、结构类型、建成时间、所处环境条件、以往相关检测情况概述及存在的主要问题等；

（2）检测目的及要求；

（3）检测项目、检测内容、检测方法及相关的技术文件；

（4）检测方式、抽样方法、检测数量与检测位置；

（5）检测项目的分类检测数据和汇总结果、检测结果、检测结论及建议；

（6）检测仪器设备信息；

（7）检测日期，报告完成日期；

（8）检测、审核和批准人员的签名；

（9）检测机构的有效印章；

（10）检测报告应附有必要的原始资料、图表、照片。

7. 常见问题

（1）检测前未对超声检测仪进行核查确认及零声时的测定。

（2）关于激振锤的选定。对于较厚构件采用直径较大的激振锤以提高激发能量，反之则采用较小的激振锤。

（3）测试表面要求干净平整，传感器的固定可采用按压法、粘结法等保持传感器与被测结构表面紧密固定。

（4）受混凝土结构构件裂缝面接触、横穿钢筋等的影响，一般测试裂缝的深度不超过 30cm。

第五节　钢筋位置及保护层厚度检测

1. 基本原理

利用电磁感应原理检测混凝土中钢筋位置、直径及混凝土保护层厚度的方法。其检测基本原理：仪器的传感器产生交变电磁场，该电磁场作用于被测结构构件时，当遇到结构构件内部的金属介质，则产生较为强烈的感生电磁场，仪器传感器接收到感生电磁场并转化为电信号，从而可以判断钢筋的位置、保护层厚度和钢筋直径等。

2. 方法标准

《混凝土中钢筋检测技术标准》JGJ/T 152—2019。

3. 仪器设备

冲击回波仪（单点式或扫描式）或钢筋扫描仪（图 12-15）。

4. 检测步骤

（1）测试准备。测试面应平整、清洁，并且应避开金属预埋件、钢筋接头和绑丝。输入钢筋直径，测试前将探头远离测试面和金属 50～80cm，进行复位操作，消除环境引入的影响。

（2）钢筋分布位置的确定。沿垂直于被测钢筋轴线方向移动探头，首先粗略扫描，探头前进速度不得超过 20mm/s，确定钢筋数量与大概位置分布，再进行精密扫描，在

图 12-15　钢筋扫描仪

听到报警声后往回平移探头，此时信号值会发生变化，找出最大信号值并做好标记。

（3）描点连线。连接标记中心点，此时探头中心线与钢筋轴线应重合，得出钢筋分布位置，并进行编号。

（4）厚度测试。将探头沿垂直于被测钢筋轴线方向移动，听到报警声往回平移探头读取厚度值，且听到第二次报警声时再次读取进行存储，再前进听到报警声读取厚度值存储，两个存储的保护层厚度值相差不得大于 1mm，若大于 1mm，应检查仪器是否偏离标准状态并及时调整，且前次检测数据均舍弃，若再次大于 1mm，则应更换检测仪器或采用钻孔、剔凿的方法核实。

（5）量取钢筋间距。分别量取两端距边界 10cm 的钢筋间距并取平均值作为所测钢筋间距代表值。

5. 计算分析

（1）保护层厚度

对同一根钢筋同一处检测 2 次，读取的 2 个保护层厚度值相差不大于 1mm 时，取二次检测数据的平均值为保护层厚度值，精确至 1mm；相差大于 1mm 时，该次检测数据无效，并应查明原因，在该处重新进行 2 次检测，仍不符合规定时，应该更换电磁感应法钢

筋探测仪。

（2）钢筋间距

钢筋间距直尺测量两端取平均，精确到 1mm（测点距模型边缘垂直距离相等），用于钢筋间距检测的仪器，当混凝土保护层厚度为 10～50mm 时，钢筋间距的检测允许偏差应为 ±2mm。

6. 计算分析

（1）检测数据计算

1）钢筋保护层厚度数据处理

① 测点钢筋保护层厚度平均检测值计算：

$$D_{ni} = \frac{(D_1 + D_2 + 2D_D - 2D_0)}{2} \tag{12-4}$$

式中：D_{ni}——第 i 测点混凝土保护层厚度平均检测值（mm），精确至 1mm；

D_1、D_2——第 1、2 次检测的钢筋保护层厚度检测值（mm），精确至 1mm；

D_D——钢筋保护层厚度修正值（mm），为同一规格钢筋保护层厚度实测验证值减去检测值，精确至 0.1mm；

D_0——探头垫块厚度（mm），精确至 0.1mm；不加垫块时该值取 0。

② 根据某一测量部位各测点混凝土厚度实测值，计算钢筋保护层厚度平均值 $\overline{D}_n$：

$$\overline{D}_n = \frac{\sum_{i=1}^{n} D_{ni}}{n} \tag{12-5}$$

式中：$\overline{D}_n$——测量部位钢筋保护层厚度平均值（mm），精确至 0.1mm；

D_{ni}——结构或构件测量部位测点保护层厚度，精确至 1mm；

n——测点数。

2）钢筋间距数据处理

根据检测结果绘制出钢筋间距分布示意图，并给出测区钢筋的最大间距、最小间距和平均间距，计算钢筋平均间距：

$$s_m = \frac{\sum_{i=1}^{n} s_i}{n} \tag{12-6}$$

式中：s_m——钢筋平均间距，精确至 1mm；

s_i——第 i 个钢筋间距，精确至 1mm。

（2）检测数据修正

1）遇到下列情况之一时，应对测试结果进行修正或验证：

① 认为相邻钢筋对检测结果有影响；

② 钢筋公称直径未知或有异议；

③ 钢筋实测根数、位置、厚度与设计有较大偏差；

④ 同一根钢筋不同测点实测保护层厚度值偏差较大（大于 3mm）。

2）当实测钢筋保护层厚度不大于 10mm 时，应在探头下附加标准垫块重新进行检测，钢筋保护层厚度为仪器示值减去标准垫块厚度。标准垫块用硬质无磁性材料制成，平面尺寸应略大于钢筋探测仪传感器底面尺寸，厚度 S_b 为 $10\sim20$mm，其各个方向厚度值偏差不应大于 0.1mm。

3）用标准垫块对保护层厚度进行综合修正：

① 将传感器直接置于混凝土表面已标好的钢筋位置正上方，读取测量值 S_{i1}；

② 将标准垫块置于传感器原在混凝土表面位置，并将传感器放于标准垫块之上，读取测量值 S_{i2}，则修正系数 K_i 计算如下：

$$K_i = \frac{S_{i2}-S_{i1}}{S_b} \tag{12-7}$$

式中：K_i——钢筋保护层厚度修正系数，保留至两位小数；

$\quad\quad S_{i1}$——标准垫块放置前钢筋保护层厚度检测值（mm），精确至 1mm；

$\quad\quad S_{i2}$——标准垫块放置后钢筋保护层厚度检测值（mm），精确至 1mm；

$\quad\quad S_b$——标准垫块值厚度值（mm），精确至 0.1mm。

③ 每测区应对不少于 3 个测点进行修正，最终测区测点修正系数的取值为各测点修正系数的算术平均值，并修约至一位小数。

4）用校准孔进行综合修正：

① 用 6mm 钻头在测点钢筋位置正上方，垂直于构件表面打孔，手感碰到钢筋立即停止，用深度卡尺量测钻孔深度，即为实际的保护层厚度 S_r，精确至 0.1mm，则修正系数计算如下：

$$K_i = \frac{S_i}{S_r} \tag{12-8}$$

式中：K_i——钢筋保护层厚度修正系数，保留至两位小数；

$\quad\quad S_i$——钻孔前验证测点位置钢筋保护层厚度检测值（mm），精确至 1mm；

$\quad\quad S_r$——钻孔后验证测点位置深度卡尺测钢筋保护层厚度值（mm），精确至 0.1mm。

② 每测区应对不少于两根钢筋进行钻孔校准，最终测区测点修正系数的取值为各测点修正系数的算术平均值，并保留至一位小数。

7. 检测记录与报告

检测记录、报告内容要素齐全，报告应包括以下内容：

（1）项目概述，包括工程名称、结构类型、建成时间、所处环境条件、以往相关检测情况概述及存在的主要问题等；

（2）检测目的及要求；

（3）检测项目、检测内容、检测方法及相关的技术文件；

（4）检测方式、抽样方法、检测数量与检测位置；

（5）检测项目的分类检测数据和汇总结果、检测结果、检测结论及建议；

（6）检测仪器设备信息；

（7）检测日期，报告完成日期；

（8）检测、审核和批准人员的签名；

（9）检测机构的有效印章；

（10）检测报告应附有必要的原始资料、图表、照片。

8. 常见问题

（1）当实际的保护层厚度小于仪器最小示值时，可以采用附加垫块的方法进行检测。垫块对仪器不应产生电磁干扰，表面光滑平整，其各方向厚度偏差值不大于0.1mm，所加垫块厚度在计算时应予以扣除。

（2）检测钢筋间距时，应将连续相邻的被测钢筋位置一一标出，不得遗漏。

（3）当保护层厚度超出保护层厚度标称范围下限，屏幕上显示≤××（××为保护层厚度标称范围下限值）。当用第一标称范围检测的保护层厚度大于60mm时，为了提高检测精度，可以切换到第二标称范围进行检测。

第六节 锚杆长度检测

1. 基本原理

基本原理与低应变检测原理一致，在锚杆端头激发一个脉冲信号，该脉冲信号在锚杆的底部发生反射，根据标定所得的弹性波波速，即可推算锚杆的长度。

计算公式如下：

$$L = C_m \Delta t_e / 2 \tag{12-9}$$

式中：L——锚杆长度；

　　　Δt_e——杆底反射波旅行时间；

　　　C_m——在锚杆中的弹性波波速（km/s），空置锚杆一般取5.18km/s，其他情况宜进行标定。

2. 方法标准

《岩土锚杆与喷射混凝土支护工程技术规范》GB 50086—2015；

《锚杆锚固质量无损检测技术规程》JGJ/T 182—2009；

《广东省建筑地基基础检测技术规范》DBJ/T 15—60—2019。

3. 仪器设备

冲击回波仪（单点式或扫描式）或锚杆无损检测仪（图12-16）。

（1）检测仪器的采集器应具有现场显示、输入、保存实测波形信号、检测参数的功能，宜有对现场检测信号进行分析处理、与计算机进行数据通信的功能，一屏应能显示不少于三条波形。

（2）采集器模拟放大的频率带宽不窄于10～50Hz，具有滤波频率可调，A/D卡不低于16位，最小采样间隔不大于1μs。

（3）检测资料的分析软件宜具有数字滤波、幅频谱分析、瞬时相位谱分析、能量计算等信号处理功能以及锚杆杆长计算、缺陷位置和密实度分析功能。

（4）激振器激振频率范围应在10～50kHz，宜使用超磁致伸缩声波振源。

（5）接收传感器感应面直径应小于锚杆直径，可通过强力磁座与杆头耦合。

（6）接收传感器频率响应范围宜在10～50kHz，当响应频率为160Hz时，加速度传感器的电荷灵敏度宜为 $10\sim20pC/(m\cdot s^{-2})$；当响应频率为 $50Hz$ 时，加速度传感器的电压灵敏度宜为 $50\sim300mV/(cm\cdot s^{-2})$。

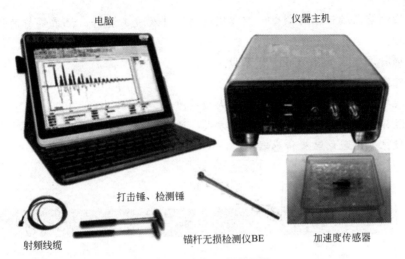

电脑　　　　　　　　　　　　　　　　仪器主机

打击锤、检测锤

射频线缆　　　　　　　　　　锚杆无损检测仪BE　　　　加速度传感器

图 12-16　锚杆无损检测仪

4. 检测步骤

（1）开箱检查仪器，仪器包括传感器、电缆、A/D 转换器、工业电脑、激振锤等，将锚杆无损检测仪的传感器连接到锚杆的外露端端头。

（2）选择设备配套合适的激振设备。

（3）运用该激振设备在锚杆外露端头施加能量，采集波形，保存采集数据。

（4）检测锚杆长度需要标定出同类杆件的波速，长度测试数据解析时计算波速采用该波速。在不同的灌浆、岩体条件下，锚杆波速的范围为 $3.8\sim5.2km/s$。

（5）锚杆测出波速后对未知长度锚杆进行检测，锚杆外露长度为锚杆露出地面的长度；计算波速为 BI 标定锚杆测出来的波速。

5. 计算分析

（1）时域反射法：

$$L=C_m\cdot\Delta t_e \tag{12-10}$$

式中：L——杆件长度（m）；

　　　C_m——计算波速（m/s）；

　　　Δt_e——时域杆底反射波旅行时间（s）。

（2）频差法

$$L=C_m/\Delta f \tag{12-11}$$

式中：Δf——幅频曲线上杆底相邻谐振峰间的频差。

6. 检测记录与报告

检测记录、报告内容要素齐全，报告应包括以下内容：

（1）检测报告应用词规范，结论明确。

（2）检测报告应包括但不限于工程概况、地质概况、锚杆设计类型和长度、委托及检测单位、检测日期、检测原因、检测目的、检测依据、检测方法、检测设备、抽检方式及数量、检测结果、检测结论。

---

7. 常见问题

（1）检测前应进行现场调查，搜集锚杆的设计及竣工资料，记录锚杆的设计长度、直径等尺寸。

（2）锚杆顶部应平直而不能有弯曲。

（3）外露端若有锈蚀现象应除锈。

（4）现场振动、强电磁场会严重影响检测质量。

（5）激振器激振时应采用瞬时激振方式，适度的冲击力。

（6）激振器应避免触及传感器。

第七节　立柱埋深检测

1. 基本原理

基于冲击弹性波的立柱埋深测试的基本原理与基桩的完整性检测相同，即利用弹性波的反射特性，根据标定所得的弹性波波速，并通过立柱底部的反射时刻进而推算立柱的长度及埋深。钢质护栏立柱埋深冲击弹性波检测仪如图 12-17 所示。

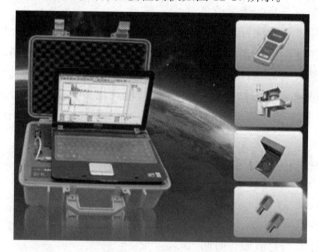

图 12-17　钢质护栏立柱埋深冲击弹性波检测仪

在实际的测试中，可以利用一个频道的重复反射法测试，适合短立柱的测试；也可以利用两个频道的单一反射法测试，适合长立柱的测试。EDMA 中将这两种测试方法合并，采用的是两个通道的测试方法，只是在数据处理方式上加以区分。其测试原理示意如图 12-18 所示。

利用自动激振装置在柱头截面上发出一个脉冲信号，该脉冲信号在立柱的端面发生反射。通过对发射信号及反射信号的抽出，从而可以计算立柱长度及埋深。发射信号及反射信号如图 12-19 所示。

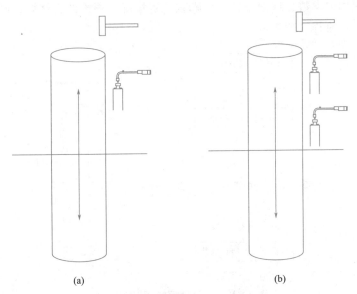

图 12-18　测试原理示意

（a）单频道测试；（b）双频道测试

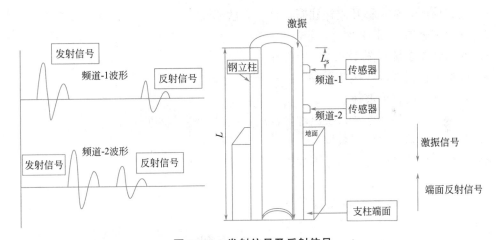

图 12-19　发射信号及反射信号

2. 方法标准

《公路护栏钢质立柱埋深无损检测规程》DB13/T 2728—2018。

3. 仪器设备

（1）冲击回波仪（单点式或扫描式）或公路护栏立柱埋深检测仪。

（2）公路护栏立柱埋深检测仪。

（3）满足《钢质护栏立柱埋深冲击弹性波检测仪》JJG（交通）173—2021 中规定条件的检测设备。

4. 检测方法与步骤

（1）检测前的准备

调查工程现场，收集设计图纸、施工工艺及施工记录，调查现场环境条件、现场地质条件，了解立柱相关参数、埋设条件、柱帽状态等情况。根据调查结果，制定检测方案。

（2）检测工作流程（图 12-20）

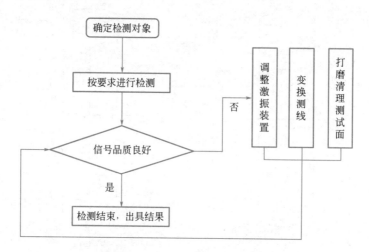

图 12-20 立柱埋深检测工作流程

（3）检测步骤

1）确定检测立柱，移开立柱柱帽，打磨立柱端面。

2）安装传感器（图 12-21）。

3）安装激振系统（图 12-22）。

4）按检测仪器要求连接各器件。

5）确定立柱的特征波速。

6）在每根立柱检测前及系统出现异常后，应对检测系统进行归零标定。

7）判断测试信号并保存数据。

8）每根立柱记录的有效信号不少于 5 个，且一致性较好。

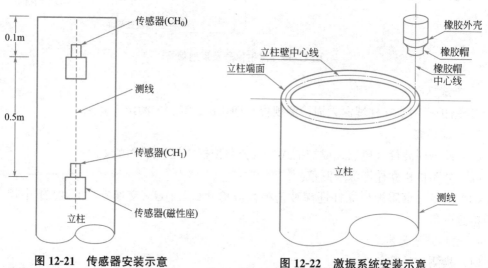

图 12-21 传感器安装示意　　　　**图 12-22 激振系统安装示意**

5. 计算分析

（1）检测数据分析时，宜采用激振残留信号消减技术、底部信号增强技术自动分析底部反射时刻。

（2）应采用时域分析及频域分析对检测数据进行分析。

（3）检测数据结果应采用数据自动筛选技术，自动剔除异常解析结果。

（4）通过检测数据的分析，得出各立柱的总长度再计算出埋置深度。

6. 检测记录与报告

检测记录、报告内容要素齐全，报告应包括以下内容：

检测报告应用词规范，结论明确，内容应包括但不限于工程概况、地质概况、立柱设计类型和长度、委托及检测单位、检测日期、检测原因、检测目的、检测依据、检测方法、检测设备、抽检方式及数量、检测结果、检测结论。

---

7. 常见问题

（1）检测时立柱端面应打磨平整，注意正确安装传感器。

（2）当测试信号一致性较差时，应分析原因，排除人为和检测仪器等干扰因素后，重新检测或更换测线再测。

（3）注意耦合剂的正确使用：如需要应注意耦合剂气温特性加以正确选用。

（4）当立柱底端出现损伤时，会影响测试精度。当怀疑立柱底端有大块石头等，可能导致立柱底端出现打卷、打爆等损伤时，应及时协商处理。

第八节　超声相控阵检测技术

1. 基本原理

超声相控阵检测技术是通过电子系统控制换能器阵列的各个阵元，按照一定的延迟时间规则发射和接收超声波，从而动态控制超声波束在工件中的偏转和聚焦来实现材料的无损检测方法。超声相控阵检测技术的基本思想来自于雷达电磁波相控阵技术。相控阵雷达是由许多辐射单元排成阵列组成，通过控制阵列天线中各单元的幅度和相位，调整电磁波的辐射方向，在一定空间范围内合成灵活快速的聚焦扫描的雷达波束。超声相控阵换能器由若干个形状相同、大小相等的压电晶片组成阵列，每个晶片独立地发射超声波束，并通过按一定的规则和时序用电子系统控制激发各个晶片单元，从而调节控制焦点的位置和聚焦的方向形成聚焦声场。

超声相控阵技术使用不同形状的多阵元换能器来产生和接收超声波波束，通过控制换能器阵列中各阵元发射（或接收）脉冲的时间延迟，改变声波到达（或来自）物体内某点时的相位关系，实现聚焦点和声束方向的变化，然后采用机械扫描和电子扫描相结合的方法来实现图像成像，超声相控阵检测示意如图 12-23 所示。

2. 方法标准

检测标准：《焊缝无损检测 超声检测 自动相控阵超声技术的应用》GB/T 40733—2021。

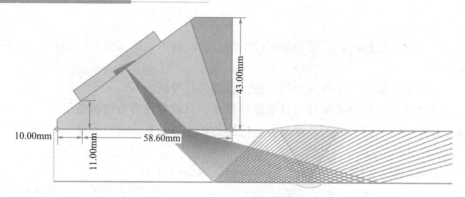

图 12-23 超声相控阵检测示意

判定标准：《焊缝无损检测 超声检测 验收等级》GB/T 29712—2013。

3. 仪器设备

（1）超声相控阵检测仪：具有超声波发射、接收、放大、数据自动采集、记录、显示和分析功能；符合相应产品标准，具有产品质量合格证；检测过程中应有耦合监视。超声相控阵检测仪如图 12-24 所示。

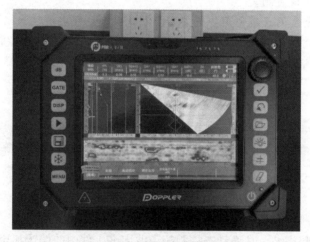

图 12-24 超声相控阵检测仪

（2）超声探头：每个激活孔径上的坏晶片数量最多为每 16 个晶片中不超过 1 个，不应有相邻晶片损坏。当激活孔径小于 16 个晶片时，除非证明性能能满足要求，否则不应有坏晶片。

（3）扫查装置：为采集到连贯的相控阵图像（数据采集）应使用导向装置和扫查编码器。一般包括探头夹持部分、驱动部分和导向部分，并安装记录位置的编码器；探头夹持部位应能调整和设置探头中心间距，在扫查时保持探头中心间距和相对角度不变；导向部分应能在扫查时使探头运动轨迹与参考线保持一致；驱动部分可以采用电机或人工驱动；扫查装置中的编码器，位置分辨力符合工艺要求。

（4）标准试块（CSK-1A）、参考试块（RB-1、RB-2）。

（5）耦合剂：采用有效且适用于被检工件的介质作为超声耦合剂，要求具有良好的透声性、易清洗、无毒无害、有适宜的流动性的材料。对材料、人体及环境无损害，同时应便于检测后清理。典型的耦合剂包括水、甲基纤维素糊状物、洗涤剂、机油和甘油，在零度以下可采用乙醇液体或相近的液体；实际检测采用的耦合剂与检测系统和校准时的耦合剂相同；选用的耦合剂应在工艺规程规定的温度范围内保证稳定可靠的检测。

4. 检测步骤

（1）按照焊接接头的质量要求确定检测等级（A级、B级、C级、D级），对于检测等级 A 至检测等级 C，可通过增加检测覆盖范围，例如增加入射声束数量、采用组合技术等，提高缺陷检出率。

（2）确定检测区域：包含焊缝及其两侧至少 10mm 宽母材或热影响区宽度，取二者较大值。

（3）按照仪器的使用手册设置参数（探头移动和声速覆盖范围、声度角度、工件信息、灵敏度、聚焦、TCG 修正、探头至焊缝中心距离等）。

（4）对工件进行数据采样，存储数据。

（5）使用配套软件进行数据分析。

5. 计算分析

（1）对于相关显示最高回波超出参考等级时，该显示定为不可验收（不合格）。

（2）对于相关显示最高回波评定等级时（未超出参考等级时），通过显示的长度与板厚的关系，确定该显示是否可验收（是否合格）。

6. 检测记录与报告

检测记录、报告内容要素齐全，报告应包括以下内容：

检测报告应用词规范，结论明确，内容应包括但不限于工程概况、焊缝类型和长度、委托及检测单位、检测日期、检测原因、检测目的、检测依据、检测方法、检测设备、抽检方式及数量、检测结果、检测结论。

---

7. 常见问题

（1）注意仪器基本使用环境要求：操作温度 0～45℃，湿度范围应控制在 35％～80％（45％～60％最佳），海拔高度低于 2000m，海拔过高会对仪器元件的绝缘层造成影响。

（2）超声探头中每个激活孔径上的坏晶片数量最多为每 16 个晶片中不超过 1 个，如超过要及时更换。

（3）如仪器软件系统出现问题时，切勿强行操作，以免造成硬件加密码涂改导致超声板失效。

思考题 🔍

1. 何谓无损检测？常见的无损检测方法有哪些？有何特点？
2. 简述冲击弹性波的检测混凝土厚度、缺陷、裂缝的基本原理。
3. 请解释混凝土裂缝检测中的"相位反转法"并图示。
4. 简述钢筋位置及保护层厚度测定原理及注意事项。
5. 简述超声相控阵检测焊缝缺陷的基本原理。

第十三章

Chapter 13

道路检测技术

▶▶

知识目标

1. 了解路基路面常规指标的基本概念；
2. 熟悉路基路面常规检测方法的基本原理；
3. 掌握路基路面常规检测的试验检测方法；
4. 掌握路基路面常规检测指标的计算分析与评价；
5. 掌握路基路面常规检测报告的编写及解决工程实际问题的能力。

能力目标

1. 根据《公路路基路面现场测试规程》JTG 3450—2019，具备常规路基检测指标的试验检测能力；
2. 能对路基工程常规试验检测数据进行计算、分析、评价并出具报告。

素质目标

铺路石品格，工匠精神、科学严谨、实事求是、数据说话。

思维导图

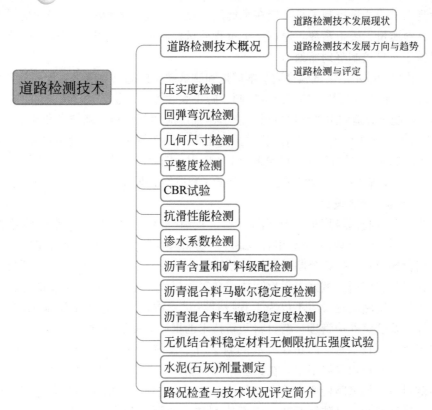

第一节　道路检测技术概况

　　随着我国现代公路交通事业的发展，极大地促进了道路基本建设的迅猛发展，同时也使道路工程检测技术得到了越来越多的重视和发展。道路建设工程属于线性工程，其特点是线长面广、工程量和投资大，影响因素较复杂等。在道路工程施工过程中，任何一个环节出现问题都有会给工程质量带来严重的危害，甚至会造成巨大的损失，因此，实行严格的质量控制，其意义十分重大。我国在道路建设质量保证体系中推行"政府监督、社会监理、企业自检"的质量保障体系。这个体系的运作离不开道路工程检测技术，因此，道路工程检测技术是道路建设和管理中不可缺少的、重要的技术，是施工质量控制的"工程质量卫士"和眼睛。无论是政府监督部门、监理单位，还是施工企业，都必须各自建立独立的且满足工程建设要求的实验室，以确保监督、监理、自检工作的顺利实施。

　　道路工程检测是公路工程施工技术管理中的重要组成部分，同时也是道路工程施工质量控制和交、竣工验收评定工作中不可缺少的重要环节。通过试验检测定量地评定各种材料和构件的质量，科学地评定道路结构的施工质量，因此，正确地进行原材料和道路工程的质量检测，对提高工程质量具有重要的意义。

　　为使道路结构满足使用要求，延长其使用寿命，必须在精心设计的基础上，严格按照设计文件和施工技术规范的要求认真组织施工。在整个施工期间，作为施工技术人员和工程试验检测人员或质量控制人员，应在掌握施工技术规范和试验检测规程的前提下，严格控制路用材料质量、施工参数，通过施工过程质量控制和分部分项工程质量验收，真正将道路工程施工质量控制落到实处。

　　道路工程检测技术是集试验检测基本理论和测试操作技能以及道路工程相关学科基础知识于一体，是工程设计参数、施工质量控制、施工验收评定、养护管理决策的主要依据。通过试验检测，能充分地利用当地原材料，能迅速推广应用新材料、新技术和新工艺，能合理地控制和科学地评定工程质量。工程实践的经验证明：不重视施工过程检测和施工质量过程控制而依靠经验控制，是造成施工质量隐患的主要原因。因此，道路工程试验检测工作的作用和意义在于：提高工程质量、加快工程进度、降低工程造价，推动道路工程施工技术进步。

1. 道路检测技术发展现状

　　近年来，随着我国经济实力的不断提高，我国公路建设尤其是高速公路建设发展迅猛。截至 2021 年底，我国公路总里程 528.07 万 km，高速公路总里程突破 16.91 万 km，里程规模居世界第一。随着公路里程的不断增长，一些新的路面结构类型、新材料和新工艺得到了较成功的应用。道路工程检测技术在工程建设中起到了极其重要的作用，并得到了充分的重视。道路工程检测不仅为工程设计提供参数，同时还为工程施工的质量控制、竣工验收评定及公路养护管理、新材料和新技术的推广等提供科学的依据。

　　道路工程检测技术是一门正在发展的新学科。目前，较发达的国家和地区，如美国、日本道路工程检测技术发展很快，在路基路面检测、路况检查评定等方面均研制了相应的自动化检测设备，如道路检测车等自动化综合性能检测设备发展迅速。我国道路检测技术从"七五"计划开始，已陆续开展了路面检测技术的研究和产品的研发，特别是随着 20 世纪 80 年代中后期从国外引进的各种工程检测仪器的应用，为公路工程检测新技术的研究开发与推广应用奠定了基础。经过近三十年对进口设备技术的消化吸收，我国已生产出同类型的国产设备，如自动弯沉仪、平整度测试仪、路面雷达探测系统、摩擦系数测定车、激光构造深度仪及道路综合性能检测车等。随着我国道路建设的不断发展和相应标准、规范体系的不断完善，道路工程检测技术也在不断地向前发展，特别是计算机、激光、GPS 卫星定位及雷达等高科技的推广应用，有力地推动了道路工程检测技术的发展。

　　但在工程实际中，由于受各种条件限制，影响了这些新技术的推广和应用。在路面检测方面，贝克曼梁、三米直尺、摆式摩擦仪等仍是主要的传统检测手段。路基和路面压实度、厚度的测定，仍然采用有一定破坏的取芯法和灌砂法。所以，系统地开展道路工程检测技术研究，进一步完善我国路基路面检测技术的规范和行业标准，对促进我国路基路面检测技术的发展及应用，全面提高我国道路的施工管理水平等具有重要的意义。

2. 道路检测技术发展方向与趋势

　　近 30 年来，国际上道路工程的检测技术发展十分迅速，总体的发展趋势是：由一般技术向高新技术发展，由人工检测技术向自动化检测技术发展，由破损类检测向无破损检测技术发展。比如，弯沉检测采用了高精度传感器和机电一体化技术，路基路面厚度和压实度检测采用了雷达技术，路面病害观测采用了模式识别与图像处理技术等。FWD 落锤式弯沉仪由承载板、荷载发生装置及记录系统组成。记录系统由 5～7 个位移传感器和 1 台微机组成，落锤式弯沉仪自动化程度高，测量时间短，是未来路面弯沉测量仪器的发展方向。采用路面探地雷达连续探测路面各结构层厚度及路面各结构层的密实性、均匀性，其特点是快速、无损、连续检测，并以实时成像方式显示地下结构剖面，使探测结果一目了然，分析、判读直观方便，因探测精度高、样点密、工作效率高而备受关注。又如多功能道路检测车是一套模块化的数据采集平台，由一辆特别改装的汽车底盘和各种数据采集子系统组成。主要用于在高速公路和一般公路上即时收集公路的信息资料（实时位置、路面平整度、纹理、路面车辙状况、道路几何数据、全球定位系统、道路景观和路面破损状况的图像等），并进行计算机即时和后处理。多功能道路测试车主要包括道路几何参数测量系统、GPS 全球定位系统、激光线扫描车辙测量系统、纵向断面平整度测量系统、计算机定标录像及测量平台、高精度道路几何系数测量系统、路面纹理测量系统、道路全景路况扫描、路面病害分类评级软件、高度净空测量系统和路面摄像-全自动的裂缝探测机识别系统。该设备主要特点：一体式、模块化、多测量平台的道路基础设施数据采集工具；具有多个子系统可详尽、广泛而连续地采集精确、可靠、客观的道路/基础设施数据，为一个交通管理系统中多个部门提供有效使用和可供审查的数据；数据可以和多种商用 GIS 程序兼容，可以高效率地归并到 PC 机、UNIX 或计算机平台上的 PMS、MS、SMS 或其他管理系统中；模块化的设计，使新近及以后发展的采集系统和现存的子系统完全兼容。目前，国内已有很多道路检测开始应用这些先进设备，取得了较好的效果。

随着多种尖端技术的发展和应用，为更好地满足现代高等级道路检测技术的要求，今后开发研制各类路基路面检测设备将呈现以下特点：

（1）高精度：随着新产品的研发，不断提高各类检测仪器的分辨率和测试精度以及工作稳定性。在野外各种严酷环境中进行检测作业的条件下，使各种电子产品能够抵御诸如温度、湿度、振动及空中干扰波的影响。

（2）实时检测：开发和应用以无线通信技术为手段的数据采集系统；开发能适用于交通荷载、风荷载及定点测试荷载的传感器最优布设技术；能更方便、快速、准确地采集需要的数据。对现场采集的大量数据进行实时的分析和统计计算，提高检测评价的时效性。可利用宽带网实现测试数据的远程传送，实现室内工作站与测试现场保持同步监控。

（3）智能化：检测技术的发展经历了以行业专家的感官和专业经验为基础的经验检测技术的第一阶段，这一阶段仅对检测信息只能作简单的数据处理；第二阶段是以传感器技术和动态测试技术为手段，以信号处理和建模处理为基础的现代检测技术；第三阶段是以知识处理为核心，数据处理、信号处理与知识处理相融合的智能检测技术。利用高性能计算机并编制完善的智能处理软件，使操作人员能够更为轻松灵活地运用自动化测试仪器进行工作。另外从设计到施工和运营阶段建立可靠、完整的数据库，积累大量的安全检测和试验检测的知识和经验，最终建立专家系统是非常必要的。

（4）多功能自动化：应用各类小型化、微型化和集成化的自动控制技术，将各种检测功能汇集在同一个系统中，提高测试效率。例如澳大利亚的道路交通技术研究咨询和服务公司最新推出的"Hawkeye 2000 路网检测车"具有高速收集公路的信息资料，包括实时位置、路面平整度、纹理、车辙、错台、几何尺寸、道路景观和路面状况的图像等，可进行计算机即时处理并根据建立的数据库可直接与现有的路面管理系统相连接，为道路的养护及管理提供科学的决策依据。

3. 道路检测与评定

公路工程质量评定分为合格和不合格两个等级，应按分项、分部、单位工程和建设项目逐级评定。分项工程质量等级评定包括基本要求、实测项目、外观鉴定与质量保证资料等四个方面。具体实测项目及评定方法详见《公路工程质量检验评定标准 第一册 土建工程》JTG F80/1—2017，采用合格率方法进行评定，在此不赘述。本章以公路路基路面检测为例，重点介绍路基、水泥路面、沥青路面的实测项目及检测方法。

第二节 压实度检测

1. 基本知识

压实度是路基路面施工质量检测的关键控制指标之一，它表征了路基、基层、面层的压实状况，用以评价结构层的压实质量，现场压实质量用压实度来表示。对于土基和路面基层来说，压实度，是指压实层材料压实后的干密度与该材料的标准最大干密度之比，用百分数表示；对于沥青路面的压实度则是指按规定方法采取的沥青混合料试件毛体积密度与标准密度之比，也用百分数表示。

（1）路基土、路面基层混合料最大干密度与最佳含水率的确定

一般来说，对于细粒土、粒径不大于 38mm 的粗粒土、半刚性基层材料的最大干密度、最佳含水率可根据标准击实试验确定；对于大于 38mm 的粗粒土、巨粒土的最大干密度、最佳含水率可采用振动台法、表面振动压实仪法确定；粒料类基层最大干密度的确定可参考粗粒土和巨粒土的振动台法。另外，对于换填砂，建议采用相对密度。详见《公路土工试验规程》JTG 3430—2020、《公路工程无机结合料稳定材料试验规程》JTG E51—2009。

（2）沥青混合料标准密度的确定

沥青混合料标准密度，通常以实验室标准密度、最大理论密度或试验路段密度为准，压实沥青混合料密度试验方法可根据吸水率大小及密实情况采用水中重法、表干法、蜡封法或体积法进行，详见《公路工程沥青及沥青混合料试验规程》JTG E20—2011。

（3）常见现场压实度检测方法

目前，常见现场压实度检测方法有灌砂法、环刀法、核子仪法、钻芯法等，其中，土基和路面基层压实度的标准检测方法是灌砂法，沥青路面压实度的标准检测方法是钻芯法，其他方法为参考方法，详见《公路路基路面现场测试规程》JTG 3450—2019。常见现场压实度检测方法及其适用范围见表 13-1。

常见现场压实度检测方法及其适用范围　　　　　　　　　　　　　　表 13-1

检测方法	适用范围	是否标准方法
灌砂法	适用于现场测试基层或底基层、砂石路面及路基结构的压实度，以评价结构层的压实质量。不适用于填石路堤等大孔隙材料的压实度检测	是
环刀法	适用于细粒土及无机结合料稳定细粒土的密度测试。但对于无机结合料稳定细粒土，其龄期不宜超过 2d 且适用于施工过程中的压实度检测	否

续表

检测方法	适用范围	是否标准方法
核子仪法	适用于现场用核子密度仪以散射法或直接透射法测定路基路面材料的密度和含水率，并计算施工压实度；适用于施工质量的现场快速评定，但不宜作为仲裁试验或评定验收检测	否
钻芯法	适用于检测从压实的沥青路面上钻取芯样试件的密实度，以评定沥青路面的施工压实度，也适用于龄期较长的无机结合料稳定类基层的压实度检测	是
无核密度仪法	适用于现场无核密度仪快速测试当日铺筑且未开放交通的沥青路面各层沥青混合料的密度，并计算压实度。测试结果不宜用于评定验收	否
压实沉降差法	适用于通过测量土石路堤或填石路堤碾压过程中的沉降变化量，结合施工工艺参数，测试土石路堤或填石路堤的压实程度	否

下面主要介绍灌砂法、钻芯法、压实沉降差法，其他方法不赘述。

2. 灌砂法

（1）基本原理

置换原理：利用粒径 $0.30\sim0.60$mm 或 $0.25\sim0.50$mm 清洁干净的均匀标准砂，从一定高度自由下落到试洞内，按其单位重量不变的原理来测量试洞的容积，即用标准砂来置换试洞中的土，并根据土的含水率计算就可得到其实测干密度。

（2）方法标准

检测标准：《公路路基路面现场测试规程》JTG 3450—2019、《公路土工试验规程》JTG 3430—2020。

判定标准：《公路工程质量检验评定标准 第一册 土建工程》JTG F80/1—2017。

（3）仪器设备

1）灌砂设备：灌砂设备包括灌砂筒、标定罐和基板（图 13-1）。储砂设备主要尺寸要求一览见表 13-2。

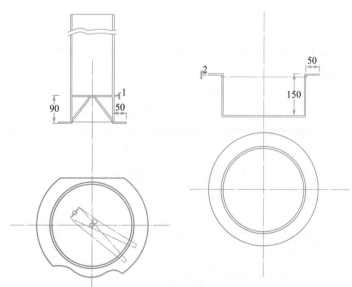

图 13-1　灌砂筒与标定罐（单位：mm）

1—开关；2—罐缘

储砂设备主要尺寸要求一览表   表 13-2

灌砂设备类型			小型灌砂设备	中型灌砂设备	大型灌砂设备
灌砂筒	储砂筒	直径(mm)	100	150	200
		容积(cm³)	2121	4771	8482
	流砂孔	直径(mm)	10	15	20
标定罐	金属标定罐	内径(mm)	100	150	200
		外径(mm)	150	200	250
基板	金属方盘基板	边长(mm)	350	400	450
		深(mm)	40	50	60
	中孔	直径(mm)	100	150	200
	板厚	厚(mm)	≥1.0(铁)	≥1.0(铁)	≥1.0(铁)
			≥1.2(铝合金)	≥1.2(铝合金)	≥1.2(铝合金)

灌砂筒的选择：根据填料粒径及测试层厚度选择不同尺寸的灌砂筒并符合表 13-3 的规定。

灌砂筒尺寸一览表   表 13-3

灌砂筒尺寸	填料最大粒径(mm)	适宜的测试层厚度(mm)
$\phi 100$	<13.2	≤150
$\phi 150$	<31.5	≤200
$\phi 200$	<63	≤300
$\phi 250$ 及以上	<100	≤400

2）玻璃板：边长约 500～600mm 的方形板。

3）试样盘和铝盒。

4）电子秤：分度值不大于 1g。

5）电子天平：用于含水率测试时，对细粒土、中粒土、粗粒土的分度值宜分别为 0.01g、0.1g、1.0g。

6）含水率测试设备：如铝盒、烘箱、微波炉等。

7）量砂：粒径 0.3～0.6mm 清洁干燥的砂，约 20～40kg。

8）盛砂的容器：塑料桶等。

9）温度计：分度值不大于 1℃。

10）其他：凿子、螺丝刀、铁锤、长把勺、长把小簸箕、毛刷等。

（4）关键步骤

1）准备工作

① 通过击实试验获取最大干密度 ρ_c。

② 选用灌砂设备。

③ 标定灌砂设备下部圆锥体内砂的质量。

需确定装入储砂筒内砂的质量 m_1、灌砂筒下部圆锥体内砂的质量 m_2，准确至 1g，平行三次取平均值。

④ 标定量砂的松方密度 ρ_s。

需确定标定罐的体积 V、灌砂入标定罐后筒内剩余砂的质量 m_3，准确至 1g，平行三次取平均值。

⑤ 计算填满标定罐所需砂的质量 m_a 见公式（13-1）。

$$m_a = m_1 - m_2 - m_3 \tag{13-1}$$

式中：m_a——标定罐中砂的质量（g）；

m_1——装入储砂筒内砂的质量（g）；

m_2——灌砂筒下部圆锥体内砂的质量（g）；

m_3——灌砂入标定罐后，筒内剩余砂的质量（g）。

⑥ 计算量砂的松方密度。

$$\rho_s = m_a/V \tag{13-2}$$

式中：ρ_s——量砂的松方密度（g/cm³）；

V——标定罐的体积（cm³）。

2）测试步骤

① 选点、清理。

② 表面比较粗糙度时，需确定灌砂筒下部圆锥体内及基板和粗糙表面间砂的合计质量（$m_1 - m_5$），准确至 1g。

③ 取走基板，收回量砂，表面清扫干净。

④ 挖洞，试洞深度应等于测试层厚度，称取洞内材料质量 m_w，准确至 1g。

⑤ 取样，按《公路土工试验规程》JTG 3430—2020 要求测试其含水率（ω）。

⑥ 灌砂（放基板）、称量筒内剩余砂的质量（m_4），准确至 1g。

⑦ 如平坦表面平整，可省去②和③的操作，不放基板，灌砂并称量剩余砂的质量（m_4'），准确至 1g。

⑧ 取出储砂筒内的量砂，以备下次试验时再用。

⑨ 取走基板，回收量砂，回填夯实。

⑩ 回收量砂烘干、过筛，放置 24h 以上，使其与空气的湿度达到平衡后可以继续使用。若量砂中混有杂质，则应废弃。

（5）计算分析

1）计算填满试坑所用砂的质量：

灌砂时，试坑上放有基板时：

$$m_b = m_1 - m_4 - (m_1 - m_5) \tag{13-3}$$

灌砂时，试坑上不放基板时：

$$m_b = m_1 - m_4' - m_2 \tag{13-4}$$

2）计算试坑材料的湿密度：

$$\rho_w = m_w/m_b \times \rho_s \tag{13-5}$$

式中：ρ_w——试坑材料的湿密度（g/cm³）；

m_w——试坑中取出的全部材料的质量（g）；

s——量砂的松方密度（g/cm³）。

3）计算试坑材料的干密度：

$$\rho_{d}=\rho_{w}/1+0.01\omega \tag{13-6}$$

式中：ρ_d——试坑材料的干密度（g/cm³）；

$\quad\quad\omega$——试坑材料的含水率（%）。

4）当为水泥、石灰、粉煤灰等无机结合料稳定土时，可按下式计算密度：

$$\rho d=m_{d}/m_{b}\times\rho_{s} \tag{13-7}$$

式中：ρ_d——当为水泥、石灰、粉煤灰等无机结合料稳定土时的密度（g/cm³）；

$\quad\quad m_d$——试坑中取出的稳定土的烘干质量（g）。

5）计算施工压实度：

$$K=\rho_{d}/\rho_{c}\times100 \tag{13-8}$$

式中：ρ_d——试样的干密度（g/cm³）；

$\quad\quad\rho_c$——由击实等试验得到的最大干密度（g/cm³）。

（6）检测记录与报告

检测记录、报告内容要素齐全，报告应包括以下内容：

1）测试位置信息（桩号、层位等）。

2）干密度、最大干密度。

3）压实度。

（7）常见问题

1）路基填料最大粒径超过100mm的，应采用其他方法检测压实度。

2）当挖坑过程中存在超过规范规定粒径10%的填料时应在附近另行选点重做。

3）试验过程中若发现储砂筒内砂不足以填满试坑时，说明灌砂筒尺寸过小，应选择较大尺寸的灌砂筒重新试验，而不应在试验过程中添加量砂。

4）量砂要规则，符合粒径等规范要求。使用前须洗净、烘干，筛分至符合要求并放置24h以上，使其与空气的湿度达到平衡。

5）每换一次量砂，都必须测定松方密度。

6）检测前地表面处理要平整。

7）在挖坑时试坑周壁应笔直。

8）灌砂时检测厚度应为整个碾压层厚，不能只取上部或者取到下一个碾压层中。

9）储砂筒的容积可按照检测层厚度不同而适当调整，其他指标不变，以保证灌砂过程连续。

---

3. 钻芯法

（1）基本原理

通过测试从压实的沥青路面上钻取沥青混合料芯样的密度，计算施工压实度，以评价路面结构层的压实质量。

（2）方法标准

检测标准：《公路路基路面现场测试规程》JTG 3450—2019；

判定标准：《公路工程质量检验评定标准 第一册 土建工程》JTG F80/1—2017。

（3）仪器设备

1）路面取芯钻机；

2）天平：分度值不大于 0.1g；

3）水槽：温度控制在±0.5℃以内；

4）吊篮；

5）石蜡；

6）其他：卡尺、毛刷、取样袋（容器）、电风扇。

（4）关键步骤

1）钻取芯样：

① 芯样直径不宜小于 ϕ100mm。

② 钻孔取样应在路面完全冷却后进行，对普通沥青路面通常在第二天取样，对改性沥青及 SMA 路面宜在第三天以后取样。

2）测试试件密度：

根据试件密实程度及吸水率情况，选择合适方法测试试件密度 ρ_s。通常情况下采用表干法测试试件的毛体积相对密度。

3）按《公路沥青路面施工技术规范》JTG F40—2004 确定标准密度。

（5）计算分析

1）当计算压实度的标准密度采用实验室实测的马歇尔击实试验密度或试验路段钻孔取样密度时，沥青面层的压实度按以下公式计算。

$$K = \frac{\rho_s}{\rho_0} \times 100 \tag{13-9}$$

式中：ρ_s——沥青混合料芯样试件的实测密度（g/cm^3）；

　　　ρ_0——沥青混合料的标准密度（g/cm^3）。

2）计算压实度的标准密度采用最大理论密度时，沥青面层的压实度按下式计算。

$$K = \frac{\rho_s}{\rho_t} \times 100 \tag{13-10}$$

式中：ρ_t——沥青混合料的最大理论密度（g/cm^3）。

3）按数理统计的方法，计算一个测试路段的压实度的平均值、标准差、变异系数，并计算压实度代表值。

（6）检测记录与报告

检测记录、报告内容要素齐全，报告应包括以下内容：

1）测点位置（桩号、层位等）。

2）实测密度、标准密度（或最大理论密度）、压实度。

3）测试路段压实度的平均值、标准差、变异系数以及代表值。

（7）常见问题

1）测试密度时注意水槽的温度应控制在±0.5℃以内。

2）当一次钻孔取得的芯样包含有不同层位的沥青混合料时，应根据结构组合情况用切割机将芯样沿各层结合面锯开分层进行测试。

3）根据芯样试件吸水率的不同，选择合适的测试方法。对吸水率大于 2% 的试件，宜采用蜡封法测试试件的毛体积相对密度。

4）对吸水率小于 0.5% 特别致密的沥青混合料，在施工质量检验时，允许采用水中重法测试表观相对密度。

5）注意标准密度的确定方法。《公路沥青路面施工技术规范》JTG F40—2004 明确要求施工及验收过程中的压实度检验不得采用配合比设计时的标准密度，可按以下三种方法检测确定：①以实验室密度作为标准密度；②以每天实测的最大理论密度作为标准密度；③以试验路密度作为标准密度。目前常以实验室密度作为标准密度，即沥青拌合场每天取样实测马歇尔试件密度，取平均值作为该批混合料的标准密度。

4. 压实沉降差法

（1）基本原理

通过测量土石路堤或填石路堤碾压过程中的沉降变化量，结合施工工艺参数，测试土石路堤或填石路堤的压实程度。

（2）方法标准

检测标准：《公路路基路面现场测试规程》JTG 3450—2019；

判定标准：《公路工程质量检验评定标准 第一册 土建工程》JTG F80/1—2017。

（3）仪器设备

1）振动压路机：自重 20t 以上；

2）水准仪：DS_3；

3）钢卷尺：量程 50m，分度值不大于 1mm；

4）其他仪具：铁锤、铁铲等。

（4）检测步骤

1）准备工作

① 选取试验路段；

② 沉降观测点布设：沿道路纵向每隔 20m 作为一个观测断面，每个观测断面沿横断面方向每隔 5~10m 均匀布设，每个沉降观测点位上埋放一固定物（钢球）；

③ 按照既定的碾压机械组合和工艺参数进行施工，碾压遍数以往返一次计为一遍，直至测试路段无明显碾压轮迹。

2）测试步骤

① 路基碾压施工完成后，将振动压路机停放在测试路段前 20m 处，启动振动压路机，并调至强振档位；

② 振动压路机以不大于 4km/h 的速度对测试路段进行碾压，往返一次为一遍；

③ 碾压结束后用水准仪逐点测量固定物顶面高程 h_{i1}、h_{i2}…h_{ij}，精确到 0.1mm；

④ 重复（2）和（3）的步骤，测得固定物顶面高程 $h_{(i+1)1}$、$h_{(i+1)2}$…$h_{(i+1)j}$，…$h_{(i+n)1}$、$h_{(i+n)2}$…$h_{(i+n)j}$，准确至 0.1mm；

⑤ 随机选取有代表性的区域，按照《公路土工试验规程》JTG 3430—2020 灌水法测试材料干密度，按照《公路工程集料试验规程》JTG E42—2005 测试表干密度（视密度）。回收固定物，记录新的工艺参数，用与测试段相同材料回填并进行终压。

（5）计算分析

1）计算第 i 遍和第 $i+1$ 遍的沉降差 $\Delta h_{i(i+1)-j}$：

$$\Delta h_{i(i+1)-j} = h_{(i+1)-j} - h_{i-j} \tag{13-11}$$

式中：$\Delta h_{i(i+1)-j}$ ——第 j 个固定物在第 i 遍和第 $i+1$ 遍的沉降差（0.1mm）；

$\quad\quad h_{(i+1)-j}$ ——第 j 个固定物在 $i+1$ 遍碾压结束后的顶面高程（0.1mm）；

$\quad\quad h_{i-j}$ ——第 j 个固定物在 i 遍碾压结束后的顶面高程（0.1mm）；

$\quad\quad i$ ——碾压遍数；

$\quad\quad j$ ——固定物编号，1，2…n。

2）按照公式计算第 i 遍和第 $i+1$ 遍的沉降差的平均值：

$$\overline{\Delta h}_{i(i+1)} = \frac{\sum\limits_{j=1}^{n} \Delta h_{i(i+1)-j}}{n} \tag{13-12}$$

式中：$h_{i(i+1)}$ ——第 i 遍和第 $i+1$ 遍的沉降差的平均值（0.1mm）。

3）计算第 i 遍和第 $i+1$ 遍的沉降差的标准差：

$$s_{i(i+1)} = \sqrt{\frac{\sum\limits_{j=1}^{n}(\Delta h_{i(i+1)-j} - \overline{\Delta h}_{i(i+1)})^2}{n-1}} \tag{13-13}$$

式中：$S_{i(i+1)}$ ——第 i 遍和第 $i+1$ 遍的沉降差的标准差（0.1mm）。

4）按照《公路路基设计规范》JTG D30—2015 附录计算孔隙率。

5）按《公路路基路面现场测试规程》JTG 3450—2019 附录 B 的方法，计算一个测试路段沉降差的平均值、标准差，并计算沉降差的代表值。

（6）检测记录与报告

检测记录、报告内容要素齐全，报告应包括以下内容：

1）测试路段信息（桩号范围及层位等）；

2）石料等级、填料类型；

3）机械组合、碾压参数；

4）沉降差、孔隙率；

5）测试路段沉降差的平均值、标准差及代表值。

（7）常见问题

1）试验路段的选取要有代表性。

2）沉降观测点应均匀布设并埋放钢球，确保施工和测试过程中水平方向位置不变。

3）压实沉降差法要注意沉降变化量与施工工艺相结合，沉降差、孔隙率双控。

4）大规模施工时，在确定填料无明显变化的情况下，可不进行孔隙率测试。

5）对于土石混填路基，可采用《公路土工试验规程》JTG 3430—2020 中表面振动压实仪法或振动台法测试最大密度，现场采用灌水法测试密度以评价路基压实度。

第三节　回弹弯沉检测

1. 基本知识

回弹弯沉，是指在规定的标准轴载作用下，路基或路面表面轮隙位置产生的垂直回弹变形值。国内外普遍采用回弹弯沉值来表示路基路面的承载能力，回弹弯沉值越大，承载能力越小，反之则越大。回弹弯沉值，是指标准后轴载轮隙中心处的最大回弹弯沉值。在路表进行测试，则反映了路基路面的综合承载能力。

（1）几个基本概念

弯沉：在规定的标准轴载作用下，路基或路面表面轮隙位置产生的总垂直变形（总弯沉）或垂直回弹变形值（回弹弯沉），以 0.01mm 为单位。

设计弯沉值：根据设计年限内一个车道上预测通过的累计当量轴次、公路等级、面层和基层类型而确定的路面弯沉值。

竣工弯沉值：竣工弯沉值是检验路面是否达到设计要求的指标之一。当路面厚度计算以设计弯沉值为控制指标时，则验收弯沉值应小于或等于设计弯沉值；当厚度计算以层底拉应力为控制指标时，应根据拉应力计算所得的结构厚度，重新计算路面弯沉值，该弯沉值即为竣工验收弯沉值。

（2）几种常见的回弹弯沉检测方法（表 13-4）

几种常见的回弹弯沉检测方法

表 13-4

检测方法	方法特点	是否标准方法
贝克曼梁法	传统方法，速度慢，静态测试，比较成熟，目前属于标准方法	是
自动弯沉仪法	利用贝克曼梁法相同原理，快速连续，属于静态测试范畴，但测定的是总弯沉，因此使用时应用贝克曼梁进行标定换算	否
落锤式弯沉仪法	利用重锤自由落下的瞬间产生的冲击荷载测定弯沉，并能反算路面的回弹模量，快速连续，使用时应用贝克曼梁法进行标定换算	否
激光式弯沉仪法	应用多普勒测速原理的激光式高速路面弯沉测定仪测试路面弯沉，以评价路基路面承载能力	否

2. 贝克曼梁法

（1）基本原理

利用杠杆原理测试路基及沥青路面的回弹弯沉，以便评价其承载能力。属于静态弯沉范畴。

（2）方法标准

检测标准：《公路路基路面现场测试规程》JTG 3450—2019；

判定标准：《公路工程质量检验评定标准 第一册 土建工程》JTG F80/1—2017。

（3）仪器设备

1）贝克曼梁：由合金铝制成，上有水准泡，其前臂与后臂长度比为 2∶1。贝克曼梁按长度分为 5.4m（3.6m+1.8m）梁和 3.6m（2.4m+1.2m）梁两种，如图 13-2 所示。长度为 5.4m 的贝克曼梁适用于各种类型的路面结构回弹弯沉的测试；长度为 3.6m 的贝克曼梁适用于柔性基层沥青路面回弹弯沉的测试。

2）加载车（标准车）：单后轴、单侧双轮组的载重车，双轮轮隙应能满足自由插入贝克曼梁测头的要求，轴载、轮胎气压等技术参数应符合表 13-5 的要求。

3）百分表及表架。

4）路表温度计：最小刻度不大于 1℃。

5）其他：钢直尺等。

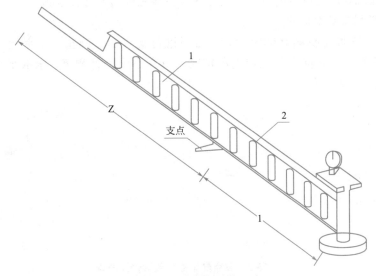

图 13-2 贝克曼梁结构示意

1—前臂；2—后臂

加载车的参数要求　　　　　　　　　　　　　　　　　表 13-5

后轴标准轴载(kN)	100 ± 1
单侧双轮荷载(kN)	50 ± 0.5
轮胎气压(MPa)	0.7 ± 0.05
单轮传压面当量圆面积(mm²)	$(3.56\pm0.20)\times10^4$

（4）检测步骤

1）准备工作

① 检查加载车况，保持制动性能良好，轮胎气压应符合表 13-5 的要求。

② 加载车配重，用地中衡称量后轴总质量及单侧双轮荷载等，均应符合表 13-5 的要求。

③ 轮胎传压面面积测试：适用于启用新加载车或加载车轮胎发生较大磨损情况，结果应符合表 13-5 中单轮传压面当量圆面积的要求。

④ 通过气象台了解前 5d 的平均气温（日最高气温与最低气温的平均值）。

⑤ 记录沥青路面结构层材料类型、设计厚度等情况。

2）测试步骤

① 确定测试位置及测点：加载车停放在测试位置，后轮置于道路行车轮迹带上，将贝克曼梁测头置于加载车后轮隙中心前方（30～50）mm 处测点上，与加载车行车方向一致，不接触轮胎。路表温度计测温，可用两台贝克曼梁双侧测试。

② 安装百分表，轻叩贝克曼梁，百分表归位。

③ 指挥加载车缓缓前进，控制车速 5km/h 左右，当百分表示值最大时，迅速读取初读数 L_1，待加载车驶出弯沉影响范围（约 3m 以上），百分表示值稳定后，读取终读数 L_2。

④ 指挥加载车沿轮迹带前行，重复①～③步骤完成回弹弯沉检测。

3）贝克曼梁支点变形修正

当采用 5.4m 贝克曼梁测试弯沉时，可不进行支点变形修正。支点变形修正可按如图 13-3 所示进行。当在同一结构层上测定时，可在不同位置测定，求取平均值，以后每次测定时以此作为修正值。

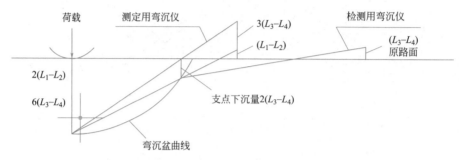

图 13-3 贝克曼梁支点变形修正原理

（5）计算分析

1）路面测点的回弹弯沉值计算

$$l_t = (L_1 - L_2) \times 2 \tag{13-14}$$

式中：l_t——在沥青面层平均温度 t 时的回弹弯沉值（0.01mm）；

L_1——车轮中心临近贝克曼梁测头时百分表的最大读数（0.01mm）；

L_2——加载车驶出弯沉影响半径后待百分表稳定后的终读数（0.01mm）。

2）当需进行弯沉仪支点变形修正时，按下式计算路面测点回弹弯沉值。

$$l_t = (L_1 - L_2) \times 2 + (L_3 - L_4) \times 6 \tag{13-15}$$

式中：L_3——加载车中心临近贝克曼梁测头时检验用贝克曼梁的最大读数（0.01mm）；

L_4——加载车驶出弯沉影响半径后检验用贝克曼梁的终读数（0.01mm）。

3）当沥青面层厚度大于 50mm 时，回弹弯沉值应根据沥青面层平均温度进行温度修正，按下列步骤进行。

① 按下式计算测定时的沥青面层平均温度

$$t = (t_{25} + t_m + t_e)/3 \tag{13-16}$$

式中：t——测定时沥青面层平均温度（℃）；

t_{25}——根据 t_0 由图 13-4 决定的路表下 25mm 处的温度（℃）；

t_m——根据 t_0 由图 13-4 决定的沥青面层中间深度的温度（℃）；

t_e——根据 t_0 由图 13-4 决定的沥青面层底面处的温度（℃）；

t_0——测定时路表温度与测定前 5d 日平均气温的平均值之和（℃），日平均气温为日最高气温与最低气温的平均值。

② 当沥青面层平均温度在（20±2）℃时，温度修正系数 $K=1$。当沥青面层平均温度为其他温度时，应根据沥青面层厚度，分别由图 13-5 及图 13-6 求取不同基层的沥青路面弯沉值的温度修正系数 K。

③ 计算修正后的沥青路面回弹弯沉值

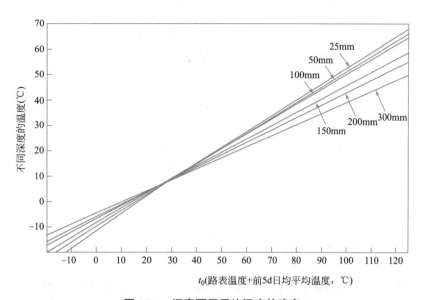

图 13-4　沥青面层平均温度的确定

注：线上的数字表示从路表向下的不同深度（mm）

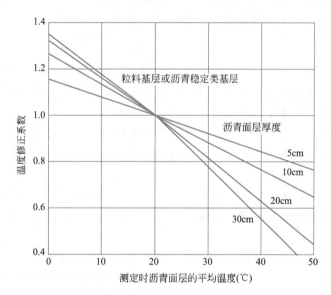

图 13-5　路面弯沉温度修正系数曲线（适用于粒料基层及沥青稳定基层）

$$l_{20} = l_t \times K \tag{13-17}$$

式中：K——温度修正系数；

l_{20}——修正后的沥青路面回弹弯沉值（0.01mm）。

4）按《公路路基路面现场测试规程》JTG 3450—2019 附录 B 的方法，计算一个测试路段的回弹弯沉平均值、标准差及代表值。

（6）检测记录与报告

检测记录、报告内容要素齐全，报告应包括以下内容：

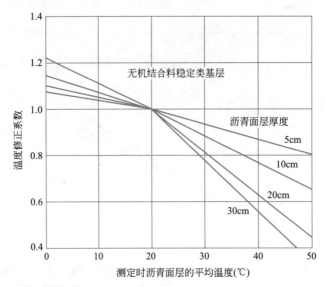

图 13-6　路面弯沉温度修正系数曲线（适用于无机结合料稳定的半刚性基层）

1）测试路段信息（桩号、路面结构层材料类型及设计厚度等）。

2）沥青面层平均温度、温度修正系数、回弹弯沉值。

3）测试路段的回弹弯沉平均值、标准差及代表值。

（7）常见问题

1）注意两种不同规格贝克曼梁的适用范围：5.4m 贝克曼梁适用于各种类型的路面结构回弹弯沉的测试；3.6m 贝克曼梁适用于柔性基层沥青路面回弹弯沉的测试。

2）选择合适的标准车（加载车），注意参数要求。

3）正确选用百分表，安装时应预留足够的量程。

4）当沥青面层平均温度超出（20±2）℃时应进行温度修正，路表温度计应采用接触式温度计，方可测出路表实际温度。

5）当采用 5.4m 贝克曼梁测试弯沉时，一般可不进行支点变形修正。

6）注意贝克曼梁测头应置于轮隙中心前方（30～50）mm 处测点上，其目的是获取最大的读数。

7）当采用两台贝克曼梁对双侧轮迹同时进行回弹弯沉测试时，数理统计时应当作两个点进行统计。

8）加载车前进速度一般控制在 5km/h 左右，弯沉影响范围一般约 3m 以上。

3. 自动弯沉仪法

1. 自动弯沉
   仪法

4. 落锤式弯沉仪法

（1）基本原理

采用落锤式弯沉仪测试路表在冲击荷载作用下产生的瞬时变形，即动态弯沉，以便评价路基路面承载能力。落锤式弯沉仪检测原理示意如图 13-7 所示。

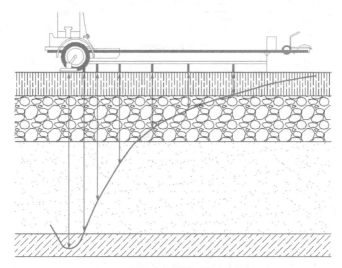

图 13-7　落锤式弯沉仪检测原理示意

（2）方法标准

检测标准：《公路路基路面现场测试规程》JTG 3450—2019；

判定标准：《公路工程质量检验评定标准 第一册 土建工程》JTG F80/1—2017。

（3）仪器设备

落锤式弯沉仪（FWD）由荷载发生装置、弯沉检测装置、控制系统与牵引车等组成，具体要求如下：

1）荷载发生装置：重锤的质量及落高根据使用目的与道路等级选择，荷载由传感器测试。如无特殊需要，重锤的质量为（200±10）kg，可产生（50±2.5）kN 的冲击荷载。承载板呈十字对称分开成 4 部分，且底部固定有橡胶片，直径一般为 300mm，也可为 450mm。

2）弯沉检测装置：由一个或多个位移传感器组成，位移分辨力不大于 0.001mm，如图 13-8 所示。承载板中心应设有一个位移传感器，其他位移传感器与中心处传感器呈线性布置，一般分布在距离承载板中心 2500mm 的范围内。用于反算路面结构层模量时，位移传感器总数应不少于 7 个，且应包括 0mm、300mm、600mm、900mm 处四个位置。

3）控制系统：在冲击荷载作用的期间内，测量并记录冲击荷载及各个位移传感器所在位置的动态变形。

4）牵引车：牵引 FWD 并安装控制装置的车辆。

落锤式弯沉仪传感器布置及应力作用状态示意如图 13-8 所示。

（4）检测步骤

1）准备工作

① 调整重锤质量及落高，使重锤的质量及产生的冲击荷载符合规定要求。

② 检查 FWD 的车况及使用性能，确保功能正常。

③ 将 FWD 牵引至测试地点，牵引 FWD 行驶的速度不宜超过 50km/h。

④ 开启 FWD，对传感器进行标定。

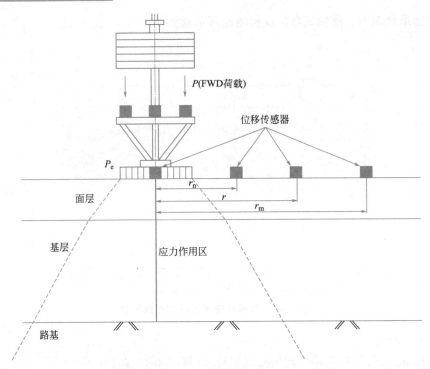

图 13-8 落锤式弯沉仪传感器布置及应力作用状态示意

2）测试步骤

① 将 FWD 牵引至测试路段起始位置，输入测试位置信息，设定好状态参数。

② 将承载板中心位置对准测点，测点一般应布置在车道轮迹带处。落下承载板，放下弯沉检测装置的各传感器。

③ 启动荷载发生装置，落锤瞬即自由落下，冲击力作用于承载板上，又立即自动提升至原来位置固定。同时，记录荷载数据，各个位移传感器测量并记录路表变形数据，变形峰值即为弯沉值。每个测点重复测试应不少于 3 次。

④ 提起传感器及承载板，牵引车向前移动至下一个测点，重复②～③步骤完成测试路段的测试。

（5）数据处理

1）舍去承载板中心位移传感器的首次测值，计算其后几次测值的平均值作为该点的弯沉值。

2）按照《公路沥青路面设计规范》JTG D50—2017 的规定，对弯沉值进行温度修正。

3）按《公路路基路面现场测试规程》JTG 3450—2019 附录 B 的方法，计算一个测试路段的弯沉平均值、标准差及代表值。

（6）检测记录与报告

检测记录、报告内容要素齐全，报告应包括以下内容：

1）测试路段信息（桩号、路面结构层材料类型及设计厚度等）。

2）路表弯沉温度影响系数、弯沉。

3）测试路段的弯沉平均值、标准差及代表值。

4）如有需要可报告弯沉盆数据。

（7）常见问题

1）落锤式弯沉仪的校准应符合校准规程要求，注意荷载传感器、位移传感器的校准的规范性，不要漏项。

2）牵引 FWD 行驶的速度不宜超过 50km/h。

3）开启 FWD 时应对传感器进行标定。

4）注意每个测点重复测试应不少于 3 次。

5）当沥青面层平均温度超出（20±2）℃时应进行温度修正。

6）落锤式弯沉仪与贝克曼梁弯沉仪相关性试验不作强制要求，可根据需要决定。

7）贝克曼梁法和自动弯沉仪法之间的相关性试验，其相关系数 R 应不小于 0.95，否则应重做试验。

5. 激光式弯沉仪法

2. 激光式弯沉仪法

第四节 几何尺寸检测

1. 基本知识

路基路面几何尺寸与路面厚度是保证路面使用性能的基本条件，路面厚度的变化将导致路面受力不均匀，局部将可能有应力集中现象，加快路面结构破坏。路面设计中不管是刚性路面，还是柔性路面，各个层次的厚度都是强度的主要决定因素，只有在保证厚度的情况下，路面的各个层次及整体的强度才能得到保证。在 JTG F80/1—2017 中，路面各个层次的厚度所占权值较高。因此，必须严格控制路基路面几何尺寸与路面厚度。

路基路面几何尺寸参数主要包括纵断高程、中线偏位、宽度、横坡等指标，可用水准仪、全站仪（经纬仪）、米尺或几何数据测试系统来进行检测；路面厚度可采用挖坑钻芯法、短脉冲雷达法进行现场检测。

路面各结构层厚度的检测一般与压实度检测同时进行。当用灌砂法进行压实度检测时可量取挖坑灌砂深度为结构厚度；当用钻芯法检测压实度时，可直接量取芯样作为结构厚度；还可以用雷达及超声波法进行无破损检测，直接测出结构厚度。

2. 路面厚度代表值与极值的允许偏差

路面各结构层厚度的检测方法与结构层的层位和种类有关，基层和砂石路面的厚度可用挖坑法测定，沥青面层及水泥混凝土路面板的厚度应用钻芯法检测。对于路面，各层施工完成后及工程交工验收检查使用时，必须进行厚度检测。几种常见路面结构层厚度的代表值与极值的允许偏差见表 13-6。

几种常见路面结构厚度代表值与极值允许偏差 表 13-6

类型、层位		厚度(mm)				检查频率
		代表值		极值		
		高速、一级公路	其他公路	高速、一级公路	其他公路	
水泥混凝土面层		−5	−5	−10	−10	2 点/200m
沥青混凝土、沥青碎石面层		总厚度： −5%H 上面层： −20%h	−8%H	总厚度： −10%H 上面层： −20%h	−15%H	1 点/200m
沥青贯入式面层		—	−8%H 或−5	—	−15%H 或−10	2 点/200m
稳定粒料	基层	−8	−10	−10	−20	2 点/200m
	底基层	−10	−12	−25	−30	
级配碎(砾)石	基层	−8	−10	−10	−20	2 点/200m
	底基层	−10	−12	−25	−30	

注：H 为沥青路面总厚度；h 为沥青路面的上面层厚度。

3. 路基路面现场测试选点方法

（1）基本原理

对公路路基路面各个层次进行各种测定时，为采取代表性试验数据，往往用随机取样选点的方法确定测点区间、测定断面、测定位置。随机取样选点是按照数理统计原理，在路基路面现场测定时确定区间、测定断面、测点位置的方法，适用于路基路面现场进行抽样试验时的个体（测点）选择，以评价样本的各类技术指标。

（2）方法标准

检测标准：《公路路基路面现场测试规程》JTG 3450—2019；

判定标准：《公路工程质量检验评定标准 第一册 土建工程》JTG F80/1—2017。

（3）仪器设备

1）量尺：钢尺、皮尺或测距仪等。

2）硬纸片：编号从 1～28 共 28 块，每块大小 2.5cm×2.5cm，装在一个布袋中或能够产生随机数的计算机软件（如 WPS 表格、EXCEL 等）。

3）其他：毛刷、粉笔等。

（4）检测步骤

1）均匀法

均匀法就是将道路沿纵向或横向进行等间距划分，并在划分点处做好标记，在划分点上布置测点（图 13-9）。

2）随机法

按 JTG 3450—2019 附录 A 的规定选取测试区间、测试断面或测点。

① 准备工作

确定需要测试的路段，通常以 1km 为一个测试路段。

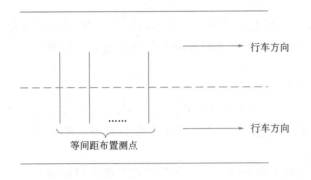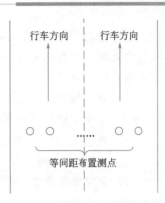

图 13-9　均匀法选点示意图

② 选取测试区间或断面（纵向位置）

a. 将测试路段等间距（长度）划分为若干个区间或断面，编号为第 1~n 个区间或第 1~n 个断面，其总的区间数或断面数为 T。当 $n>30$ 时应分次选取，若采用计算机软件进行随机选取，则不受选取数量限制。

b. 随机抽取一块硬纸片，硬纸片上的编号即对应 JTG 3450—2019 附录 A 表 A-1 上的栏号。根据所抽取硬纸片对应的栏号，依次找出该栏号下 A 列 1~n 对应的 B 列中的值（也可通过计算机软件产生）。

c. 将 n 个 B 值与总区间数或断面数 T 相乘，四舍五入成整数，即得到 n 个断面的编号，即可根据该编号确定实际断面位置。

【**例 13-1**】按照规范规定要求，拟从 K36+000~K37+000 的 1km 测试路段中选择 20 个断面测定路面宽度、高程、横坡等外形尺寸，可采取以下方法确定断面：

（1）按照 20m 等间距对拟测试路段内的断面进行编号。则 1km 总长的断面数 $T=$ 1000/20=50 个，其编号为 1，2……50。

（2）从布袋中摸出一块硬纸片，其编号为 14，即使用 JTG 3450—2019 附录 A 表 A-1 的第 14 栏。

（3）从第 14 栏 A 列中挑出小于或等于 20 所对应的 B 列数值，将 B 与 T 相乘，四舍五入得到 20 个断面号，断面号乘以选择断面，并得到 20 个断面的桩号。

（4）选取测点（纵向及横向位置）

1）按标准规范要求确定测点数量 n。当 $n>30$ 时应分次选取，若采用计算机软件进行随机选取，则不受选取数量限制。

2）随机抽取一块硬纸片，纸片上的编号即对应 JTG 3450—2019 附录 A 表 A-1 中的栏号。根据所抽取硬纸片的栏号，依次找出该栏号下 A 列 1~n 值对应的 B、C 列中的值（也可通过计算机软件产生）。

3）以 A 列中对应的 B 列中数值乘以测试路段的总长度，再加上测试路段起点的桩号，即得出取样纵向位置，即断面桩号。

4）以 A 列中对应的 C 列中的数值，乘以检查路面的宽度，再减去宽度的一半，即得出取样位置离路面中心线的距离。若差值为正（＋），表示在中心线的右侧；若差值为负（－）则为左侧。

【例 13-2】 按规范规定要求，检查验收时拟在 K36＋000～K37＋000 的 1km 测试路段中选择 6 个测点进行钻孔取样检验压实度、沥青用量和矿料级配等，可按照如下方法确定钻孔位置：

（1）随机抽取一张硬纸片，其编号为 3。

（2）栏号 3 中从上至下小于或等于 6 个测点的数为：01、06、03、02、04、05。

（3）查 JTG 3450—2019 附录 A 表 A-1 的 B 列中与这 6 个数相应的 6 个小数为 0.175、0.310、0.494、0.699、0.838、0.977。

（4）取样路段长度 1000m，计算得出 6 个乘积（取样位置与该段起点的距离）分别为 175m、310m、494m、699m、838m、977m。

（5）再由表 A-1 的 C 列中这 6 个数相应的 6 个小数为 0.641、0.063、0.929、0.073、0.166、0.494。

（6）路面宽度为 10m，计算得 6 个乘积分别是 6.41、0.63、9.29、0.73、1.66 及 4.94m。再减去路面宽度的一半，6 个取样的横向位置分别是右 1.41m、左 4.37m、右 4.29m、左 4.27m、左 3.34m 及左 0.06m。

3）定向法

选取轮迹带或出现裂缝、错台、板角等具有某个特征或指定的位置作为测点（图 13-10）。

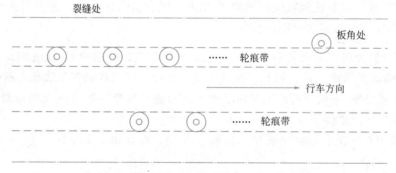

图 13-10　定向法选点示意

4）连续法

按相应标准的规定，沿道路纵向间距连续、均匀布置测区（图 13-11）。

5）综合法

同时按照上述两种以上选点方法的规定，确定测点位置。通常有沿道路纵向连续选择、测区内随机选择测点，或者沿道路纵向均匀确定测区，测区内定向选取测点等。

（5）注意问题

1）路基路面工程质量验收时，通常以 1km 为一个测试路段。

2）测试位置是保证公路路基路面现场测试结果可靠性和代表性的前提，需要正确规范地选择测点。

3）在保证测试结果代表性的前提下，为减轻对工程实体的影响，新建道路钻芯取样一般选择标线位置。

4）注意测点位置的正确表述。

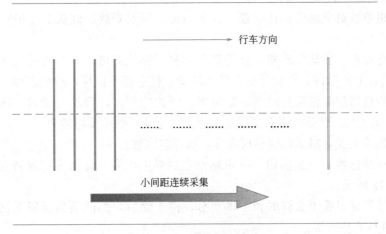

图 13-11　连续法选点示意

4. 钻芯和切割取样方法

（1）基本原理

采用路面取芯钻机或路面切割机在现场钻取或切割路面的代表性试样，适用于对水泥混凝土面层、沥青混合料面层或无机结合料稳定基层取样，以测试其密度或其他物理力学性能。

（2）方法标准

检测标准：《公路路基路面现场测试规程》JTG 3450—2019；

判定标准：《公路工程质量检验评定标准 第一册 土建工程》JTG F80/1—2017。

（3）仪器设备

1）路面取芯机：手推式或车载式，配淋水冷却装置。钻头直径为 ϕ100mm 或 ϕ150mm。

2）路面切割机：手推式或牵引式，由电力驱动，也可利用汽车动力由液压泵驱动，附金刚石锯片，有淋水冷却装置。

3）台秤。

4）盛样器（袋）或铁盘等。

5）干冰（固体 CO_2）。

6）试样标签。

7）其他：镐、铁锹、量尺（绳）、毛刷、硬纸、棉纱等。

（4）检测步骤

1）准备工作

① 宜选择直径大于集料最大粒径 3 倍的钻头。

② 确定路段。

③ 按"3. 路基路面现场测试选点方法"确定取样位置。

④ 将取样位置清扫干净。

2）取样步骤

① 根据目的和需要确定切割路面的面积，在取样地点的路面上，对钻孔位置作出标

记或划出切割路面的大致区域。

②取芯机垂直对准路面钻孔位置，放下钻头，牢固安放，确保取芯机在运转过程中不得移动。

③开放冷却水，启动发动机，徐徐压下钻杆，钻取芯样，但不得使劲下压钻头。待钻透全厚度后，上抬钻杆，拔出钻头，停止转动，使芯样不损坏，取出芯样。

④用切割机切割时将锯片对准切割位置，开放冷却水，启动发动机，徐徐压下锯片至要求深度（厚度），取得的路面试样应保持边角完整，颗粒不得散失。

⑤采取的路面混合料试样应整层取样，试样应完整。

⑥填写样品标签，一式两份，一份粘贴在试样上，另一份作为记录备查。试样标签示例如图 13-12 所示。

⑦用棉纱等材料吸走取样时留下的水分，待干燥后，用同类型材料对钻孔或被切割的路面坑洞进行填补压实。

| 试样编号：_____ |
| 路线或工程名称：_____ |
| 材料品种：_____ |
| 施工日期：_____ |
| 取样日期：_____ |
| 取样位置：桩号____中心线左__m，右__m |
| 收样人：_____ |
| 试样保管人：_____ |
| 备注：_____ |
| （注明试样用途或试样结果等） |

图 13-12　试样标签示例

（5）注意问题

1）路面取芯机钻头直径选择一般宜大于集料最大粒径 3 倍。对沥青混合料及水泥混凝土路面通常采用 $\phi100mm$ 的钻头，水泥、石灰等无机结合料稳定基层，细粒土可使用 $\phi100mm$，粗粒土可使用 $\phi150mm$。

2）检查路段的确定，可以是一个作业段、一天完成的路段或按相关规范的规定选取一定长度的路段。

3）路面混合料芯样应整层取样，试样应完整。

4）注意取样后用同类型材料对钻孔或被切割的路面坑洞进行填补压实。

5）钻取芯样直观，更易让人接受和信服，可用于厚度、密度、强度等诸多测试，很多仲裁试验仅采信通过钻芯取样得到的试验结果，因此将路面钻芯取样列为标准试验方法。

6）钻芯取样所用的钻头一般有两类：一类适用于对水泥混凝土路面与无机结合料稳定基层使用，另一类适用于沥青面层，也可通用，配有淋水冷却装置。芯样的直径取决于钻头，通常有 $\phi50mm$、$\phi100mm$、$\phi150mm$。

5. 路基路面几何尺寸测试方法

（1）基本原理

通过测试路基路面的宽度、纵断面高程、横坡、中线偏位、边坡坡度、水泥（混凝土）路面相邻板高差和纵、横缝顺直度，以评价道路线形和几何尺寸。

（2）方法标准

检测标准：《公路路基路面现场测试规程》JTG 3450—2019；

判定标准：《公路工程质量检验评定标准 第一册 土建工程》JTG F80/1—2017。

（3）仪器设备

1）钢卷尺、钢直尺：分度值不大于 1mm。

2）塞尺：分度值不大于 0.5mm。

3）经纬仪、水准仪或全站仪。

经纬仪：DJ_2。

水准仪：DS_3。

全站仪：测角精度 2"，测距精度 $[2mm+2\times10-6s（s$ 为测距$)]$。

4）水平尺：金属材料制成，基准面应平直，长度不小于 600mm 且不大于 2000mm。

5）坡度测量仪：分度值 1°。

6）尼龙线：直径不大于 0.5mm。

（4）检测步骤

1）准备工作

① 确认路基或路面上已恢复的桩号。

② 按 JTG 3450—2019 规定的方法，在一个测试路段内选取测试的断面（接缝）位置并作上标记。

③ 确定路基路面横断面各部分的边界位置并作好标记。

④ 确定设计高程的纵断面位置并作好标记。

⑤ 在与中线垂直的横断面上确定成型后路面的实际中线位置并作好标记。

⑥ 当采用全站仪测量边坡坡度时，根据道路设计的要求，确定路基边坡的坡顶、坡脚位置并作好标记。

2）路基路面各部分的宽度及总宽度测试步骤

用钢卷尺沿中心线垂直方向上水平量取路基路面各部分的宽度 B_1，以"m"计，准确至 0.001m。

3）纵断面高程测试方法

① 水准仪架设调平，将水准尺竖立在设计高程的纵断面位置上，以路线附近的水准点高程作为基准。测量高程并记录读数 H_1，以"m"计，准确至 0.001m。

② 连续测试全部测点，并与水准点闭合，闭合差应达到三等水准测量要求。

4）路基路面横坡测试方法

① 对设有中央分隔带的路面：水准仪（全站仪）架设调平，将水准尺分别竖立在路面与中央分隔带分界的路缘带边缘 d_1 处（或路基顶面相应位置）及路面与路肩交界位置或外侧路缘石边缘（或路基顶面相应位置）d_2 处，d_1 与 d_2 两测点应在同一横断面上，测量 d_1 与 d_2 处的高程并记录读数，以"m"计，准确至 0.001m。

② 对无中央分隔带的路面：水准仪（全站仪）架设调平，将水准尺分别竖立在道路中心 d_1（或路基顶面相应位置）及路面与路肩交界位置或外侧路缘石边缘（或路基顶面相应位置）d_2 处，d_1 与 d_2 两测点应在同一横断面上，测量 d_1 与 d_2 处的高程，记录高程读数，以"m"计，准确至 0.001m。

③ 用钢卷尺测量两测点的水平距离，以"m"计，准确至 0.005m。

5）中线偏位测试方法

① 对有中线坐标的道路：根据待测点 P 的施工桩号，在道路上标记 P 点，从设计资料中查出该点的设计坐标，用经纬仪（全站仪）对该设计坐标进行放样，并在放样点 P' 作好标记，量取 PP' 的长度，即为中线偏位 Δ_{CL}，以"mm"计，准确至 1mm。

② 对无中线坐标的道路：根据待测点 P 的施工桩号，在道路上标记 P 点，由设计资料计算出该点的坐标，用经纬仪（全站仪）对该坐标进行放样，并在放样点 P' 作好标记，量取 PP' 的长度，即为中线偏位 Δ_{CL}，以"mm"计，准确至 1mm。

6）路基边坡坡度测试方法

① 全站仪法

将全站仪架设在路基路面平顺处调平，在同一横断面上选择坡顶 a、坡脚 b 两测点，分别测量其相对高程并记录读数 H_a、H_b，同时测量并记录两点间的水平距离 L，测量结果以"m"计，准确至 0.001m。

② 坡度测量仪法

将坡度测量仪的测试面垂直于路中线放在待测边坡上，旋转刻度盘，将水平气泡调到水平位置，读取并记录刻度盘上的刻度值即为路基边坡坡度，保留两位小数。

7）相邻板高差测试步骤

将水平尺垂直跨越接缝并水平放置于高出的一侧，用塞尺量测接缝处水平尺下基准面与位置较低板块的高差，以高差最大值为该接缝处的相邻板高差 H，以 mm 计，准确至 0.5mm。

8）纵、横缝顺直度测试方法

① 在待测试路段的直线段上，将尼龙线对齐 20m 长的纵缝两端并拉直，用钢直尺量测纵缝与尼龙线的最大间距，以 mm 计，准确至 1mm，即为该处纵缝顺直度。

② 将尼龙线沿板宽对齐面板横缝两端并拉直，用钢直尺量测横缝与尼龙线的最大间距，以"mm"计，准确至 1mm，即为该板的横缝顺直度。

（5）计算分析

1）计算各个断面的实测宽度 B_{1i} 与设计宽度 B_{0i} 之差。总宽度为路基路面各部分宽度之和。

$$\Delta B_i = B_{1i} - B_{0i} \tag{13-18}$$

式中：B_{1i}——第 i 个断面的实测宽度（m）；

$\quad\quad B_{0i}$——第 i 个断面的设计宽度（m）；

$\quad\quad \Delta B_i$——第 i 个断面的宽度偏差（m）。

2）计算各个断面的实测高程 H_{1i} 与设计高程 H_{0i} 之差。

$$\Delta H_i = H_{1i} - H_{0i} \tag{13-19}$$

式中：H_{1i}——第 i 个断面的纵断面实测高程（m）；

H_{0i}——第 i 个断面的纵断面设计高程（m）；

ΔH_i——第 i 个断面的纵断面高程偏差（m）。

3）计算实测横坡 i_{1i} 与设计横坡 i_{0i} 之差，结果准确至 0.01%。

$$i_{1i} = \frac{d_{1i} - d_{2i}}{B_{1i}} \times 100 \tag{13-20}$$

$$\Delta i_i = i_{1i} - i_{0i} \tag{13-21}$$

式中：i_{1i}——第 i 个断面的横坡（%）；

d_{1i} 及 d_{2i}——第 i 个断面测点 d_{1i} 及 d_{2i} 处的高程读数（m）；

B_{1i}——第 i 个断面测点 d_{1i} 与 d_{2i} 之间的水平距离（m）；

Δi_i——第 i 个断面的横坡偏差（%）；

i_{0i}——第 i 个断面的设计横坡（%）。

4）边坡坡度通常以 1：m 的形式表示。全站仪法采用式计算路基边坡坡度。路基边坡各部分位置示意如图 13-13 所示。

$$H_i = H_{ai} - H_{bi} \tag{13-22}$$

$$m_i = L_i / H_i$$

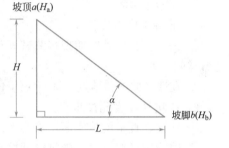

图 13-13　路基边坡各部分位置示意

式中：H_i——第 i 个断面坡顶、坡脚测点的高差即垂直距离（m）；

H_{ai}、H_{bi}——第 i 个断面坡顶、坡脚测点的相对高程读数（m）；

m_i——第 i 个断面的坡度值，路面坡度以 1：m_i 表示；

L_i——第 i 个断面坡顶、坡脚测点的水平距离（m）。

（6）检测记录与报告

检测记录、报告内容要素齐全，报告应包括以下内容：

1）测试位置信息（测试断面桩号、坐标等）。

2）实测宽度、设计宽度、宽度偏差。

3）实测纵断面高程、设计纵断面高程、高程偏差。

4）实测横坡、设计横坡、横坡偏差。

5）实测边坡坡度。

6）中线偏位、相邻板高差以及纵横缝顺直度。

（7）注意问题

1）注意各类仪器设备的测量精度。

2）测量时钢卷尺应注意保持水平，不得将尺紧贴路面量取，也不得使用皮尺。

3）坡度测量仪结构简单、使用方便，但因其有效测试长度较小，测试结果受坡面施工质量影响较大，使用时需注意选择合适的测试位置。

---

6. 路面厚度（挖坑法和钻芯法）

（1）基本原理

通过挖坑法、钻芯法直接测量路面结构层厚度。挖坑法适用于基层或砂石路面的厚度测试，钻芯法适用于沥青面层、水泥混凝土路面板和能够取出完整芯样的基层的厚度测试。

（2）方法标准

检测标准：《公路路基路面现场测试规程》JTG 3450—2019；

判定标准：《公路工程质量检验评定标准 第一册 土建工程》JTG F80/1—2017。

（3）仪器设备

1）坑用镐、铲、凿子、锤子、小铲、毛刷。

2）路面取芯机：手推式或车载式，配淋水冷却装置。钻头标准直径为 $\phi100mm$，如芯样仅测量厚度，对沥青面层与水泥混凝土板也可用直径 $\phi50mm$ 的钻头，对基层材料有可能损坏试件时，也可用直径 $\phi150mm$ 的钻头，但钻孔深度均必须达到层厚。

3）量尺：钢直尺、游标卡尺，分度值不大于 1mm。

4）其他：直尺、搪瓷盘、棉纱等。

（4）检测步骤

1）准备工作

① 按《公路路基路面现场测试规程》JTG 3450—2019 规定的方法确定挖坑测试或钻芯取样的位置。

② 在选择的试验地点，选一块约 400mm×400mm 的平坦表面，用毛刷将其清扫干净。

2）挖坑法厚度测试步骤

① 开挖，直至层位底面，坑洞大体呈圆形，边开挖边将材料铲出。

② 用毛刷清扫坑底，确认已开挖至下一层的顶面。

③ 将直尺平放横跨于坑的两边，用钢直尺在坑的中部位置垂直伸至坑底，测量坑底至直尺下缘的距离，即为测试层的厚度 T_1，以"mm"计，准确至 1mm。

3）钻芯法厚度测试步骤

① 用路面取芯机钻孔并取出芯样，钻孔深度应超过测试层的底面。

② 取出完整芯样，找出与下层的分界面。

③ 用钢直尺或游标卡尺沿芯样圆周对称的十字方向量取表面至分界面的高度，共四处，计算其平均值，即为该层的厚度 T_1，以"mm"计，准确至 1mm。

4）清理坑洞，用棉纱等吸干积水，待干燥后用同类型材料填补压实。

（5）数据处理

1）计算实测厚度 T_{1i} 与设计厚度 T_{0i} 之差。

$$\Delta T_i = T_{1i} - T_{0i} \tag{13-23}$$

式中：T_{1i}——路面第 i 层的实测厚度（mm）；

　　　T_{0i}——路面第 i 层的设计厚度（mm）；

　　　ΔT_i——路面第 i 层厚度的偏差（mm）。

2）按 JTG 3450—2019 附录 B 的方法，计算一个测试路段厚度的平均值、标准差，并计算厚度代表值。

$$\bar{x} = \frac{\sum x_i}{N} \tag{13-24}$$

$$s = \sqrt{\frac{\sum\limits_{i=1}^{N}(x_i - \bar{x})^2}{(N-1)}} \tag{13-25}$$

$$C_v = \frac{S}{\overline{x}} \times 100 \tag{13-26}$$

式中：X_i——第 i 个测点的实测值；

　　　N——一个测试路段内的测点数；

　　　$\overline{x}$——一个测试路段内实测值的平均值；

　　　S——一个测试路段内实测值的标准差；

　　　C_v——一个测试路段内实测值的变异系数（%）。

计算一个测试路段内实测值的代表值时，对单侧测试的指标。

$$x' = \overline{x} \pm S \frac{t_a}{\sqrt{N}} \tag{13-27}$$

计算对双侧测试的指标。

$$x' = \overline{x} \pm S \frac{t_{a/2}}{\sqrt{N}} \tag{13-28}$$

式中：　x'——一个测试路段内实测值的代表值；

　t_a 或 $t_{a/2}$——t 分布表中随自由度（$N-1$）和置信水平 α（保证率）而变化的系数。保
　　　　　证率的选用还应符合相关规范的要求。

根据工程需要及现行相关规范规定，列出一个测试路段内实测值的记录表，记录平均值、标准差、变异系数及代表值。注明不符合规范要求的测点。当无特殊规定时，可疑数据的舍弃宜按照 k 倍标准差作为舍弃标准，即在资料分析中，舍弃那些在 $X \pm kS$ 范围以外的实测值，然后再重新计算整理。当试验数据 N 为 3、4、5、6 个时，k 值分别为 1.15、1.46、1.67、1.82；N 等于或大于 7 时，k 值宜采用 3。

（6）检测记录与报告

检测记录、报告内容要素齐全，报告应包括以下内容：

1）现场测试位置信息（桩号、路面结构层类型等）；

2）各测试位置的路面厚度实测值和设计值、路面厚度偏差；

3）测试路段厚度的平均值、标准差、代表值。

（7）注意问题

1）确定挖坑测试或钻芯取样的位置时，如为既有道路，应避开坑洞等显著缺陷或接缝位置。

2）路面取芯机钻孔并取出芯样，钻孔深度应超过测试层的底面。

3）钻取完整芯样，找出与下层的分界面，用钢直尺或游标卡尺沿芯样圆周对称的十字方向量取表面至分界面的高度。

---

7. 路面厚度（短脉冲雷达法）

（1）基本原理

地质雷达检测公路路面面层厚度属于反射探测法，是用高频无线电波来确定介质内部物质分布规律的一种地球物理方法。雷达路面测厚技术结构框图如图 13-14 所示，其基本原理是，不同的介质具有不同的介电常数，地质雷达通过发射天线向地下发射一定强度的高频电磁波，电磁波在地下传播的过程中遇到不同介电常数的界面时，一部分能量产生反

射波部分能量继续向地下传播，如图 13-15 所示。通过接收天线接收反射回地面的电磁波，地质雷达根据接收到电磁波的波形、振幅、强度和时间的变化特征，推断地下介质的空间位置、结构、形态和埋藏深度。

本方法适用于采用短脉冲雷达测试沥青路面面层厚度，但不适用于潮湿路面或用富含铁矿渣集料等介电常数较高的材料铺筑的路面。

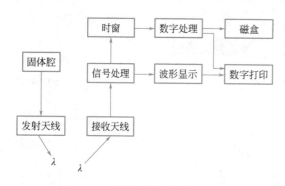

图 13-14　雷达路面测厚结构框图　　　　图 13-15　电磁波在路面面层中的反射

（2）方法标准

检测标准：《公路路基路面现场测试规程》JTG 3450—2019；

判定标准：《公路工程质量检验评定标准 第一册 土建工程》JTG F80/1—2017。

（3）仪器设备

短脉冲雷达测试系统由承载车、发射天线、接收天线和控制单元等组成，其主要技术要求如下：

1）距离标定误差不大于 0.1%。

2）最小分辨层厚不大于 40mm。

3）系统测量精度要求见表 13-7。

系统测量精度要求　　　　　　　　　　　　　　　　表 13-7

测量深度	测量误差允许范围
$H<100mm$	±3mm
$H\geqslant100mm$	±(3%H)mm

4）天线：采用空气耦合方式，带宽能适应所选择的发射脉冲频率。

（4）检测步骤

1）准备工作

① 测试前应收集设计图纸、施工配合比等资料，以合理确定标定路段。

② 按要求进行距离标定。

③ 将天线安装牢固，用连接线连接主机，并按要求开机预热。

④ 将金属板放置在天线正下方，启动控制软件，完成测试系统标定。

⑤ 根据不同的测试目的，设置控制软件的采样间隔、时间窗、增益等参数。

2）测试步骤

① 开启安全警示灯，天线正方方对准起点，启动测试程序，缓慢加速承载车到正常

测试速度。

② 测试过程中，操作人员应标记测试路段内的桥梁、隧道等构造物的起终点。

③ 测试过程中，承载车每隔一定距离应完全停下，在采集软件上做标记，雷达图像应界面清晰、容易辨识且没有突变，同时在地面上找出雷达天线中心所对应的位置，做好标记；在标记处钻取芯样并量测芯样高度；将现场钻取的芯样高度与雷达采集软件的结果进行对比，得出芯样的波速；将该标定路段的芯样波速平均值输入测试程序；每个波速标定路段钻芯取样位置应均匀分布，取样间距不宜超过 5km，芯样数量应保证波速标定结果的代表性和准确性。

④ 当承载车到达测试终点后，停止采集程序。

⑤ 操作人员检查数据文件，文件应完整，内容应正常，否则应重新测试。

⑥ 关闭测试系统电源，结束测试。

（5）数据处理

1）由雷达波识别软件自动识别各层分界线，得到雷达波在各层中的双程走时时间 Δ_t。根据该双程走时以及电磁波在路面材料中的传播速度，计算面层厚度。

$$T = v \times \frac{\Delta_t}{2} \tag{13-29}$$

式中：T——面层厚度（mm）；

v——电磁波在路面材料中的传播速度（mm/ns）；

Δ_t——雷达波在路面面层中的双程走时时间（ns）。

2）计算一个测试路段的厚度平均值、标准差，并计算厚度代表值。

（6）检测记录与报告

检测记录、报告内容要素齐全，报告应包括以下内容：

1）测试路段信息（起止桩号、路面结构层材料类型等）；

2）电磁波在路面材料中的传播速度、面层厚度；

3）测试路段的厚度平均值、标准差、代表值。

（7）注意问题

1）短脉冲雷达法不适用于潮湿路面或用富含铁矿渣集料等介电常数较高的材料铺筑的路面。

2）注意选择合适发射脉冲频率的天线。建议根据被测路面的标称厚度选择适当频率的天线。一般情况下，当被测路面标称厚度小于 10cm 时，通常选用频率不小于 2GHz 的雷达天线；标称厚度为（10～25）cm 时，通常选用频率不小于 1.5GHz 的雷达天线；标称厚度大于 25cm 时，通常选用频率不小于 1GHz 的雷达天线。

3）测试前应开机预热并对系统进行标定。

4）注意每个波速标定路段钻芯取样位置应均匀分布，取样间距不宜超过 5km，芯样数量应足以保证波速标定结果的代表性和准确性。

5）因考虑目前各种品牌的测试系统均表现出一定的温度适应性，能够满足测试需求，故对测试系统对工作温度不作要求。

6）为了准确计算出路面厚度，需要尽量准确地得到路面材料的介电常数或者雷达波在材料中的传播速度。

7）考虑介电常数（或波速）随着路面结构设计厚度、集料类型、沥青产地、混合料类型、施工水平、密度以及湿度等的变化而不同，因此，测试时一般应通过现场钻芯取样的方式标定波速，且应根据上述因素的差异，确定合理的波速标定段落长度和钻芯取样数量，确保波速标定结果的代表性及准确性。

8）波速标定段落长度一般不宜大于 20km，同一标定段落内，根据以往积累的检测经验，一般情况下芯样个数在 3 个以上时基本能保证波速标定结果的代表性和准确性。

8. 几何数据测试系统测试几何线形方法

（1）基本原理

采用几何数据测试系统连续采集路面横坡、纵坡以及路线曲率半径（平曲线半径、竖曲线半径），以评价道路几何线形。本方法不适用于在有严重坑槽、车辙等病害的路面进行测试。

（2）方法标准

检测标准：《公路路基路面现场测试规程》JTG 3450—2019；

判定标准：《公路工程质量检验评定标准 第一册 土建工程》JTG F80/1—2017。

（3）仪器设备

几何数据测试系统由承载车、激光测距仪、加速度传感器、陀螺仪、距离传感器及控制系统等部分组成。

1）承载车基本技术要求和参数

几何数据测试系统承载车的车身高度不宜超过 1.7m。

2）测试系统技术要求和参数

① 距离标定误差不大于 0.1%。

② 横坡测角允许偏差为 ±0.1°。

③ 纵坡测角允许偏差为 ±0.1°。

④ 曲率半径分辨率（平面或纵向旋转一周测角误差）不大于 1°。

（4）检测步骤

1）准备工作

① 根据天气预报，确认测试当日的风速不超过 4 级。

② 承载车每行驶 5000km 或者更换轮胎应进行距离标定，距离标定长度为 1000m，误差应不大于 0.1%。

③ 打开控制面板电源，检查各项控制功能键、指示灯和技术参数选择状态。

2）测试步骤

① 打开测试系统，通电预热时间不少于规定的时间。

② 每次测试开始前或连续测试长度超过 100km 后应进行系统偏差标定。

③ 根据测试路段的现场技术要求设置所需的测试状态。

④ 均匀加速至测试速度，测试车速宜为 30～80km/h。承载车沿正常行车轨迹驶入测试路段，并沿车道线匀速行驶，不得超车、变线。

⑤ 测试过程中应及时将测试路段的起终点和其他需要特殊标记的点的位置输入测试数据记录中。

⑥ 当承载车驶出测试路段后，停止车辆，设备操作人员停止数据采集和记录，并恢

复仪器各部分至初始状态。

⑦ 检查测试数据，内容应正常，否则重新测试。

⑧ 关闭测试系统电源，结束测试。

（5）数据处理

1）路面横坡的计算

路面横坡的测量及计算原理如图 13-16 所示。

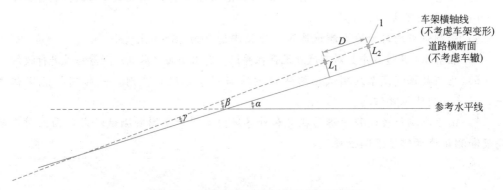

图 13-16　陀螺仪和测距机横坡测量原理图

1—测距机；α—道路横断面水平夹角（横坡）；β—车架横轴线与水平夹角；
γ—车架横线与路面夹角；L_1、L_2—测距机与路面距离；D—测距机间距

计算横坡或纵坡：

$$i=\tan(\alpha) \quad \alpha=\beta-\gamma \tag{13-30}$$

式中：i——路面横坡（纵坡），准确至 0.01%；

　　α——道路横断面与参考水平面的夹角（°）；

　　β——车架横轴线与参考水平面夹角，由几何测试系统测出（°）；

　　γ——车架横轴线与道路横断面的夹角，由几何测试系统测出（°）。

2）曲率半径的计算

曲率半径的测量及计算原理如图 13-17 所示。

计算曲率半径：

$$R_i=1/C_i \tag{13-31}$$

$$C_i=\pi\times(A_iA_{i-1})/(180\times d) \tag{13-32}$$

式中：R_i——第 i 个测点的曲率半径（m），准确至 1m；

　　C_i——第 i 个测点的曲率；

　　π——圆周率；

A_i、A_{i-1}——测点 P_i、P_{i-1} 对应航向角，由几何测试系统测出（°）；

　　d——采样间距（m）。

（6）检测记录与报告

检测记录、报告内容要素齐全，报告应包括以下内容：

1）测试路段信息（起止桩号等）；

2）横坡、纵坡、曲率半径。

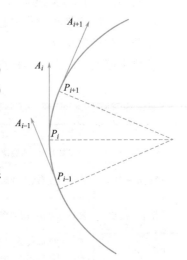

**图 13-17　曲率半径测量及
计算原理图**

（7）注意问题

1）几何数据测试系统测试几何线形方法不适用于在有严重坑槽、车辙等病害的路面进行测试。

2）测试系统应按校准周期对距离标定误差、横坡测角允许偏差、纵坡测角允许偏差、曲率半径分辨率等技术参数进行校准并确认。

3）注意承载车每行驶 5000km 或者更换轮胎应进行距离标定，距离标定长度为1000m，误差应不大于 0.1%。

4）检测时应均匀加速至测试速度，测试车速宜为 30～80km/h。

5）在实际应用过程中如对测试结果存在异议，需用平面（水准）测量结果进行校核。

6）几何数据测试系统测试几何线形方法当用于路况调查时，一般需搭载定位系统，以采集测试位置信息。

7）由于车辆行驶过程中路面状况和外界风力等因素会影响测试结果，因此对车辆高度和测试速度作了限制性规定。

第五节　平整度检测

1. 基本知识

路面的平整度与路面各结构层次的平整状况有着一定的联系，即各层次的平整效果将累积反映到路面表面上。平整度检测是规定的标准量规，间断地或连续地测量路表面的凹凸情况，即不平整度的指标。是路面进行验收和养护的重要环节。

平整度测试设备分为断面类及反应类两类。

断面类：实际上是测定路面表面凹凸情况的，如最常用的 3m 直尺及连续式平整度仪。

反应类：测定路面凹凸引起车辆振动的颠簸情况。为舒适性能指标，最常用的测试设备是车载式颠簸累积仪。

常见平整度检测方法、特点及技术指标见表 13-8。

常见平整度检测方法、特点及技术指标　　　　　　　　　　　　　表 13-8

检测方法	方法特点	技术指标
3m 直尺	设备简单、结果直观、间断测试、工作效率低,反映凹凸程度	最大间隙 h（mm）
连续式平整度仪	设备较复杂、连续测试、工作效率高,反映凹凸程度	标准差 σ（mm）
颠簸累积仪	设备较复杂、连续测试、工作效率高,反映舒适性	单向累计值 VBI（cm/km）
激光平整度仪	测试速度快、精度高、采集数据为路面相对高程值,反映凹凸程度	国际平整度指数 IRI（m/km）
手推式断面仪	手推式断面仪体型小、携带方便、操作简单,在科研和工程应用领域具有一定使用需求,采集数据是路面相对高程值,反映凹凸程度	国际平整度指数 IRI（m/km）
道路检测车	设备较复杂、连续测试,工作效率高,采集数据是路面相对高程值,反映凹凸程度	国际平整度指数 IRI（m/km）

2. 平整度（三米直尺法）

（1）基本原理

用三米直尺测试路表与三米直尺基准面的最大间隙（δ_m），用以表征路表平整度。适用于碾压成型后的路基路面各层表面的平整度测试。

（2）方法标准

检测标准：《公路路基路面现场测试规程》JTG 3450—2019；

判定标准：《公路工程质量检验评定标准 第一册 土建工程》JTG F80/1—2017。

（3）仪器设备

1）三米直尺：测量基准面长度为3m，基准面应平直。

2）最大间隙测量器具：

① 楔形塞尺：硬木或金属制的三角形塞尺，分度值不大于0.5mm。

② 深度尺：金属制深度测量尺，分度值不大于0.5mm。

3）其他：皮尺或钢尺等。

（4）检测方法与步骤

1）准备工作

① 确定测试方式：测试沥青路面施工过程质量时可用单尺方式，其他情况以连续10尺方式测试。

② 选择测试位置：一般以行车道一侧车轮轮迹（距车道线0.8～1.0m）作为连续测试的位置。

③ 清扫路面测试位置。

2）测试步骤

① 将三米直尺沿道路纵向摆在测试位置的路面上。

② 目测三米直尺底面与路表面之间的间隙情况，确定最大间隙的位置。

③ 将具有高度标线的塞尺塞进间隙处，测试其最大间隙的高度，以mm计，准确至0.5mm。

（5）数据处理

单尺测试路面的平整度计算，以三米直尺与路面的最大间隙（δ_m）为测试结果；连续测试10尺时，判断每尺最大间隙（δ_m）是否合格，并计算合格率，以及10个最大间隙的平均值。

（6）检测记录与报告

检测记录、报告内容要素齐全，报告应包括以下内容：

1）测试位置信息（桩号、测试方式等）。

2）最大间隙（δ_m）。

3）连续测试10尺时，还应报告平均值、不合格尺数及合格率。

（7）注意问题

1）塞尺和深度尺的分度值要求：不大于0.5mm。

2）当测试沥青路面施工过程中的质量时，应以单尺方式测试，且测试位置应选在接缝处；其他情况一般以连续10尺方式测试。

3）正确选择测试位置：除特殊需要者外，应以行车道一侧车轮轮迹（距车道线0.8～1.0m）作为连续测试的位置。对既有道路已形成车辙的路面，应取车辙中间位置为测试位置。

4）注意三米直尺法的适用范围：用于碾压成型后路基路面各层施工的平整度测试，尤其是施工过程的质量控制，简便易行。

5）注意本方法检测频率与《公路工程质量检验评定标准 第一册 土建工程》JTG F80/1—2017实测频率的区别：三米直尺法一般以连续10尺方式进行测试，JTG F80/1—2017对实测频率的要求是每200m测2处×5尺。

3. 平整度（连续式平整度仪法）

（1）基本原理

采用连续式平整度仪测试路面纵向相对高程的标准差（σ），用以表征路面的平整度。不适用于在已有较多坑槽、破损严重的路面上测试。

（2）方法标准

检测标准：《公路路基路面现场测试规程》JTG 3450—2019；

判定标准：《公路工程质量检验评定标准 第一册 土建工程》JTG F80/1—2017。

（3）仪器设备

1）连续式平整度仪

① 整体结构：连续式平整度仪构造示意如图13-18所示，标准长度为3m；中间为一个3m长的机架，机架可缩短或折叠，前后各4个行走轮，前后两组轮的轴间距离为3m。

② 地面高差测量传感器：安装在机架中间，可以是能起落的测定轮或激光测距仪。

③ 其他辅助机构：包括蓄电池电源、距离传感器与数据采集、处理、存储、输出部分配套的采集控制箱及计算机打印机等。

④ 测试间距为100mm，每一计算区间的长度为100m并输出一次结果。

⑤ 可记录测试长度、曲线振幅大于某一定值（如3mm、5mm、8mm、10mm等）的次数、曲线振幅的单向（凸起或凹下）累计值及以3m机架为基准的中点路面偏差曲线图，计算打印。

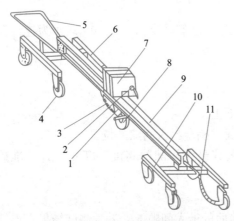

图13-18 连续式平整度仪示意

1—测量架；2—离合器；3—拉簧；4—脚轮；
5—牵引架；6—前架；7—记录计；8—测定轮；9—纵梁；10—后架；11—软轴

⑥ 机架装有一牵引钩及手拉柄，可用人力或汽车牵引。

2）牵引车：小面包车或其他小型牵引汽车。

3）皮尺或测绳。

（4）检测步骤

1）准备工作

① 测点位置确定：施工过程中质量控制时，可根据需要决定；路面工程质量检查验收或路况评定时，通常以行车道一侧车轮轮迹带作为连续测试的标准位置；对已形成车辙

的路面，取一侧车辙中间位置为测点位置。

② 清扫路面测试位置。

③ 检查仪器设备是否正常，各连接线接妥，安装记录设备。

2）测试步骤

① 平整度仪置于测试路段路面起点上，保证测定轮位置在轮迹带范围内。

② 将平整度仪与牵引汽车连接好，按要求依次完成各项操作。

③ 启动牵引汽车，沿道路纵向行驶，横向位置保持稳定。

④ 确认连续式平整度仪工作正常。牵引速度应保持匀速且沿车道方向行驶，速度宜为 5km/h，最大不得超过 12km/h。在测试路段较短时，亦可用人力拖拉连续式整度仪进行测试，并保持匀速前进。

（5）数据处理

1）以 100m 长度为一个计算区间，计算该区间内采集的位移值（d_i）的标准差 σ_i，即该区间的平整度，以 mm 计，保留 1 位小数。

$$\sigma_i = \sqrt{\frac{\sum d_i^2 - \left(\sum d_i\right)^2 / N}{N-1}} \tag{13-33}$$

式中：σ_i——各计算区间的平整度计算值（mm）；

$\quad\quad d_i$——以 100m 为一个计算区间，每隔一定距离（自动采集间距为 10cm，人工采集间距为 1.5m）采集的路面凹凸偏差位移值（mm）；

$\quad\quad N$——计算区间用于计算标准差的测试数据个数。

2）计算一个测试路段平整度的平均值、标准差、变异系数。

（6）检测记录与报告

检测记录、报告内容要素齐全，报告应包括以下内容：

1）测试路段信息（桩号、长度等）。

2）计算区间长度、测试间距及平整度。

3）测试路段平整度的平均值、标准差及变异系数。

（7）注意问题

1）连续式平整度仪法不适用于在已有较多坑槽、破损严重的路面上测试。

2）测点位置选择：当为施工过程中质量控制需要时，测试地点根据需要决定；当进行路面工程质量检查验收或路况评定时，通常以行车道一侧车轮轮迹带作为连续测试的标准位置；对已形成车辙的路面，取一侧车辙中间位置为测点位置。

3）注意牵引连续式平整度仪的速度应保持匀速且沿车道方向行驶，速度宜为 5～12km/h。

4）连续式平整度仪的种类多，长度和结构各不相同，我国目前使用的及《公路路基路面现场测试规程》JTG 3450—2019 规定的标准仪器仅限于三米八轮平整度仪。

5）本方法规定的三米平整度仪的测试结果与规定的三米直尺连续测试的平整度在原理上相同，计算方法相同，两种不同的方法有较好的相关性关系，如有需要可互相转换。

4. 平整度（车载式激光平整度仪法）

（1）基本原理

通过车载式激光平整度仪测量路面国际平整度指数（IRI），以表征路面平整度。适用于在无严重坑槽、车辙等病害及无积水、无冰雪、无泥浆的正常通车条件下路面上进行平整度测试。

（2）方法标准

检测标准：《公路路基路面现场测试规程》JTG 3450—2019；

判定标准：《公路工程质量检验评定标准 第一册 土建工程》JTG F80/1—2017。

（3）仪器设备

车载式激光平整度仪（以下简称：激光平整度仪）由承载车、距离传感器、纵断面高程传感器和主控制系统组成，基本技术参数的要求如下：

1）测试速度：30～100km/h。

2）采样间隔：≤500mm。

3）传感器测试精度：1.0mm。

4）距离标定误差：≤0.05%。

（4）检测步骤

1）准备工作

① 检查激光平整度仪的各传感器。

② 检查承载车胎压，应达到规定的标准气压，车胎应清洁，不得粘附杂物。

③ 现场安装距离测量装置，应确保机械紧固装置安装牢固，螺丝无松动。

④ 检查激光平整度仪各部分应符合测试要求，不应有破损。

⑤ 打开系统电源，启动控制程序，检查各部分的工作状态。

2）测试步骤

① 测试开始之前应让承载车以测试速度行驶，按说明书对激光平整度仪进行预热。

② 承载车停在测试起点前50～100m处，启动平整度测试系统程序，按照测试路段的现场技术要求设置完毕所需的测试状态。

③ 按照要求的测试速度范围驾驶承载车，宜控制在50～80km/h。

④ 进入测试路段后，启动系统的采集和记录程序，及时将测试路段的起终点和其他需要特殊标记的位置输入测试数据记录中。

⑤ 当承载车辆驶出测试路段后，停止数据采集和记录，并恢复仪器各部分至初始状态。

⑥ 检查测试数据文件应完整，内容应正常，否则需要重新测试。

⑦ 关闭系统电源，结束测试。

（5）数据处理

激光平整度仪采集的数据是路面相对高程值，应以100m为计算区间长度用 IRI 的标准计算程序计算国际平整度指数 IRI 值，以"m/km"计，保留2位小数。

（6）激光平整度仪测值与国际平整度指数 IRI 相关性关系试验

1）试验条件

① 选择不少于4段不同平整度水平的路段，每段路 IRI 值的间距应大于1.0。

② 每路段长度不小于300m。

③ 每一段内的平整度应均匀，包括路段前 50m 的引道。

④ 选择坡度变化较小的直线路段，路段交通量小，便于疏导。

⑤ 一台承载车安装的多套平整度测试设备，需要分别试验。

⑥ 宜选择在车道的正常行驶轨迹上进行，明确标记试验路段起终点位置。

2）试验步骤

① 距离标定：

a. 选择坡度变化较小的平坦直线路段，长度不小于 500m，标记起终点。

b. 标定开始之前应让承载车以测试速度行驶 5～10km，按规定预热时间对测试系统进行预热。

c. 承载车前轮对准起点线，启动测试系统，令承载车沿着路段轨迹直线行驶，接近终点时，减速停车，确保承载车的前轮对准终点线，输出距离测值。重复此过程，确保距离传感器测试结果和路段标称长度的差值允许误差范围之内。

② 对试验路段进行 5 次重复平整度测试，取其 IRI 计算值的平均值作为该路段的测试值。

③ IRI 值的确定：

a. 以精密水准仪作为标准仪具，测量标定路段上测线的纵断面高程，要求采样间隔为 250mm，高程测量精度为 0.5mm。然后用 IRI 标准计算程序对纵断面测量值进行模型计算，得到标定线路的 IRI 值。

b. 其他符合世界银行一类平整度测试标准的纵断面测试仪具也可以作为确定标定路段 IRI 值的仪具。

3）试验数据处理

按 JTG 3450—2019 附录 C 的规定将各试验路段的 IRI 值和相应的平整度仪测值进行回归分析，建立相关性关系式，相关系数 R 不得小于 0.99。

（7）检测记录与报告

检测记录、报告内容要素齐全，报告应包括以下内容：

1）测试路段信息（桩号、长度等）。

2）国际平整度指数（IRI）值及其换算值。

3）若进行相关性试验，还应报告相关性关系式及相关系数。

（8）注意问题

1）车载式激光平整度仪法适用于在无严重坑槽、车辙等病害及无积水、无冰雪、无泥浆的正常通车条件下路面上进行平整度测试。

2）激光平整度仪需按校准规程对测试速度、采样间隔、传感器测试精度、距离标定误差等技术参数进行校准和确认。

3）测试前需检查承载车轮胎气压，应达到车辆轮胎规定的标准气压。

4）测试开始之前应让承载车以测试速度行驶 5～10km，按照规定的预热时间对激光平整度仪预热。测试速度宜控制在 50～80km/h。

5）激光平整度仪测值与国际平整度指数 IRI 相关性关系试验，应选择不少于 4 段不同平整度水平的路段，每段路 IRI 值的间距应大于 1.0，且有足够加速或减速长度的路段，并进行距离标定。

6）注意各试验路段的 IRI 值和相应的平整度仪测值进行回归分析，建立相关性关系式，相关系数 R 不得小于 0.99。

7）IRI 是一个断面类的数学统计指标，具有时间稳定性，易于重现，对路面 1.2～30.5m 范围内的波长有较好的频率响应特征，与大多数平整度测试结果有良好的相关性关系，包括与我国现行规范中使用的标准差 σ 也有良好的线性关系，以 IRI 为标准的平整度测试指标，使不同平整度测试系统的结果可以相互比较。

8）符合世界银行一类平整度标准的仪具，经过系统校准，均可以作为建立反应类测试系统与 IRI 相关性关系的标定工具。

第六节　CBR 试验

1. 基本知识

承载比（CBR）试验，由美国加利福尼亚州公路局首先提出，是评定土基及路面基层材料强度的一种方法。由于该法简便，试验数据稳定，因而被许多国家采用。CBR 值，是指试件抵抗局部荷载压入贯入量达到 2.5mm 或 5mm 时的强度与标准碎石压入相同贯入量时强度等级与荷载强度（7MPa 或 10.5MPa）的比值，用百分比表示。标准荷载强度是用高质量碎石材料由试验求得的。

为了合理选择路基填料，确保路基的强度和稳定性，《公路路基设计规范》JTG D30—2015、《公路路基施工技术规范》JTG/T 3610—2019 和《公路沥青路面设计规范》JTG D50—2017 中都规定了路基填料的最小强度（即 CBR 值）和最大粒径要求，见表 13-9。在路基施工之前，必须对所用填料进行 CBR 试验。

路基填料最小强度（CBR）值和最大粒径要求　　　　　　表 13-9

填料应用部位 (路床顶面以下深度)(m)		填料最小强度(CBR)(%)			填料最大粒径 (mm)
		《高速公路》一级公路	二级公路	三级公路	
路堤	上路床(0～0.30)	8	6	5	100
	下路床(0.3～0.80)	5	4	3	100
	上路堤(0.80～1.50)	4	3	3	150
	下路堤(>1.50)	3	2	2	150
零填及 挖方路基	0～0.30	8	6	5	100
	0.30～0.80	5	4	3	100

CBR 试验分室内试验和现场试验两种。室内试验试件按路基施工时的含水率及压实度要求在试筒内制备，并在加载前浸泡在水中饱水 4 昼夜。为模拟路面结构层的自重压力，需施加半圆荷载板。其重量应根据预定的路面结构重量来确定，但不得小于 45N，试件浸水至少淹没顶面 25mm。CBR 现场试验方法与室内试验基本相同，但其压入试验直接在土基顶面或路面材料顶面进行。

2. 室内 CBR 试验

（1）基本原理

CBR 值以试件抵抗局部荷载压入贯入量达到 2.5mm 或 5mm 时的强度与标准碎石压入相同贯入量时强度等级与荷载强度（7MPa 或 10.5MPa）的比值表示。标准荷载强度是用高质量碎石材料由试验求得。用以评定土基及路面基层材料强度的一种方法。本试验适用于在规定的试筒内制件后，对各种土进行承载比试验。试样的最大粒径宜控制在 20mm 以内，最大粒径不得超过 40mm，且粒径在 20～40mm 的颗粒含量不宜超过 5％。

（2）方法标准

检测标准：《公路土工试验规程》JTG 3430—2020；

判定标准：《公路路基施工技术规范》JTG/T 3610—2019。

（3）仪器设备

1）圆孔筛：孔径 40mm、20mm 及 5mm 筛各 1 个。

2）试筒：内径 152mm、高 170mm 的金属圆筒；套环，高 50mm；筒内垫块，直径 151mm、高 50mm；夯击底板，同击实仪。试筒形式和主要尺寸如图 13-19 所示，也可用本规程 T0131 击实试验的大击实筒。

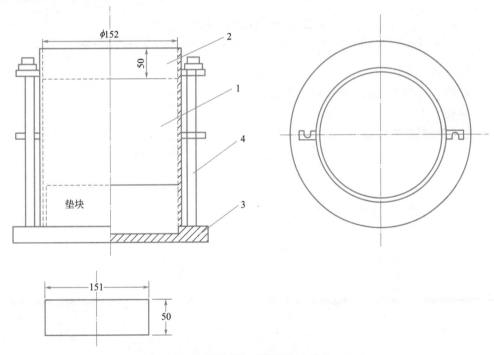

图 13-19　试筒型式和主要尺寸（单位：mm）

1—试筒；2—套环；3—夯击底板；4—拉杆

3）夯锤和导管：夯锤的底面直径 50mm，总质量 4.5kg。夯锤在导管内的总行程为 450mm，夯锤的形式和尺寸同重型击实试验法。

4）贯入杆，端面直径 50mm、长约 100mm 的金属柱。

5）载荷装置示意如图 13-20 所示。能调节贯入速度至每分钟贯入 1mm；测力环应包 7.5kN、15kN、30kN、60kN、100kN 和 150kN 等型号。

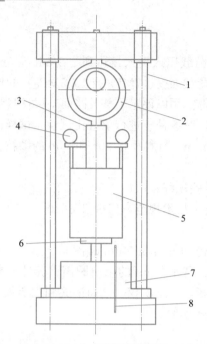

图 13-20 载荷装置示意

1—框架；2—测力环；3—贯入杆；4—百分表；5—试件；6—升降台；7—蜗轮蜗杆箱；8—摇把

6）百分表：3个。

7）带调节杆的多孔板如图 13-21 所示。

8）多孔底板。

9）膨胀量测定装置如图 13-22 所示。

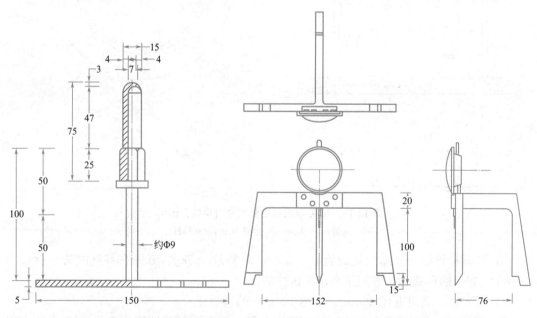

图 13-21 带调节杆的多孔板（单位：mm）　　　　**图 13-22 膨胀量测定装置（单位：mm）**

10）荷载板：直径 150mm，中心孔直径 52mm，每块质量 1.25kg，共 4 块，并沿直径分为两个半圆块，如图 13-23 所示。

11）水槽：浸泡试件用，槽内水面应高出试件顶面 25mm。

12）天平：称量 2000g，感量 0.01g；称量 50kg，感量 5g。

13）其他：拌合盘、直尺、滤纸、推土器等与击实试验相同。

（4）检测方法步骤

1）试样准备

① 将具有代表性的风干试料，用木碾捣碎。土团应捣碎到能通过 5mm 的筛孔。用 40mm 筛筛除大于 40mm 的颗粒，并记录超尺寸颗粒的百分数。

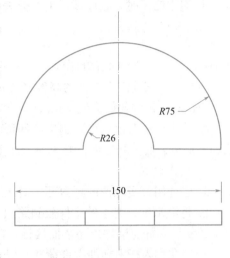

图 13-23　荷载板（单位：mm）

② 按击实试验方法确定试料的最大干密度和最佳含水率。

2）试验步骤

① 取代表性的试料测定其风干含水率。按最佳含水率制备 3 个试件，将试料充分拌匀后装入密闭容器或塑料口袋内浸润。浸润时间：黏性土 24h，粉性土 12h，砂土 6h，天然砂砾 2h 左右。

注：a. 需要时可制备三种干密度试件，使试件的干密度控制在最大干密度的 90%～100% 之间。如每种干密度试件制 3 个，则共制 9 个试件，9 个试件共需试样约 55kg。

b. 采用击实成型试件时，每层击数一般分别为 30 次、50 次和 98 次。

c. 采用静压成型制件时，根据确定的压实度计算所需的试样量，一次静压成型。

② 称试筒本身质量（m_1），将试筒固定在底板上，将垫块放入筒内，并在垫块上放一张滤纸，安上套环。

③ 取备好的试样分 3 次倒入筒内（每层约需试样 1500～1750g，其量应使击实后的试样高出 1/3 筒高 1～2mm），分层击实。大试筒击实后，试样不宜高出筒高 10mm。

④ 每击实 3 筒试件，取代表性试样进行含水率试验。

⑤ 卸下套环，用直刮刀沿试筒顶修平击实的试件，表面不平整处用细料修补。取出垫块，称试筒和试件的质量（m_2）。

⑥ 如采用静压成型制件时，根据确定的压实度计算所需的试样量，可一次静压成型。

⑦ 泡水测膨胀量步骤：

a. 在试件制成后，取下试件顶面的破残滤纸，放一张完整滤纸，并在其上安装附有调节杆的多孔板，在多孔板上加 4 块荷载板。

b. 将试筒与多孔板一起放入槽内（先不放水），并用拉杆将模具拉紧，安装百分表，并读取初读数。

c. 向水槽内注水，使水漫过试筒顶部。在泡水期间，槽内水面应保持在试筒顶面以上约 25mm。通常试件要泡水 4 昼夜。

d. 泡水终了时，读取试件上百分表的终读数，并计算膨胀率：

$$\delta_e = \frac{H_1 - H_0}{H_0} \times 100 \tag{13-34}$$

式中：δ_e——试件泡水后的膨胀率，计算至 0.1%；

    H_1——试件泡水终了的高度（mm）；

    H_0——试件初始高度（mm）。

e. 从水槽中取出试件，倒出试件顶面的水，静置 15min，让其排水，然后卸去附加荷载和多孔板、底板和滤纸，并称量（m_3）。

⑧ 贯入试验

a. 应选用合适吨位的测力环，贯入结束时测力环读数宜占其量程的 1/3 以上。

b. 将泡水试验终了的试件放到路面材料强度试验仪的升降台上，调整偏球座，对准、整平并使贯入杆与试件顶面全面接触，在贯入杆周围放置 4 块荷载板。

c. 先在贯入杆上施加少许荷载，以便试样与土样紧密接触，然后将测力和测变形的百分表的指针均调整至整数，并记读初始读数。

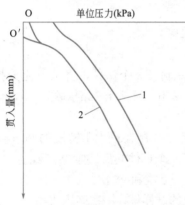

图 13-24　单位压力与惯入量
（p-l）关系曲线

d. 加荷使贯入杆以 1～1.25mm/min 的速度压入试件，同时测记三个百分表的读数。记录测力计内百分表某些整读数（如 20、40、60）时的贯入量，并注意使贯入量为 250×10^{-2}mm 时，能有 5 个以上的读数。一般测力计内的第一个读数应是贯入量 30×10^{-2}mm 左右。

（5）数据处理

1）以单位压力（p）为横坐标，贯入量（l）为纵坐标，绘制 p-l 关系曲线，如图 13-24 所示。图上曲线 1 是合适的。曲线 2 开始段是凹曲线，需要进行修正。修正时在变曲率点引一切线，与纵坐标交于 O' 点，O' 即为修正后的原点。

2）计算贯入量为 2.5mm 和 5mm 时的承载比（CBR）。即：

取两者的较大值作为该材料的承载比（CBR）。

$$\mathrm{CBR} = \frac{P}{7000} \times 100 \tag{13-35}$$

$$\mathrm{CBR} = \frac{P}{10500} \times 100 \tag{13-36}$$

3）计算试件的湿密度：

$$\rho = \frac{m_2 - m_1}{2177} \tag{13-37}$$

式中：ρ——试件的湿密度，计算至 0.01g/cm³；

    m_2——试筒和试件的总质量（g）；

    m_1——试筒的质量（g）；

    2177——试筒的容积（cm³）。

4）计算试件的干密度：

$$\rho_d = \frac{\rho}{1 + 0,01w}$$ (13-38)

式中：ρ_d——试件干密度，计算至 0.01g/cm^3；

w——试件含水率（%）。

5）计算泡水后试件的吸水量：

$$w_a = m_3 - m_2$$ (13-39)

式中：w_a——泡水后试件的吸水量（g）；

m_3——泡水后试筒和试件的合质量（g）；

m_2——试筒和试件的合质量（g）。

计算 3 个平行试验的承载比变异系数 CV。如 CV 小于 12%，则取 3 个结果的平均值；如 CV 大于 12%，则去掉一个偏离大的值，取其余 2 个结果的平均值。CBR 值（%）与膨胀量（%）取小数点后一位。

（6）检测记录与报告

检测记录、报告内容要素齐全，报告应包括以下内容：

1）材料的状态描述；

2）最佳含水率和最大干密度；

3）材料的承载比；

4）材料的膨胀率。

（7）注意问题

1）注意试样 d 的最大粒径要求：宜控制在 20mm 以内，且不得超过 40mm，且粒径在 20～40mm 的颗粒含量不宜超过 5%。

2）路面材料强度仪要能调节贯入速度至每分钟贯入 1mm，如用测力环应包 7.5kN、15kN、30kN、60kN、100kN 和 150kN 等规格型号。

3）注意试样的浸润时间：黏性土不得小于 24h，粉性土可缩短到 12h，砂土可缩短到 6h，天然砂砾可缩短到 2h 左右。

4）泡水测膨胀量时，对于膨胀土应特别注意百分表的量程选择，以满足读数的需要。

5）在泡水期间，不要碰触或晃动槽内的水。槽内水面应保持在试筒顶面以上约 25mm，通常试件要泡水 4 昼夜，以检验公路路基在不利状态下的承载能力。

6）做贯入试验时应选用合适吨位的测力环，贯入结束时测力环读数宜占其量程的 1/3 以上，加荷速率控制在 1～1.25mm/min，记录测力计内百分表某些整读数（如 20、40、60）时的贯入量，并注意使贯入量为 250×10^{-2}mm 时，能有 5 个以上的读数。注意测力计内的第一个读数应是贯入量 30×10^{-2}mm 左右。

7）如 p-l 关系曲线开始段是凹曲线，需按规程要求进行修正。修正时在变曲率点引一切线，与纵坐标交于 O' 点，O' 即为修正后的原点。

8）数据处理时需分别计算贯入量为 2.5mm 和 5mm 时的承载比（CBR），取两者的较大值作为该材料的承载比。

3. 土基现场 CBR 试验

3. 土基现场 CBR试验

第七节 抗滑性能检测

1. 基本知识

路面抗滑性能，是指车辆轮胎受到制动时沿路面滑移所产生的力。抗滑性能是路面的表面特性，并用轮胎与路面间的摩阻系数来表示。表面特性包括路表面微观构造（用石料磨光值 PSV 表示）和宏观构造（用构造深度表示）。影响抗滑性能的因素有路面表面特性、路面潮湿程度和行车速度。

微观构造，是指集料表面的粗糙度，它随车轮的反复磨耗而逐渐被磨光。通常采用石料磨光值（PSV）表征抗磨光的性能。宏观构造，是指一定面积的路表面凹凸不平的开口孔隙的平均深度。功能是使车轮下的路表水迅速排除，以避免形成水膜。宏观构造由构造深度表征。微观构造在低速（30～50km/h 以下）时对路表抗滑性能起决定作用。而高速时主要作用的是宏观构造。

抗滑性能测试方法有：制动距离法、摆式仪法、偏转轮拖车法、手工铺砂法、电动铺砂法、激光构造深度仪法等。各种检测方法的特点、测试指标及适用范围见表 13-10。

各种检测方法的特点、测试指标及适用范围   表 13-10

检测方法	测试指标	原理	技术特点	适用范围
制动距离法	摩阻系数 f	以一定速度在潮湿路面上行驶的 4 轮小客车或轻货车，当 4 个车轮被制动时，测试出车辆减速滑移到停止的距离，运用动力学原理，算出摩阻系数	测试速度快，必须中断交通	潮湿路面
摆式仪法	摩阻摆值 BPN	摆式仪的摆锤底面装一橡胶滑块，当摆锤从一定高度自由下摆时，滑块面同试验表面接触。由于两者间的摩阻而损耗部分能量，使摆锤只能回摆到一定高度。表面摩阻力越大，回摆高度越小（即摆值越大）	定点测量、原理简单	不仅可用于室内，而且可用于野外测试沥青路面及水泥混凝土路面的抗滑值
数字式摆式仪法	摩阻摆值 BPN	数字式摆式仪是在不改变原有指针式摆式仪基本结构和工作原理的基础上，利用计算机、电子、传感器技术，研发的一种集成了自动显示、自动存储、自动温度修正功能的数字化测量系统。数字式摆式仪的测量机构由高精度角度传感器、嵌入式摆值测量系统、温度传感器及算法软件等部分构成	较好地提高了测试结果的稳定性和准确度	适用于数字式摆式仪测试无刻槽水泥路面和沥青路面的摆式摩擦系数 BPN

检测方法	测试指标	原理	技术特点	适用范围
手工铺砂法	构造深度 TD（mm）	将已知体积的砂摊铺在所要测试路表的测点上，量取摊平覆盖的面积。砂的体积与所覆盖平均面积的比值，即为构造深度	定点测量、原理简单、便于携带、结果直观	适用于测定沥青路面及水泥混凝土路面表面构造深度
电动铺砂法	构造深度 TD（mm）	将已知体积的砂摊铺在所要测试路表的测点上，量取摊平覆盖的面积。砂的体积与所覆盖平均面积的比值，即为构造深度	定点测量、原理简单、便于携带、结果直观	适用于测定沥青路面及水泥混凝土路面表面构造深度
激光构造深度测试法	构造深度 TD（mm）	中子源发射的许多束光线，照射到路表面的不同深度处，用 200 多个二极管接收返回的光束，利用二极管被点亮的时间差算出所测路面的构造深度	测试速度快、精度高	适用于测定沥青路面干燥表面的构造深度，但不适用于许多坑槽、显著不平整或裂缝过多的路段摩阻系数测定车测定路面横向系数
摩阻系数测定车	横向力系数 SFC	测试车安装有试验轮胎，它们对车辆行驶方向偏转一定的角度。汽车以一定速度在潮湿路面上行驶时，试验轮胎受到侧向摩阻作用。此摩阻力除以试验轮上的载重，即为横向力系数	测试速度快，可作为验收评定依据	用于标准的摩阻系数测试车测定沥青或水泥混凝土路面的横向力系数
动态旋转式摩擦系数测试仪	摩阻摆值 BPN	该设备测试结果稳定，测值与其他类型摩擦系数值具有良好的相关性关系，是单点摩擦系数测试的较好选择，但目前在国内的使用单位一直不多，该方法有待进一步推广	测试结果稳定	适用于动态旋转式摩擦系数测试仪（简称 DF 仪）测试路面的摩擦系数

2. 手工铺砂法

（1）基本原理

通过测试沥青路面及无刻槽水泥混凝土路面表面构造深度，用以评定路面表面抗滑性能。将量砂铺在路面上，计算嵌入凹凸不平的表面空隙中的砂的体积与覆盖面积之比，从而求得构造深度，即通过将固定体积量砂填入凹凸不平的空隙计算其平均深度作为构造深度的。

（2）方法标准

检测标准：《公路路基路面现场测试规程》JTG 3450—2019；

判定标准：《公路工程质量检验评定标准 第一册 土建工程》JTG F80/1—2017。

（3）仪器设备

1）手工砂铺仪：由量砂筒、推平板组成。

①量砂筒：形状尺寸如图 13-25 所示，一端是封闭的，容积为（25±0.15）mL。

② 推平板：形状尺寸如图 13-26 所示，木制或铝制，直径 50mm，底面粘一层厚 1.5mm 的橡胶片。

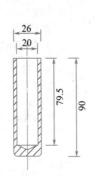

图 13-25　量砂筒形状尺寸（单位：mm）　　　图 13-26　推平板形状尺寸（单位：mm）

2）量砂：干燥洁净的匀质砂，粒径 0.15～0.30mm。

3）量尺：钢板尺或专用构造深度尺。

4）其他：装砂容器（小铲）、扫帚或毛刷、挡风板等。

（4）检测步骤

1）准备工作

① 量砂准备：置于容器中备用。

② 随机选点：按 JTG 3450—2019 规定的方法选取路段测点横断面位置，同时测点应选在车道的轮迹带位置，且距路面边缘不得小于1m。

2）测试步骤

① 清扫测点附近路面，面积不少于 30cm×30cm。

② 用小铲装入量砂至高出量筒成尖顶状，手提圆筒上部，用钢尺轻轻叩打圆筒中部 3 次，并用刮尺边沿筒口一次刮平。

③ 将砂倒在路面上，用推平板由里向外重复做摊铺运动，稍稍用力将砂向外均匀摊开，尽可能将砂摊成圆形，不得留有浮动余砂。

④ 用钢板尺测量所构成圆的两个垂直方向的直径，取其平均值，准确至 1mm。也可用专用尺直接测量构造深度。

⑤ 同一处平行测试不少于 3 次，3 个测点均位于轮迹带上，测点间距 3～5m。对同一处测试应该由同一个试验检测人员进行测试，其测试位置以中间测点的位置表示。

（5）数据处理

1）构造深度测试结果计算：

$$TD = \frac{1000V}{\pi D^2/4} = \frac{31831}{D^2} \tag{13-40}$$

式中：V——砂的体积（25cm³）；

D——摊平砂的平均直径（mm）。

2）每一测试位置均取 3 次路面构造深度的测试结果的平均值作为试验结果，准确至 0.01mm。当平均值小于 0.2mm 时，试验结果以<0.2mm 表示。

3）计算每一个测试路段构造深度的平均值、标准差、变异系数。

（6）检测记录与报告

检测记录、报告内容要素齐全，报告应包括以下内容：

1）测试路段信息（桩号、测试位置等）；

2）构造深度；

3）测试路段构造深度的平均值、标准差及变异系数。

（7）注意问题

1）注意方法的适用范围：测试沥青路面及无刻槽水泥混凝土路面表面构造深度，用以评定路面表面抗滑性能。

2）量砂（标准砂）要求是干燥洁净的匀质砂且粒径0.15～0.30mm。

3）试验时，量砂只能一次性使用，不得重复使用。

4）测点应选在车道的轮迹带位置且距路面边缘不得小于1m。

5）装量砂时，用小铲向圆筒中缓缓注入准备好的量砂至高出量筒成尖顶状，手提圆筒上部，用钢尺轻轻叩打圆筒中部3次，并用刮尺边沿筒口一次刮平。不可直接用量砂筒装量砂，以免影响量砂密度的均匀性。

6）量砂摊铺标准：用推平板由里向外重复做摊铺运动，稍稍用力将砂向外均匀摊开，使砂填入路表面的空隙中，尽可能将砂摊成圆形，并不得在表面上留有浮动余砂，注意摊铺时不可用力过大或向外推挤。

7）检测频率按200m一处，平行测试不少于3次，3个测点均位于轮迹带上，测点间距3～5m。

8）注意试验结果数据修约，准确至0.01mm，当平均值小于0.2mm时，以<0.2mm表示。

9）如使用电动铺砂法，标定很重要，为保证试验结果的准确性，标定应使用与实际试验相同的砂，并由同一试验检测人员进行。

3. 车载式激光构造深度仪法

4. 车载式激光构造深度仪法

4. 摆式仪法

（1）基本原理

摆式仪是根据摆的位能损失等于安装于摆臂末端橡胶片滑过路面时，克服路面等摩擦所做的功这一基本原理研制而成的。本方法适用于以指针式摆式仪测试无刻槽水泥路面和沥青路面的摆式摩擦系数值BPN。

（2）方法标准

检测标准：《公路路基路面现场测试规程》JTG 3450—2019；

判定标准：《公路工程质量检验评定标准　第一册　土建工程》JTG F80/1—2017。

（3）仪器设备

1）指针式摆式仪：结构示意如图13-27所示，测试时由人工通过指针在度盘上直接读值，摆值最小刻度为 2。

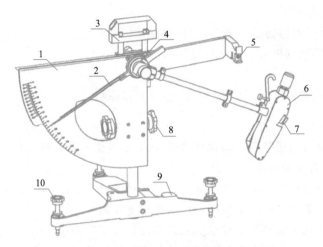

图 13-27　指针式摆式仪结构示意

1—度盘；2—指针；3—紧固把手；4—松紧调节螺栓；5—释放开关；

6—摆；7—滑溜块；8—升降把手；9—度盘；10—水准泡

2）橡胶片：尺寸为 6.35mm×25.4mm×76.2mm，橡胶质量应符合表 13-11 的要求。当橡胶片使用后，端部在长度方向上磨耗超过 1.6mm 或边缘在宽度方向上磨耗超过 3.2mm，或有油类污染时，即应更换新橡胶片。新橡胶片应先在干燥路面上测试 10 次后再用于测试，橡胶片的有效使用期自出厂日期起算为 12 个月。

橡胶物理性质技术要求　　　　　　　　　　　　　　　表 13-11

性质指标	温度(℃)				
	0	10	20	30	40
回弹值(%)	43～49	58～65	66～73	71～77	74～79
硬度(HD)	55±5				

3）滑动长度量尺：长度 126mm。

4）喷水壶。

5）路面温度计：分度不大于 1℃。

6）其他：毛刷或扫帚、记录表格等。

（4）检测步骤

1）准备工作

① 检查摆式仪的调零灵敏情况，并定期进行滑块压力的标定。

② 按 JTG 3450—2019 规定的方法选择测试位置，每个测试位置布设 3 个测点，测点间距离为（3～5）m，以中心测点的位置表示该测试位置，应选在车道横断面上轨迹处，且距路面边缘不应小于 1m。

2）测试步骤

① 清洁路面：将测点处路面上的浮尘或附着物打扫干净。

② 仪器调平：

a. 将摆式仪置于路面测点上，并使摆的摆动方向与行车方向一致。

b. 转动底座上的调平螺栓，使水准泡居中。

③ 指针调零：调零允许误差为±1。

④ 校核滑动长度：符合（126±1）mm 的要求。

⑤ 将摆固定在右侧悬臂上，使摆处于水平位置，并把指针拨至右端靠紧摆杆。

⑥ 用喷水壶浇洒测点处路面，保持湿润状态。

⑦ 按下右侧悬臂上的释放开关，使摆在路面滑过，当摆杆回落时，用手接住摆杆并读数，第一次不作记录。

⑧ 重复操作 5 次，读记每次测试的摆值。5 个摆值中最大值与最小值的差值不得大于 3。如差值大于 3，应重复上述各项操作，至符合规定为止。

⑨ 在测点处用温度计测记潮湿路表温度，准确至 1℃。

⑩ 重复以上步骤，完成一个测试位置 3 个测点的摆值测试。

（5）数据处理

1）计算每个测点 5 个摆值的平均值作为该测点的摆值 BPN_T，取整数。

2）摆值的温度修正

当路面温度为 T（℃）时测得的摆值 BPN_T 应按以下公式换算成标准温度 20℃的摆值 BPN_{20}：

$$BPN_{20} = BPN_T + \triangle_{BPN} \tag{13-41}$$

式中：BPN_{20}——换算成标准温度 20℃时的摆值；

　　　　BPN_T——路面温度 T 时测得的摆值；

　　　　$\triangle_{BPN}$——温度修正值按表 13-12 采用。

温度修正值　　　　　　　　　　　　　　表 13-12

温度（℃）	0	5	10	15	20	25	30	35	40
温度修正值$\triangle_{BPN}$	−6	−4	−3	−1	0	2	3	5	7

3）计算每个测试位置 3 个测点摆值的平均值作为该测试位置的摆值，取整数。

4）计算一个测试路段摆值的平均值、标准差、变异系数。

（6）检测记录与报告

检测记录、报告内容要素齐全，报告应包括以下内容：

1）测试路段信息（桩号、测试位置等）。

2）每个测试位置的摆值（3 个测点的平均值）。

3）测试路段摆值的平均值、标准差及变异系数。

（7）注意问题

1）指针式摆式仪由来：BPN 是 British Pendulum Number 的缩写，代表指针式摆式仪的刻度值。多年来，此设备已被世界各国广泛采用，作为抗滑性能测试方法。

2）指针式摆式仪所使用的橡胶片对测试结果有很大影响。我国是自行研制的合成橡胶，采用的是英国 BS 812 的标准，其回弹值、邵氏硬度应满足技术要求（表 13-12）。

3）关于摆值温度修正：我国基于在国内开展的试验测试结果，采用了修正值表的方法，中间温度的修正值可采用内插法计算得出（表 13-12）。

4）指针式摆式仪的指针归零标定步骤非常重要。为改进指针式摆式仪测试结果准确性不高的缺陷，近年来国内外已开发出数字式摆式仪，通过电测传感器进行测试摆值结果。数字摆式仪的电测方式既改进了指针结构带来的弊端，也避免了人工读数的误差，大大提高了测试结果的准确性。

5）注意本方法适用范围：以指针式摆式仪测试无刻槽水泥路面和沥青路面的摆式摩擦系数值BPN。

6）路面温度计宜采用接触式温度计，以提高测温准确性。

7）安装指针式摆式仪时应注意使摆的摆动方向与行车方向一致。

8）滑动长度的标定非常重要，应符合（126±1）mm的要求。

5. 数字式摆式仪法

5. 数字式摆式仪法

6. 单轮式横向力系数测试系统

（1）基本原理

单轮式横向力系数测试系统模拟汽车在道路上行驶时，因路拱或超高而存在侧向滑移倾向的现象。测量轮在承载车的牵引下向前行驶，由于其与前进方向存在20°夹角，故产生一个横向力，通过拉力传感器并将其转变为模拟信号并传递给数据采集系统，计算其与车轮自身重力的比值，即得到反应纵、横向抗滑性能的横向力系数（SFC）。本方法适用于单轮式横向力系数测试系统在新、改建路面工程质量验收和无严重坑槽、车辙等病害的正常行车条件下连续采集路面的横向力系数。

（2）方法标准

检测标准：《公路路基路面现场测试规程》JTG 3450—2019；

判定标准：《公路工程质量检验评定标准 第一册 土建工程》JTG F80/1—2017。

（3）仪器设备

单轮式横向力系数测试系统结构示意如图13-28所示。

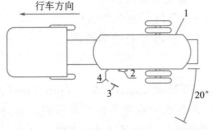

图13-28　单轮式横向力系数测试系统结构示意

1—水罐；2—横向力测试装置；3—测试轮；4—供水口

① 承载车：能固定和安装测试、储供水、控制和记录等系统的载重车底盘，具有在水罐满载状态下最高车速大于100km/h的性能。

② 测试轮胎类型：光面天然橡胶充气轮胎。

③ 测试轮胎规格：3.00-20-4PR。

④ 测试轮胎标准气压：(3.5 ± 0.2) kg/cm^2。

⑤ 测试轮偏置角：$19.5°\sim21°$。

⑥ 测试轮静态垂直标准荷载：(2000 ± 20) N。

⑦ 拉力传感器非线性误差：$<0.05\%$。

⑧ 拉力传感器有效量程：$0\sim2000$N。

⑨ 距离标定误差：$<2\%$。

（4）检测方法与步骤

1）准备工作

① 每个测试项目开始前或连续测试超过1000km后应按照规定的方法进行系统应力传感器的标定，记录下标定数据并存档。

② 检查测试车胎压，应达到车辆轮胎规定的标准气压。

③ 检查测试轮胎磨损情况，当其直径比新轮胎减少达6mm（也即胎面磨损3mm）以上或有明显损伤或裂口时，必须更换新轮胎。新更换的新轮胎在正式测试前应试测约2km。

④ 检查测试轮气压，应达到(3.5 ± 0.2) kg/cm^2 的要求。

⑤ 检查测试轮固定螺栓必须拧紧。将测试轮放到正常测试时的位置，检查其应能够沿两侧滑柱上下自由升降。

⑥ 根据测试里程向水罐加注足够用量的清洁测试用水。

⑦ 当出水控制为固定式开关时，需将开关设置在对应的测试速度位置，放下测试轮并检查洒水口出水情况和洒水位置；洒水位置应在测试轮接触地面中点沿行驶方向前方(400 ± 50) mm 处，洒水宽度应为中心线两侧各不小于约75mm。

⑧ 启动控制单元，检查各项功能和技术参数选择状态均应正常。

2）测试步骤

① 正式开始测试前首先应按规定的时间要求启动控制单元进行通电预热。

② 进入测试路段前，设置所需的系统技术参数，并将测试轮胎至少提前500m降至路面上进行预跑。

③ 进入测试路段后，应保持较为均匀的行车速度，并沿正常行车轨迹行驶。当为固定出水控制方式时，行驶最高速度不得超过出水开关事先设置所对应的速度。

④ 测试过程中，测试人员应及时准确将测试路段需要标记的起终点和其他特殊点的位置输入测试数据记录中。

⑤ 承载车驶出测试路段后，测试人员停止测试程序，提升起测量轮并恢复仪器各部分至初始状态。

⑥ 检查数据文件内容应完整正常，否则需要重新测试。

⑦ 关闭测试系统电源，结束测试。

（5）数据处理

1）SFC 值的速度修正

以测试结果使用时所需的速度作为标准测试速度，其他测试速度条件下得到的 SFC

值应通过以下公式转换至标准速度下的等效 SFC 值。

$$SFC_标 = SFC_测 - 0.22 (V_标 - V_测)$$

（13-42）

式中：$SFC_标$——标准测试速度下的等效 SFC 值；

$SFC_测$——现场实际测试速度条件下的 SFC 测试值；

$V_标$——标准测试速度，km/h；

$V_测$——现场实际测试速度。

2）SFC 值的温度修正

测试系统的标准现场测试地面温度范围为（20±5）℃，其他地面温度条件下测试的 SFC 值必须通过表 13-13 转换至标准温度下的等效 SFC 值。系统测试要求控制在 8～60℃ 的地面温度范围内。

SFC 值温度修正表　　　　　　　　　　　　表 13-13

温度（℃）	10	15	20	25	30	35	40	45	50	55	60
修正	−3	−1	0	+1	+3	+4	+6	+7	+8	+9	+10

3）计算一个测试路段 SFC 值的平均值、标准差、变异系数。

（6）不同类型摩擦系数测试设备间相关性试验

1）基本要求

当制动式摩擦系数测试设备或其他类型横向力式测试设备需换算成 SFC 使用时，应进行相关性试验，建立其他类型测试结果与 SFC 值的相关性关系。

2）试验条件

① 按 SFC 值 0～30、30～50、50～70、70～100 的范围选择 4 段不同摩擦系数的路段，路段长度可为 100～300m。

② 试验路段地面应清洁干燥，地面温度应在 10～30℃ 范围内，天气宜选择在晴天无风条件。

3）试验步骤

① 测试系统和需要进行相关性试验的其他类型设备准备就绪。

② 两套设备分别以 40km/h、50km/h、60km/h、70km/h、80km/h 的速度在所选择的 4 种试验路段上各测试 3 次，3 次测试的平均值的绝对差值不得大于 5，否则重测。

③ 两种试验设备设置的采样频率差值不应超过一倍，每个试验路段的采样数据量不应少于 10 个。

4）试验数据处理

① 分别计算出每种速度下各路段 3 次测试结果的总平均值和标准差，超过 3 倍标准差的值应予以舍弃。

② 用数理统计的回归分析方法建立试验设备测值与速度的相关性关系式，相关系数 R 不得小于 0.95。

③ 建立不同速度下试验设备测值 SFC 的相关性关系式，相关系数 R 不得小于 0.95。

（7）检测记录与报告

检测记录、报告内容要素齐全，报告应包括以下内容：

1）测试路段信息（桩号、测试位置等）；

2）测试速度、温度；

3）测试路段横向力系数 SFC 的平均值、标准差及代表值；

4）若进行相关性试验，还应报告相关性关系式及相关系数。

（8）注意问题

1）本方法不适用于严重坑槽、车辙等病害条件下连续采集路面的横向力系数。

2）横向力系数测试系统的测试轮胎规格及标准气压、测试轮偏置角、测试轮静态垂直标准荷载、拉力传感器非线性误差、拉力传感器有效量程、距离标定误差等技术参数指标需按规定周期进行校准并确认。

3）当其直径比新轮胎减少达 6mm（即胎面磨损 3mm）以上或有明显损伤或裂口时，必须更换新轮胎。新更换的新轮胎在正式测试前应试测约 2km。

4）每个测试项目开始前或连续测试超过 1000km 后应按规定方法进行系统应力传感器的标定。

5）当制动式摩擦系数测试设备或其他类型横向力式测试设备需换算成 SFC 使用时，应进行相关性试验，建立不同速度下试验设备测值 SFC 的相关性关系式，相关系数 R 不得小于 0.95。

6）横向力系数测试速度和测试温度都对 SFC 测试结果产生较大影响，相关规程不再规定标准测试速度，因为测试结果用于不同目的时，所采用的速度可能不同，既然有速度换算公式，完全可以根据实际需要将所希望使用的速度作为标准速度而将其他速度下的测试值进行换算。

---

7. 双轮式横向力系数测试系统

6. 双轮式横向力系数测试系统

8. 动态旋转式摩擦系数测试仪法

7. 动态旋转式摩擦系数测试仪法

第八节　渗水系数检测

1. 基本知识

沥青路面渗水性能是反映路面沥青混合料级配组成的一个间接指标，也是沥青路面水稳定性的一个重要指标。如果整个沥青面层均透水，则水势必进入基层或路基，使路面承载力降低。相反如果沥青面层中有一层不透水，而表层能很快透水，则又不致形成水膜，对抗滑性能有很大好处。

2. 沥青路面渗水系数测试方法

（1）基本原理

渗水系数，是指一般流体的层流状态通过粉体层时，所体现的透过性能。

（2）方法标准

检测标准：《公路路基路面现场测试规程》JTG 3450—2019；

判定标准：《公路工程质量检验评定标准 第一册 土建工程》JTG F80/1—2017。

（3）仪器设备

1）路面渗水仪（图 13-29）：上部盛水量筒由透明有机玻璃制成，容积 600mL，上有刻度，在 100mL 及 500mL 处有粗标线，下方通过 ϕ10mm 的细管与底座相接，中间有一开关。量筒通过支架联结，底座下方开口内径 ϕ150mm，外径 ϕ220mm，仪器附不锈钢圈压重两个，每个质量约 5kg，内径 ϕ160mm。

2）套环：金属圆环，宽度 5mm，内径 ϕ145mm，主要防止密封材料被挤压进入测试面而导致渗水面积不一致。

3）水筒及大漏斗、秒表、水、粉笔、塑料圈、刮刀、扫帚等工具。

4）密封材料：防水腻子、油灰或橡皮泥。

（4）检测步骤

1）准备工作

① 每个测试位置，按照 JTG 3450—2019 附录 A 规定的方法，随机选择 3 个测点，并用粉笔画上测试标记。

② 试验前，首先用扫帚清扫表面，并用刷子将路面表面的杂物刷去。

2）测试步骤

① 将塑料圈置于路面表面的测点上，用粉笔分别沿塑料圈的内侧和外侧画上圈，用密封材料对外环和内环之间的环状密封区域进行密封处理，注意不要使密封材料进入内圈，如果密封材料不小心进入内圈，必须用刮刀将其刮走。然后再将搓成拇指粗细的条状密封材料摞在环状密封区域的中央，并且摞成一圈。

② 将套环放在路面表面的测点上，注意使套环的中心尽量和圆环中心重合，然后略微使劲将套环压在条状密封材料表面；采用同样的方法将渗水仪放在套环上，对中，施加压力将渗水仪压在套环上，再将配重加上，以防压力水从底座与路面间流出。

③ 将开关及排气孔关闭，向量筒中注水超过 100mL 刻度，然后打开开关和排气孔，使量筒中的水下流排出渗水仪底部内的空气，当量筒中水面下降速度变慢时，用双手轻压渗水仪使渗水仪底部的气泡全部排出，当水自排气孔顺畅排出时，关闭开关和排气孔，并再次向量筒中注水至 100mL 刻度。

④ 将开关打开，待水面降至 100mL 刻度时，立即开动秒表开始计时，计时 3min 后立即记录水量，结束试验；当计时不到 3min 水面已降至 500mL 时，立即记录水面降至 500mL 时的时间，结束试验。当开关打开后 3min 时间内水面无法降至 500mL 刻度时，则开动秒表计时测试 3min 内渗水量即可结束试验。

⑤ 测试过程中，如水从底座与密封材料间渗出，则底座与路面间密封不好，此试验结果为无效。关闭开关，采用密封材料补充密封，重新按④～⑤测试。如果仍然有水渗

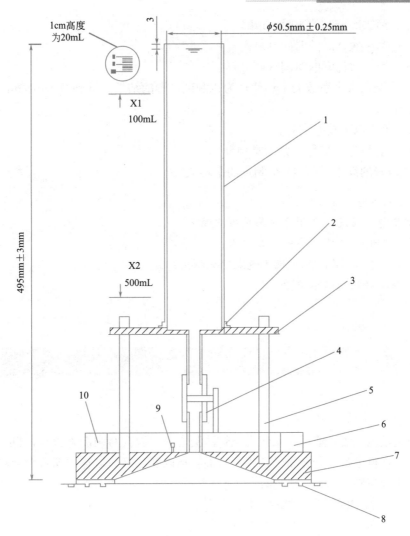

图 13-29 渗水仪结构图（单位：mm）

1—盛水量筒；2—螺纹连接；3—顶板；4—阀；5—立柱支架；
6—压重钢圈；7—底座；8—密封材料；9—排气孔；10—套环

出，应在同一纵向位置沿宽度方向就近选择位置，重新按照①～⑤测试。

⑥ 测试过程中，如水从外环圈以外路面中渗出，可以人工将密封材料在外环圈之外5cm 宽度范围内再次进行密封处理，重新按④～⑤测试，只要密封范围内无水渗出，则认为试验结果为有效。

⑦ 重复①～⑥的步骤，测试 3 个测点的渗水系数。

（5）计算分析

1）按下式计算渗水系数，准确至 0.1mL/min。

$$C_w = \frac{v_2 - v_1}{t_2 - t_1} \times 60 \qquad (13\text{-}43)$$

式中：C_w——渗水系数；

v_1——第一次计时的水量（mL）；

v_2——第二次计时的水量（mL）；

t_1——第一次计时的时间（s）；

t_2——第二次计时的时间（s）。

2）以 3 个测点渗水系数的平均值作为该测试位置的结果，准确至 1mL/min。

（6）报告

本方法应报告以下技术内容：

1）测试位置信息（桩号、路面类型等）。

2）测试位置的渗水系数（3 个测点的平均值）。

（7）常见问题

1）试验前路面没清洁干净，影响检测结果；

2）底座密封不严实，导致底座渗水；

3）测试"步骤④"，渗水仪气泡未完全排出；

4）密封材料的选择很重要。

第九节 沥青含量和矿料级配检测

1. 基本知识

本方法（燃烧炉法）适用于采用燃烧炉法测定沥青混合料中沥青含量，也适用于对燃烧后的沥青混合料进行筛分分析及热拌沥青混合料以及从路面取样的沥青混合料在生产施工过程中的质量控制。

2. 沥青混合料中沥青含量试验（燃烧炉法）

（1）基本原理

沥青混合料的沥青含量是沥青的质量占沥青混合料总质量的之比，也叫油石比，是沥青混合料配合比的重要指标，也是影响沥青路面质量与工程造价的关键指标。

（2）方法标准

检测标准：《公路工程沥青及沥青混合料试验规程》JTG E20—2011；

判定标准：《公路沥青路面施工技术规范》JTG F40—2004 及设计要求。

（3）仪器设备

1）燃烧炉：由燃烧室称量装置、自动数据采集系统控制装置、空气循环装置、试样篮及其附件组成。

① 燃烧室的尺寸应能容纳 3500g 以上的沥青混合料试样，并有警示钟和指示灯，当试样质量的变化在连续 3min 内不超过试样质量的 0.01％时，可以发出提示声音。燃烧室的门在试验过程中应锁死。

② 称量装置：该标准方法的称量装置为内置天平，感量 0.1g，能够称量至少 3500g 的试样（不包括试样篮的质量）。

③ 燃烧炉：具有数据自动采集系统，在试验过程中可以实时检测并且显示质量，有

一套内置的计算机程序来计算试样篮质量的变化，并且能够输入集料损失的修正系数，进行自动计算、显示试验结果，并可以将试验结果打印出来。

④ 燃烧炉：应具有强制通风降低烟雾排放的设施，在试验过程中燃烧炉的烟雾必须排放到室外，不得有明显的烟味进入到试验室里。

2）试样篮：可以使试样均匀地摊薄放置在篮里。能够使空气在试样内部及周围流通。2 个及 2 个以上的试样篮可套放在一起。试样篮由网孔板做成，一般采用打孔的不锈钢或者其他合适的材料制成，通常情况下网孔的尺寸最大为 2.36mm，最小为 0.6mm。

3）标准筛：方孔筛，在尺寸为 53.0mm、37.5mm、31.5mm、26.5mm、19.0mm、16.0mm、13.2mm、9.5mm、4.75mm、2.36mm、1.18mm、0.6mm、0.3mm、0.15mm、0.075mm 的标准筛系列中，根据沥青混合料级配选用相应的筛号，标准筛必须有密封圈、盖和底。

4）托盘：放置于试样篮下方，以接受从试样篮中滴落的沥青和集料。

5）烘箱：温度应控制在设定值±5℃。

6）天平：满足称量试样篮以及试样的质量，感量不大于 0.1g。

7）防护装置：防护眼镜、隔热面罩、隔热手套、可以耐高温 650℃的隔热罩，试验结束后试样篮应该放在隔热罩内冷却。

8）其他：摇筛机、大平底盘（比试样篮稍大）、刮刀、钢丝刷等。

（4）检测步骤及计算

1）准备试样

① 按《公路工程沥青及沥青混合料试验规程》JTG E20—2011 沥青混合料取样方法，在拌合厂从运料卡车采取沥青混合料试样，宜趁热放在金属盘（或搪瓷盘）中适当拌合，待温度降至 100℃以下时，称取混合料试样，准确至 0.1g。

② 当用钻孔法或切割法从路面上取得的试样时，应用电风扇吹风使其完全干燥，但不得用锤击以防集料破碎；然后置烘箱（125±5）℃加热成松散状态，并至恒重；适当拌合后称取试样质量，准确至 0.1g。

③ 当混合料已经结团时，不得用刮刀或者铲刀处理，应该将试样置于托盘中放在烘箱（125±5）℃中加热成松散状态取样。

④ 试样最小质量根据沥青混合料的集料公称最大粒径及试样最小质量要求按表 13-14 选用。

公称最大粒径及试样最小质量要求　　　　　　　　　　　　表 13-14

公称最大粒径（mm）	试样最小质量（g）	公称最大粒径（mm）	试样最小质量（g）
4.75	1200	19	2000
9.5	1200	26.5	3000
13.2	1500	31.5	3500
16	1800	37.5	4000

⑤ 按沥青混合料矿料级配设计要求，选用全部或部分需要筛孔的标准筛，作施工质量检验时，至少应包括 0.075mm、2.36mm、4.75mm 及集料公称最大粒径等 5 个筛孔，按大小顺序排列成套筛。

2）标定

① 标定要求

a. 对每一种沥青混合料都必须进行标定，以确定沥青用量的修正系数和筛分级配的修正系数。

b. 当混合料中任何一档料的料源变化或者单档集料配合比变化超过 5% 时均需要标定。

② 标定步骤

a. 按照沥青混合料配合比设计的步骤，取代表性各档集料，将各档集料放入（105±5）℃烘箱加热至恒重，冷却后按配合比配出 5 份集料混合料（含矿粉）。

b. 将其中 2 份集料混合料进行水洗筛分。取筛分结果平均值为燃烧前的各档筛孔通过百分率，其级配需满足被检测沥青混合料的目标级配范围要求。

c. 分别称量 3 份集料混合料质量（m_{B1}），准确至 0.1g。按照配合比设计时成型试件的相同条件拌制沥青混合料，如沥青的加热温度、集料的加热温度和拌合温度等。

d. 在拌制 2 份标定试样前，先将 1 份沥青混合料进行洗锅，其沥青用量宜比目标沥青用量多 0.3%~0.5%，目的是使拌合锅的内侧先附着一些沥青和粉料，这样可以防止在拌制标定用的试样过程中拌合锅粘料导致试验误差。

e. 正式分别拌制 2 份标定试样，其沥青用量为目标沥青用量。将集料混合料和沥青加热后，先将集料混合料全部放入拌合机，然后称量沥青质量（m_{B2}），准确至 0.1g。

将沥青放入拌合锅开始拌合，拌合后的试样质量应满足表 13-15 要求。拌合好的沥青混合料应直接放进试样篮中。

f. 预热燃烧炉。将燃烧温度设定（538±5）℃。设定修正系数为 0。

g. 称量试样篮和托盘质量（m_{B3}），准确至 0.1g。

h. 试样篮放入托盘中，将加热的试样均匀地在试样篮中摊平，尽量避免试样太靠近试样篮边缘。称量试样、试样篮和托盘总质量（m_{B4}），准确至 0.1g。计算初始试样总质量（m_{B5}，即 $m_{B4}-m_{B3}$），并将 m_{B5} 输入燃烧炉控制程序中。

i. 将试样篮、托盘和试样放入燃烧炉，关闭燃烧室门，检查燃烧炉控制程序中显示的 m_{B4} 质量是否准确，即试样、试样篮和托盘总质量（m_{B2}）与显示质量（m_{B4}）的差值不得大于 5g，否则需调整托盘的位置。

j. 锁定燃烧室的门，启动开始按钮进行燃烧。燃烧至连续 3min 试样质量每分钟损失率小于 0.01% 时，燃烧炉会自动发出警示声音或者指示灯亮起警报，并停止燃烧。燃烧炉控制程序自动计算试样燃烧损失质量（m_{B6}），准确至 0.1g。按下停止按钮，燃烧室的门会解锁，并打印试验结果，从燃烧室中取出试样盘。燃烧结束后，罩上保护罩适当冷却。

k. 将冷却后的残留物倒入大盘子中，用钢丝刷清理试样篮确保所有残留物都刷到盘子中待用。

l. 重复以上 f~k 步骤将第二份混合料燃烧。

m. 根据下式分别计算两份试样的质量损失系数 C_{fi}。

$$C_{fi} = \left(\frac{m_{B6}}{m_{B5}} - \frac{m_{B2}}{m_{B1}} \right) \times 100 \tag{13-44}$$

式中：C_{fi}——质量损失系数；

m_{B1}——每份集料混合料质量（g）；

m_{B2}——沥青质量（g）；

m_{B5}——初始试验总质量（g）；

m_{B6}——试样燃烧损失质量（g）。

当两个试样的质量损失系数差值不大于0.15％，则取平均值作为沥青用量的修正系数C_f。

当两个试样的质量损失系数差值大于0.15％，则重新准备两个试样按以上步骤进行燃烧试验，得到4个质量损失系数，除去1个最大值和1个最小值，将剩下的两个修正系数取平均值作为沥青用量的修正系数C_f。

n. 当沥青用量的修正系数C_f小于0.5％时，按规范进行级配筛分。

o. 当沥青用量的修正系数C_f大于0.5％时，设定（482±5）℃燃烧温度按照上述标定步骤重新标定，得到482℃的沥青用量的修正系数。如果482℃与538℃得到的沥青用量的修正系数差值在0.1％以内，则仍以538℃的沥青用量作为最终的修正系数C_f；如果修正系数差值大于0.1％，则以482℃的沥青用量作为最终修正系数C_f。

p. 级配筛分。用最终沥青用量修正系数C_f所对应的2份试样的残留物，进行筛分，取筛分平均值为燃烧后沥青混合料各筛孔的通过率P'_{Bi}。燃烧前、后各筛孔通过率差值均符合表13-15的范围时，则取各筛孔的通过百分率修正系数$C_{pi}=0$，否则应按下式进行燃烧后混合料级配修正。

$$C_{pi} = P'_{Bi} - P_{Bi} \qquad (13-45)$$

式中：P'_{Bi}——燃烧后沥青混合料各筛孔的通过率（％）；

P_{Bi}——燃烧前的各档筛孔的通过百分率（％）。

燃烧前后混合料级配允许偏差

表 13-15

筛孔(mm)	≥2.36	0.15～1.18	0.075
允许偏差	±5％	±3％	±0.5％

3）试验方法及步骤

① 将燃烧炉预热到设定温度（设定温度与标定温度相同）。将沥青用量的修正系数C_f输入到控制程序中，将打印机连接好。

② 将试样放在（105±5）℃的烘箱中烘至恒重。

③ 称量试验篮和托盘质量m_1，准确至0.1g。

④ 试样篮放入托盘中，将加热的试样均匀地摊平在试样篮中。称量试样、试验篮和托盘总质量m_2，准确至0.1g。计算初始试样总质量m_3（即m_2-m_1），将m_3作为初始的试样质量输入燃烧炉控制程序中。

⑤ 将试样篮托盘和试样放入燃烧炉，关闭燃烧室门。查看燃烧炉控制程序显示质量，即试样、试样篮和托盘总质量（m_2）与显示质量（m_{B4}）的差值不得大于5g，否则需调整托盘的位置。

⑥ 锁定燃烧室的门，启动开始按钮进行燃烧。

⑦ 按照标定步骤j的方法进行燃烧，连续3min试样质量每分钟损失率小于0.01％时结束，燃烧炉控制程序自动计算试样损失质量m_4，准确至0.1g。

⑧ 按照下式计算修正后的沥青用量 P，准确至 0.01%。此值也可由燃烧炉控制程序自动计算。

$$P = \left(\frac{m_4}{m_3} \times 100\right) - C_f \tag{13-46}$$

⑨ 燃烧结束后，取出试样篮罩上保护罩，待试样适当冷却后，将试样篮中残留物倒入大盘子中，用钢丝刷将试样篮所有残留物都清理到盘子中，然后进行筛分，得到燃烧后沥青混合料各筛孔的通过率 P_i'，修正得到混合料级配 P_i（即 $P_i' - C_{Pi}$）。

⑩ 矿料级配筛分及计算分析步骤参照《公路工程集料试验规程》JTG E42—2005 的方法采用水筛法，或者对同一种混合料，适当进行几次干筛与湿筛的对比试验后，对 0.075mm 通过率进行适当的换算或修正。

4) 允许误差

沥青用量的重复性试验允许误差为 0.11%，再现性试验的允许误差为 0.17%。

（5）记录报告

1) 同一混合料至少取两个试样平行筛分试验两次，取平均值作为每号筛上的筛余量的试验结果，报告矿料级配通过百分率及级配曲线。

2) 同一沥青混合料试样至少平行测定两次，取平均值作为试验结果。报告内容应包括燃烧炉类型、试验温度沥青用量的修正系数、试验前后试样质量和测定的沥青用量试验结果，并将标定和测定时的试验结果打印并附到报告中。当需要进行筛分试验时，还应包括混合料的筛分结果。

（6）常见问题

1) 用燃烧炉测定沥青混合料中的沥青含量，在使用过程中一定要注意标定和试验的研究，认真总结经验。因此对于大规模施工过程中的质量控制，宜采用内置天平式燃烧炉。

2) 同一沥青混合料试样至少平行测定两次，取平均值作为试验结果。报告内容应包括燃烧炉类型、试验温度沥青用量的修正系数、试验前后试样质量和测定的沥青用量试验结果，并将标定和测定时的试验结果打印并附到报告中，还应包括混合料的筛分结果及级配曲线。

第十节　沥青混合料马歇尔稳定度检测

1. 基本知识

本方法适用于马歇尔稳定度试验，以进行沥青混合料的配合比设计或沥青路面施工质量检验。浸水马歇尔稳定度试验适用于检验沥青混合料受水损害时抵抗剥落的能力时使用，通过测试其水稳定性检验配合比设计的可行性。

本方法适用于《公路工程沥青及沥青混合料试验规程》JTG E20—2011 成型的标准马歇尔试件圆柱体和大型马歇尔试件圆柱体。

2. 沥青混合料马歇尔稳定度试验

（1）基本原理

马歇尔稳定度试验是对标准击实的试件在规定的温度和速度等条件下受压，测定沥青混合料的稳定度和流值等指标所进行的试验。

（2）方法标准

检测标准：《公路工程沥青及沥青混合料试验规程》JTG E20—2011；

判定标准：《公路沥青路面施工技术规范》JTG F40—2004。

（3）仪器设备

1）沥青混合料马歇尔试验仪：马歇尔试验仪应具备控制装置、记录荷载—位移曲线、自动测定荷载与试件的垂直变形，能自动显示和存储或打印试验结果等功能。

① 当集料公称最大粒径小于或等于 26.5mm 时，宜采用 $\phi101.6mm\times63.5mm$ 的标准马歇尔试件，试验仪最大荷载不得小于 25kN 读数准确至 0.1kN，加载速率应能保持（50±5）mm/min。钢球直径（16±0.05）mm，上下压头曲率半径为（50.8±0.08）mm。

② 当集料公称最大粒径大于 26.5mm 时，宜采用 $\phi152.4mm\times95.3mm$ 大型马歇尔试件，试验仪最大荷载不得小于 50kN，读数准确至 0.1kN。上下压头的曲率内径为 ϕ（152.4±0.2）mm，上下压头间距（19.05±0.1）mm。

2）恒温水槽：控温准确至 1℃，深度不小于 150mm。

3）烘箱。

4）天平：感量不大于 0.1g。

5）温度计：分度值 1℃、卡尺等。

（4）标准马歇尔试验方法

1）准备工作

① 按《公路工程沥青及沥青混合料试验规程》JTG E20—2011 标准击实法成型马歇尔试件，标准马歇尔试件和大型马歇尔试件尺寸应符合相应尺寸要求；一组试件的数量不得少于 4 个，并符合 JTG E20—2011 的规定。

② 量测试件的直径及高度：用卡尺测量试件中部的直径，用马歇尔试件高度测定器或用卡尺在十字对称的 4 个方向量测离试件边缘 10mm 处的高度，准确至 0.1mm，并以其平均值作为试件的高度。如试件高度不符合（63.5±1.3）mm 或（95.3±2.5）mm 要求或两侧高度差大于 2mm，此试件应作废。

③ 按《公路工程沥青及沥青混合料试验规程》JTG E20—2011 规定的方法测定试件的密度，并计算空隙率沥青体积百分率、沥青饱和度、矿料间隙率等体积指标。

④ 将恒温水槽调节至要求的试验温度，对黏稠石油沥青或烘箱养生过的乳化沥青混合料为（60±1）℃，对煤沥青混合料为（33.8±1）℃，对空气养生的乳化沥青或液体沥青混合料为（25±1）℃。

2）试验步骤

① 将试件置于已达规定温度的恒温水槽中保温，保温时间对标准马歇尔试件需 30～40min，对大型马歇尔试件需 45～60min。试件之间应有间隔，底下应垫起，距水槽底部不小于 5cm。

② 将马歇尔试验仪的上下压头放入水槽或烘箱中达到同样温度。将上下压头从水槽或烘箱中取出擦拭干净内面。为使上下压头滑动自如，可在下压头的导棒上涂少量黄油。再将试件取出置于下压头上，盖上上压头，然后装在加载设备上。

③ 将自动马歇尔试验仪的压力传感器、位移传感器与计算机或 X-Y 记录仪正确连接，调整好适宜的放大比例，压力和位移传感器调零。

④ 启动加载设备，使试件承受荷载，加载速度为（50±5）mm/min。计算机或 X-Y 记录仪自动记录传感器压力和试件变形曲线并将数据自动存入计算机。

⑤ 当试验荷载达到最大值的瞬间，取下流值计，同时读取压力环中百分表读数及流值计的流值读数。

⑥ 从恒温水槽中取出试件至测出最大荷载值的时间，不得超过 30s。

（5）浸水马歇尔试验方法

浸水马歇尔试验方法与标准马歇尔试验方法的不同之处在于，试件在已达规定温度恒温水槽中的保温时间为 48h，其余步骤均与标准马歇尔试验方法相同。

（6）计算

1）试件的稳定度及流值

将计算机采集的数据绘制成压力和试件变形曲线，或由 X-Y 记录仪自动记录的荷载-变形曲线，按图 13-30 所示的方法在切线方向延长曲线与横坐标相交于 O_1，将 O_1 作为修正原点，从 O_1 起量取相应于荷载最大值时的变形作为流值（FL），以 mm 计，准确至 0.1mm。最大荷载即为稳定度（MS），以 kN 计，准确至 0.01kN。

2）试件的马歇尔模数按下式计算

$$T = \frac{MS}{FL} \qquad (13\text{-}47)$$

式中：T——试件的马歇尔模数（kN/mm）；

　　　MS——试件的稳定度（kN）；

　　　FL——试件的流值（mm）。

3）试件的浸水残留稳定度按下式计算

$$MS_0 = \frac{MS_1}{MS} \times 100 \qquad (13\text{-}48)$$

式中：MS_0——试件的浸水残留稳定度（%）；

　　　MS_1——试件浸水 48h 后的稳定度（kN）。

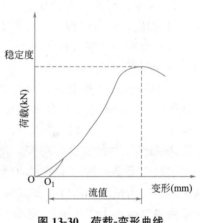

图 13-30　荷载-变形曲线

（7）报告

1）当一组测定值中某个测定值与平均值之差大于标准差的 k 倍时，该测定值应予舍弃，并以其余测定值的平均值作为试验结果。当试件数目 n 为 3、4、5、6 时，k 值分别为 1.15、1.46、1.67、1.82。

2）报告中需列出马歇尔稳定度、流值、马歇尔模数，以及试件尺寸、密度、空隙率、沥青用量、沥青体积百分率、沥青饱和度、矿料间隙率等各项物理指标。当采用自动马歇尔试验时，试验结果应附上荷载-变形曲线原件或自动打印结果。

（8）常见问题

1）马歇尔试验变异性与试件的成型高度关系很大，尤其是对空隙率的影响可能较大，所以制件时要严格控制试件高度，高度不符合要求者一定要剔除。

2）当一组测定值中某个测定值与平均值之差大于标准差的 k 倍时，该测定值应予舍弃，并以其余测定值的平均值作为试验结果。当试件数目 n 为 3、4、5、6 时，k 值分别为 1.15、1.46、1.67、1.82。

3）注意马歇尔试验仪的上下压头应与试件一起进行养护保温。

第十一节　沥青混合料车辙动稳定度检测

1. 基本知识

（1）本方法适用于测定沥青混合料的高温抗车辙能力，供沥青混合料配合比设计时的高温稳定性检验使用，也可用于现场沥青混合料的高温稳定性检验。

（2）车辙试验的温度与轮压（试验轮与试件的接触压强）可根据有关规定和需要选用，非经注明，试验温度为 60℃，轮压为 0.7MPa。根据需要，如在寒冷地区也可采用 45℃，在高温条件下试验温度可采用 70℃ 等，对重载交通的轮压可增加至 1.4MPa，但应在报告中注明。计算动稳定度的时间原则上为试验开始后 45～60min 之间。

（3）本方法适用于按《公路工程沥青及沥青混合料试验规程》JTG E20—2011 用轮碾成型机碾压成型的长 300mm、宽 300mm、厚 50～100mm 的板块状试件。根据工程需要也可采用其他尺寸的试件。本方法也适用于现场切割板块状试件，切割试件的尺寸根据现场面层的实际情况由试验确定。

2. 车辙动稳定度测试方法

（1）基本原理

动稳定度是研究车辙变形的指标，是指沥青混合料在高温条件下（试验温度一般是具有代表性的 60℃）混合料每产生 1mm 变形时，所承受标准轴载的行走次数。

（2）方法标准

检测标准：《公路工程沥青及沥青混合料试验规程》JTG E20 —2011；

判定标准：《公路沥青路面施工技术规范》JTG F40—2004。

（3）仪器设备

1）车辙试验机：它主要由下列部分组成：

① 试件台：可牢固地安装两种宽度（300mm 和 150mm）规定尺寸试件的试模。

② 试验轮：橡胶制的实心轮胎，外径 ϕ200mm，轮宽 50mm，橡胶层厚 15mm。橡胶硬度（国际标准硬度）20℃ 时为 84±4，60℃ 时为 78±2。试验轮行走距离为 230mm±10mm，往返碾压速度为（42±1）次/min（21 次往返/min）。采用曲柄连杆驱动加载轮往返运行方式（注：轮胎橡胶硬度应注意检验，不符合要求者应及时更换）。

③ 加载装置：通常情况下试验轮与试件的接触压强在 60℃ 时为（0.7±0.05）MPa，

施加的总荷载为 780N 左右，根据需要可以调整接触压强大小。

④ 试模：钢板制成，由底板及侧板组成，试模内侧尺寸宜采用长为 300mm，宽为 300mm，厚为 50～100mm，也可根据需要对厚度进行调整。

⑤ 试件变形测量装置：自动采集车辙变形并记录曲线的装置，通常用位移传感器 LVDT 或非接触位移计。位移测量范围 0～130mm，精度±0.01mm。

⑥ 温度检测装置：自动检测并记录试件表面及恒温室内温度的温度传感器，精度±0.5℃。温度应能自动连续记录。

2）恒温室：恒温室应具有足够的空间。车辙试验机必须整机安放在恒温室内，装有加热器、气流循环装置及装有自动温度控制设备，同时恒温室还应有至少能保温 3 块试件并行试验的条件。保持恒温室温度（60±1)℃〔试件内部温度（60±0.5)℃〕，根据需要也可采用其他试验温度。

3）台秤：称量 15kg，感量不大于 5g。

（4）检测步骤

1）准备工作

① 试验轮接地压强测定：测定在 60℃时进行，在试验台上放置一块 50mm 厚的钢板，其上铺一张毫米方格纸，上铺一张新的复写纸，以规定的 700N 荷载后试验轮静压复写纸，即可在方格纸上得出轮压面积，并由此求得接地压强。当压强不符合（0.7±0.05）MPa 时，荷载应适当调整。

② 按《公路工程沥青及沥青混合料试验规程》JTG E20—2011 用轮碾成型法制作车辙试验试块。在试验室或工地制备成型的车辙试件。也可从路面切割得到需要尺寸的试件。

③ 当直接在拌合厂取拌合好的沥青混合料样品制作车辙试验试件检验生产配合比设计或混合料生产质量时，必须将混合料装入保温桶中，在温度降至成型温度之前迅速送达实验室制作试件。如果温度稍有不足，可放在烘箱中稍加热（时间不超过 30min）后成型，但不得将混合料放冷却后二次加热重塑制作试件。重塑制件的试验结果仅供参考，不得用于评定配合比设计检验是否合格的标准。

④ 试件成型后，连同试模一起在常温条件下放置的时间不得少于 12h。对聚合物改性沥青混合料，放置的时间以 48h 为宜，使聚合物改性沥青充分固化后方可进行车辙试验，室温放置时间不得长于一周。

2）试验步骤

① 将试件连同试模一起，置于已达到试验温度（60±1)℃的恒温室中，保温不少于 5h，也不得超过 12h。在试件的试验轮不行走的部位上，粘贴一个热电偶温度计（也可在试件制作时预先将热电偶导线埋入试件角），控制试件温度稳定在（60＋0.5)℃。

② 将试件连同试模移置于轮辙试验机的试验台上，试验轮在试件的中央部位，其行走方向须与试件碾压或行车方向一致。开启车辙变形自动记录仪，然后启动试验机，使试验往返行走，时间约 1h，或最大变形达到 25mm 时为止。试验时，记录仪自动记录变形曲线（图 13-31）及试件温度（注：对试验变形较小的试件，也可对一块试件在两侧 1/3 位置上进行两次试验，然后取平均值）。

（5）计算分析

1）从图 13-31 上读取 45min（t_1）及 60min（t_2）时的车辙变形 d_1 及 d_2，准确至

0.01mm。当变形过大，在未到 60min 变形已达 25mm 时，则以达到 25mm（d_2）的时间为 t_2，将其前 15min 为 t_1，此时的变形量为 d_1。

2）沥青混合料试件的动稳定度按下式计算。

$$DS = \frac{(t_2 - t_1) \times N}{d_2 - d_1} \times C_1 \times C_2 \quad (13\text{-}49)$$

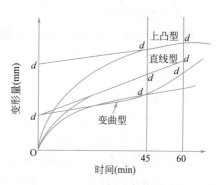

图 13-31　车辙试验自动记录的变形曲线

式中：DS——沥青混合料的动稳定度（次/mm）；

d_1——对应于时间 t_1 的变形量（mm）；

d_2——对应于时间 t_2 的变形量（mm）；

C_1——试验机类型系数，曲柄连杆驱动加载轮往返运行方式为 1.0；

C_2——试件系数，试验室制备宽 300mm 的试件为 1.0；

N——试验轮往返碾压速度，通常为 42 次/min。

3）允许偏差：重复性试验动稳定度变异系数不大于 20%。

（6）报告

1）同一沥青混合料或同一路段路面，至少平行试验 3 个试件。当 3 个试件动稳定度变异系数不大于 20% 时，取其平均值作为试验结果；变异系数大于 20% 时应分析原因，并追加试验。如计算动稳定度值大于 6000 次/mm，记作：＞6000 次/mm。

2）试验报告应注明试验温度、试验轮接地压强、试件密度空隙率及试件制作方法等。

（7）常见问题

1）同一沥青混合料或同一路段路面，至少平行试验 3 个试件。当 3 个试件动稳定度变异系数不大于 20% 时，取其平均值作为试验结果；变异系数大于 20% 时应分析原因，并追加试验。如计算动稳定度值大于 6000 次/mm，记作：＞6000 次/mm。

2）本试验方法作为沥青混合料配合比设计高温稳定性检验指标，试验时有一点很重要，即试件必须是新拌混合料配制的，在现场取样时必须在尚未冷却时制模，不允许将混合料冷却后再二次加热重塑制作。

第十二节　无机结合料稳定材料无侧限抗压强度试验

1. 基本知识

本方法适用于测定无机结合料稳定材料（包括稳定细粒土、中粒土和粗粒土）试件的间接抗拉强度。

2. 无侧限抗压强度试验方法

（1）基本原理

无侧限抗压强度试验是三轴试验的一个特例，即将土样置于不受侧向限制的条件下进行的压力试验，此时土样所受的小主应力为 0，而大主应力的极限值即为无侧限抗压强度。

（2）方法标准

检测标准：《公路工程无机结合料稳定材料试验规程》JTG E51—2009；

判定标准：《公路路面基层施工技术细则》JTG/T F20—2015。

（3）仪器设备

1）标准养护室。

2）水槽：深度应大于试件高度 50mm。

3）压力机或万能试验机（也可用路面强度试验仪和测力计）：压力机应符合现行《液压式万能试验机》GB/T 3159—2008 和《试验机 通用技术要求》GB/T 2611—2022 中的要求，其测量精度为 ±1%，同时应具有加载速率指示装置或加载速率控制装置。上下压板平整并有足够刚度，可以均匀地连续加载卸载，可以保持固定荷载。开机停机均灵活自如，能够满足试件吨位要求，且压力机加载速率可以有效控制在 1mm/min。

4）电子天平：量程 15kg，感量 0.1g；量程 4000g，感量 0.01g。

5）量筒、拌合工具、大小铝盒、烘箱、球形支座等。

（4）检测步骤

1）试样制备和养护

① 细粒土，试模尺寸为 ϕ50mm×50mm；中粒土，试模尺寸为 ϕ100mm×100mm；粗粒土，试模尺寸为 ϕ150mm×150mm。

② 按照《公路工程无机结合料稳定材料试验规程》JTG E51—2009 方法成型径高比为 1∶1 的圆柱形试件。

③ 按照 JTG E51—2009 的标准养生方法进行 7d 的标准养生。

④ 将试件两顶面用刮刀刮平，必要时可用快凝水泥砂浆抹平试件顶面。

⑤ 为保证试验结果的可靠性和准确性，每组试件的数目要求为：小试件不少于 6 个；中试件不少于 9 个；大试件不少于 13 个。

2）试验步骤

① 根据试验材料的类型和一般的工程经验，选择合适量程的测力计和压力机，试件破坏荷载应大于测力量程的 20% 且小于测力量程的 80%。球形支座和上下顶板涂上机油，使球形支座能够灵活转动。

② 将已浸水一昼夜的试件从水中取出，用软布吸去试件表面的水分，并称试件的质量。

③ 用游标卡尺测量试件的高度，精确至 0.1mm。

④ 将试件放在路面材料强度试验仪或压力机上，并在升降台上先放一扁球座，进行抗压试验。试验过程中，应保持加载速率为 1mm/min。记录试件破坏时的最大压力。

⑤ 从试件内部取有代表性的样品（经过打破），按照 JTG E51—2009 中的方法，测定其含水量 w。

（5）计算

1）试件的无侧限抗压强度按下式计算。

$$R_C = \frac{P}{A} \tag{13-50}$$

式中：R_C——试件的无侧限抗压强度（MPa）；

P——试件破坏时的最大压力（N）；

A——试件的截面积（mm^2）。

$$A = \frac{1}{4}\pi D^2 \tag{13-51}$$

式中：D——试件的直径（mm）。

2）结果整理：

① 抗压强度保留一位小数。

② 同一组试件试验中，采用3倍均方差方法剔除异常值，小试件可以允许有1个异常值，中试件1～2个异常值，大试件2～3个异常值。异常值数量超过上述规定的试验重做。

③ 同一组试验的变异系数CV（％）符合下列规定，方为有效试验：小试件$CV \leqslant$ 6％；中试件$CV \leqslant 10$％；大试件$CV \leqslant 15$％。如不能保证试验结果的变异系数小于规定的值，则应按允许误差10％和90％概率重新计算所需的试件数量，增加试件数量并另做新试验。新试验结果与原试验结果一并重新进行统计评定，直到变异系数满足上述规定。

（6）报告

试验报告应包括以下内容：

1）材料的颗粒组成；

2）水泥的种类和强度等级，或石灰的等级；

3）重型击实的最佳含水量（％）和最大干密度（g/cm^3）；

4）无机结合料类型及剂量；

5）试件干密度（保留3位小数，g/cm^3）或压实度；

6）吸水量以及测抗压强度时的含水量（％）；

7）抗压强度，保留1位小数；

8）若干个试验结果的最小值和最大值、平均值$\overline{R}_C$、标准差S、变异系数CV和95％保证率的值$R_{co.95}$（$R_{co.95} = \overline{R}_C - 1.645S$）。

（7）常见问题

1）在进行强度试验时，试件需放置在竖向荷载的中心位置。

2）试验前，试件表面应用刮刀刮平，避免试件表面不均匀的突起物在试验过程中造成应力集中，导致试验数据失真。必要时，可用快凝的水泥砂浆抹面处理。如需要抹面，应在试件饱水前完成，然后进行饱水。

第十三节　水泥（石灰）剂量测定

8.水泥(石灰)剂量测定

第十四节　路况检查与技术状况评定简介

1. 公路技术状况检测

（1）一般规定

1）公路技术状况检测应包括路基、路面、桥隧构造物和沿线设施四部分内容。路面检测应包括路面损坏、路面行驶质量（平整度）、路面车辙深度、路面跳车、路面磨耗、路面抗滑性能和路面结构强度七项内容。

其中：沥青路面技术状况评定应包括路面损坏、路面平整度、路面车辙、路面跳车、路面磨耗、路面抗滑性能和路面结构强度七项内容；水泥混凝土路面技术状况评定应包括路面损坏、路面平整度、路面跳车、路面磨耗和路面抗滑性能五项内容。

公路技术状况体系构成如图 13-32 所示。

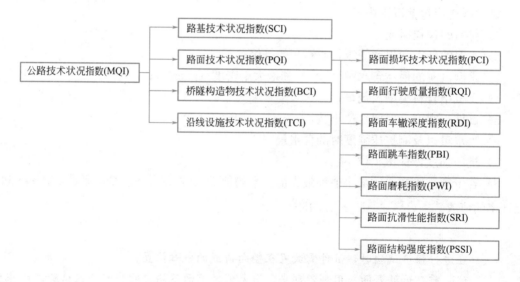

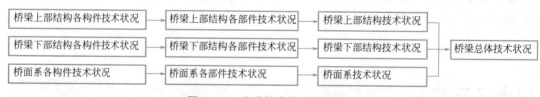

图 13-32　公路技术状况体系构成

2）公路技术状况检测与调查应以 1000m 路段长度为基本检测（或调查）单元。在路面类型、交通量、路面宽度和养管单位等变化处，检测（或调查）单元的长度可不受此规定限制。

3）公路技术状况检测与调查应按上行（桩号递增方向）和下行（桩号递减方向）两

个方向分别实施，二、三、四级公路可不分上下行检测与调查。

4）公路技术状况检测与调查的频率应按表 13-16 的规定执行。

公路技术状况检测与调查频率　　　　　　　　　表 13-16

检测与调查内容		沥青路面		水泥混凝土路面	
		高速、一级公路	二、三、四级公路	高速、一级公路	二、三、四级公路
路面（PQI）	路面损坏	1年1次	1年1次	1年1次	1年1次
	路面平整度	1年1次	1年1次	1年1次	1年1次
	路面车辙	1年1次	—	—	—
	路面跳车	1年1次	—	1年1次	—
	路面磨耗	1年1次	—	1年1次	—
	路面抗滑性能	2年1次	—	2年1次	—
	路面结构强度	抽样检测	抽样检测	—	—
路基（SCI）		1年1次			
桥隧构造物（BCI）		按现行标准规范的有关规定执行			
沿线设施（TCI）		1年1次			

注：①路面结构强度为抽样检测指标，抽样检测的路线或路段应按路面养护管理需要确定，最低抽样比例不得低于公路网列养里程的 20%。

②不具备自动化检测条件的路线或路段可采用人工调查方式，人工调查宜采用便携设备。

（2）路基技术状况检测与调查

1）路基技术状况可采用人工调查和自动化检测方式。

2）路基各类损坏调查应以 100m 为单位，按损坏程度，每 100m 计为 1 个扣分，每一个调查单元计算 1 个合并累计扣分。

3）路基技术状况应按《公路技术状况评定标准》JTG 5210—2018 第 5.1 节规定的损坏类型调查。路基损坏调查表的格式见 JTG 5210—2018 规范附录 A 表 A-1。

（3）路面技术状况自动化检测

1）路面技术状况自动化检测指标应包括路面破损率、国际平整度指数、路面车辙深度、路面跳车、路面构造深度、横向力系数和路面弯沉。其中，路面构造深度和横向力系数应为二选一指标。

2）路面技术状况自动化检测应符合《多功能路况快速检测设备》GB/T 26764—2011 和《公路路面技术状况自动化检测规程》JTG/T E61—2014 的规定。

3）路面技术状况检测应采用自动化检测设备。每个检测方向应至少检测一个主要行车道。二、三、四级公路的路面技术状况检测宜选择技术状况相对较差的方向。

4）路面损坏自动化检测应满足下列要求：

① 检测指标应为路面破损率，每 10m 应计算 1 个统计值。

② 路面损坏应纵向连续检测，横向检测宽度不应小于车道宽度的 70%。检测设备应能分辨约 1mm 的路面裂缝，检测数据宜采用机器自动识别，识别准确率应达到 90% 以上。

5）路面平整度自动化检测应满足下列要求：

① 应采用断面类检测设备。

② 检测指标应为国际平整度指数，每 10m 应计算 1 个统计值。

③ 超出设备有效检测速度或有效减速度范围的数据应为无效数据。

6) 路面车辙自动化检测应满足下列要求：

① 应采用断面类检测设备。

② 检测指标应为路面车辙深度，每 10m 应计算 1 个统计值。

③ 当横断面数据出现异常或横断面数据不完整时，该检测断面应为无效数据。

7) 路面跳车自动化检测应满足下列要求：

① 应采用断面类检测设备。

② 检测指标应为路面跳车，每 10m 应计算 1 个统计值。

8) 路面磨耗自动化检测应满足下列要求：

① 应采用断面类检测设备。

② 检测位置应为车道的左轮迹带、右轮迹带和无磨损的车道中线。

③ 检测指标应为路面构造深度，每 10m 应计算 1 个统计值。

9) 路面抗滑性能自动化检测应满足下列要求：

① 应采用横向力系数检测设备或其他具有有效相关关系的自动化检测设备，相关系数不应小于 0.95。

② 检测指标应为横向力系数，每 10m 应计算 1 个统计值。

10) 路面结构强度自动化检测应满足下列要求：

① 应采用与贝克曼梁具有有效相关关系的高效自动化弯沉检测设备，相关系数不应小于 0.95。

② 检测指标应为路面弯沉，每 20m 应计算 1 个统计值。

③ 路面弯沉检测应满足《公路路基路面现场测试规程》JTG 3450—2019 的规定。

（4）路面技术状况人工调查

1) 路面损坏人工调查应满足下列要求：

① 人工调查的路面损坏类型应满足《公路技术状况评定标准》JTG 5210—2018 规范相关的规定。同一位置存在多类路面损坏时，应计权重最大的损坏。

② 各类路面损坏应以 100m 为单位，按损坏程度，每 100m 计 1 个损坏，每一个调查单元计算 1 个累计损坏面积。

③ 路面损坏人工调查应包含所有行车道，紧急停车带应按路肩处理。沥青路面和水泥混凝土路面损坏调查表的格式见《公路技术状况评定标准》JTG 5210—2018 规范附录 A（表 A-2～表 A-3）。

2) 路面结构强度人工调查应满足下列要求：

① 应采用贝克曼梁。

② 检测指标应为路面弯沉。

③ 检测方法应满足《公路路基路面现场测试规程》JTG 3450—2019 的规定。

（5）桥隧构造物技术状况检测与调查

1) 桥隧构造物技术状况可采用人工调查和自动化检测方式。

2) 桥梁技术状况检测与调查应满足《公路桥梁技术状况评定标准》JTG/T H21—

2011 的规定。隧道技术状况检测与调查应满足《公路隧道养护技术规范》JTG H12—2015 的规定。涵洞技术状况检测与调查应满足《公路桥涵养护规范》JTG 5210—2021 的规定。

3）桥隧构造物检测与调查应以 100m 为单位，按评定等级，每 100m 计 1 个扣分，每一个调查单元计算 1 个合并累计扣分。

4）桥隧构造物损坏调查表的格式见《公路技术状况评定标准》JTG 5210—2018 规范附录 A 表 A-4。

（6）沿线设施技术状况检测与调查

1）沿线设施技术状况可采用人工调查和自动化检测方式。

2）沿线设施技术状况损坏类型应满足《公路技术状况评定标准》JTG 5210—2018 第 5.4 节的规定。

3）沿线设施的各类损坏应以 100m 为单位，按损坏程度，每 100m 计 1 个扣分，每一个调查单元计算 1 个合并累计扣分。

4）沿线设施损坏调查表的格式见《公路技术状况评定标准》JTG 5210—2018 规范附录 A 表 A-5。

2. 公路技术状况评定

（1）一般规定

1）公路技术状况评定应以 1000m 路段长度为基本评定单元。在路面类型、交通量、路面宽度和养管单位等变化处，评定单元的长度可不受此规定限制。

2）公路技术状况评定应计算优等路率、优良路率和次差路率三项统计指标。

3）公路技术状况评定明细表的格式见《公路技术状况评定标准》JTG 5210—2018 附录 A 表 A-6。公路技术状况评定汇总表、路面技术状况评定汇总表的格式见上述规范附录 A 表 A-7、附录 A 表 A-8。

（2）公路技术状况（MQI）评定

1）公路技术状况应采用公路技术状况指数 MQI 评定。MQI 应按式计算：

$$MQI = W_{SCI}SCI + W_{PQI}PQI + W_{BCI}BCI + W_{TCI}TCI \tag{13-52}$$

式中：W_{SCI}——SCI 在 MQI 中的权重，取值为 0.08；

W_{PQI}——PQI 在 MQI 中的权重，取值为 0.70；

W_{BCI}——BCI 在 MQI 中的权重，取值为 0.12；

W_{TCI}——TCI 在 MQI 中的权重，取值为 0.10。

2）对长度小于或大于 1000m 的非整千米评定单元，除 PQI 外，SCI、BCI 和 TCI 三项指标的实际扣分应换算成基本评定单元的扣分［实际扣分×基本评定单元长度（1000m）/实际评定单元长度］。桥隧构造物评价结果（BCI）计入桥隧构造物所属评定单元。

3）存在 5 类桥梁、5 类隧道、危险涵洞及影响交通安全的重度边坡坍塌的评定单元，MQI 值应取 0。

4）路线公路技术状况评定时，应采用路线内所有评定单元 MQI 的算术平均值作为该路线的 MQI。

5）公路网公路技术状况评定时，应采用公路网内所有路线 MQI 的长度加权平均值作为该公路网的 MQI。

6）MQI 及各级分项指标评价结果应保留两位小数。

---

3. 常见问题

（1）注意沥青路面、水泥混凝土路面技术状况评定内容上的不同。

（2）采用人工调查进行路面损坏调查时，不同路面的损坏面积换算的影响宽度是不同的，如沥青路面纵裂、横裂的影响宽度是 0.2m，车辙的影响宽度是 0.4m，水泥路面裂缝、错台的影响宽度是 1.0m。

（3）路面技术状况调查推荐采用自动化检测设备，以提高检测精度和工作效率。

思考题

1. 路基压实度的检测方法有哪些？如何获取最大干密度？
2. 简述灌砂法检测压实度的基本原理及注意事项。
3. 何谓回弹弯沉？回弹弯沉检测方法有哪些？
4. 路基压实度、沥青路面压实度在检测方法上有何区别？
5. 何谓平整度？常见的检测方法有哪些？
6. 表征路面抗滑性能的指标有哪些？构造深度与摩擦系数有何区别？
7. 为什么要控制沥青路面的渗水系数？你认为检测时比较好的密封材料有哪些？
8. 沥青混合料中沥青含量的测定方法有哪些？检测中应注意什么问题？
9. 如何提高燃烧炉法测定沥青混合料中沥青含量的检测精度？有哪些好的建议？
10. 何谓车辙动稳定度？试验中应关注哪些问题？
11. 简述公路技术状况评定体系组成与内容。
12. 你认为以后道路检测技术的发展方向与趋势是什么？有哪些好建议？

第十四章

桥梁检测技术

知识目标

1. 了解桥梁检测技术的检测方法分类；

2. 熟悉各检测方法的检测内容及原理，熟悉桥梁健康监测技术内容及方案设计；

3. 掌握桥梁技术状况评定、桥梁荷载试验、桥梁承载能力评定、锚下有效预应力检测、孔道摩阻损失检测、注浆密实度检测等技术及数据处理。

能力目标

1. 能熟练使用桥梁检测相关仪器设备，应用桥梁技术状况评定、桥梁荷载试验、桥梁承载能力评定、锚下有效预应力检测、孔道摩阻损失检测、注浆密实度检测对桥梁进行现场检测；

2. 能对桥梁工程的检测数据进行计算、分析、评价并出具相应报告。

素质目标

交通强国、质量强国、科学严谨、精益求精、数据说话。

思维导图

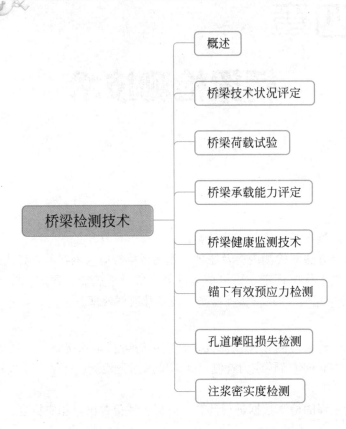

概述

桥梁技术状况评定

桥梁荷载试验

桥梁承载能力评定

桥梁检测技术

桥梁健康监测技术

锚下有效预应力检测

孔道摩阻损失检测

注浆密实度检测

第一节 概述

　　根据交通运输部发布的《2021 年交通运输行业发展统计公报》，截至 2021 年末全国公路总里程 528.07 万公里，比上年末增加 8.26 万公里。公路密度 55.01 公里/百平方公里，增加 0.86 公里/百平方公里（图 14-1）。公路养护里程 525.16 万公里，占公路总里程比重为 99.4%。

　　2021 年末全国公路桥梁 96.11 万座、7380.21 万延米，比上年末分别增加 4.84 万座、751.66 万延米，其中特大桥梁 7417 座、1347.87 万延米，大桥 13.45 万座、3715.89 万延米。全国公路隧道 23268 处、2469.89 万延米，增加 1952 处、269.96 万延米，其中特长隧道 1599 处、717.08 万延米，长隧道 6211 处、1084.43 万延米。

　　在建设期，隐蔽工程的质量控制非常重要，包括预应力张拉、灌浆密实度等质量控制环节。桥梁建成后，随着结构的不断运营，加上环境影响、建材劣化、施工原有缺陷、超载因素等，桥梁结构会出现不同程度的损伤和病害，如开裂、下挠、锈蚀等。因此，桥涵检测在整个运营安全层面来说，显得非常重要，而且需要采取定期检测的方法，掌握桥梁损伤程度和特征，从而为桥涵安全性评价提供依据。

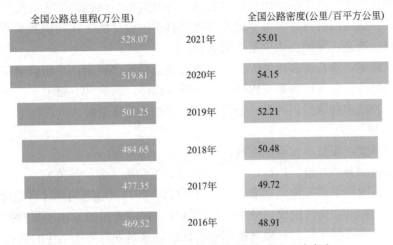

图 14-1　2016～2021 年全国公路总里程及公路密度

公路桥梁检测的主要内容包括外观损伤、内部缺陷、力学性能及几何参数检测等。目前，外观损伤仍以人工目测为主，工作强度大、效率低，需要借助检测支架或检测车等设备接近结构表面，对检测人员的专业知识和经验要求较高。非接触式检测方法近年来有了较大发展，在结构内部缺陷检测方面应用较多，但技术上仍不成熟。结构的力学性能检测难度更大，如恒载下的结构控制截面应力及钢束应力等，这些力学指标对桥梁结构安全性评价起着重要的作用。近年来，基于不同理论和方法的检测手段，有力地推动了桥梁检测技术的发展。与此同时，在役桥梁的评价方法也在不断发展和进步，提出了一系列桥梁承载力和安全性评价方法。

结合当前行业的检测热点，本章将根据《公路桥涵养护规范》JTG 5120—2021 等行业规范，将重点介绍桥涵定期技术状况评定、桥梁荷载试验、桥梁承载力检测评定等工作，同时对当前的其中一个热点——桥梁健康监测作介绍；同时对在建设工程中的锚下预应力检测、孔道摩阻损失检测、注浆密实度检测进行介绍，希望可以帮助大家对桥涵检测技术有全面的了解。

第二节　桥梁技术状况评定

1. 基本知识

桥梁技术状况评定的目的是根据规范、标准的方法来取得对现有桥梁状况的把握，并对桥梁状况发展的趋势做出预测，以尽可能地反映桥梁在当前的状况。

桥梁技术状况反映了桥梁现状等级。桥梁技术状况评定的主要任务是通过桥梁存在的缺损状况，通过缺损状况研究桥梁退化的原因，确定维护维修方案，以使结构（或构件）维持在安全的状况。桥梁结构状况评定的另一任务是根据技术状况评定结果得到正确的维修措施，根据桥梁状况评定结果确定哪些桥梁破坏最严重和最迫切需要维修；将有限的资源作最优的分配，使桥梁发挥最大效用。

公路桥梁评定是对桥梁的使用功能（宏观）、使用价值（微观）、承载能力（微观）进行的综合评价。通过旧桥评定，可鉴定其是否仍具有原设计的工作性能及承载能力，进而为桥梁的维修、改造、加固提供决策性的意见。

桥梁状况评定，涉及许多相关因素：一条线路包括许多桥梁；一座桥梁包括上部、下部和基础，每部分又包含许多基本构件；一个基本构件，因设计、施工、使用中的多种原因可能存在一种或多种缺损；可见，公路旧桥评定是十分复杂的。

2. 方法标准

对于公路桥梁，现行的检测标准有：

1）《公路桥涵养护规范》JTG 5120—2021（以下简称《养护规范》）；

2）《公路桥梁技术状况评定标准》JTG/T H21—2011（以下简称《评定标准》）。

由于不同的标准在构件组成、分类以及计算桥梁评定等级的方法不尽相同，因此对于不同的桥梁，必须选择正确的标准对桥梁进行评定，这是做好外业工作的前提条件。

3. 仪器设备

桥梁定期检测常用的仪器包括：裂缝宽度观测仪、钢筋锈蚀仪、保护层厚度探测仪、回弹仪、碳化深度测试工具、望远镜、卷尺、钢尺等。

4. 桥涵技术状况检测工作

（1）工作流程

首先，根据制定的桥梁检查计划进行桥梁现场检查（缺陷部位、范围、程度进行记录并拍照），并对各构件检测指标的技术状况进行现场评定（1～5 类，即按构件查表，得到每种缺陷的扣分值，按照由大到小的顺序排列，计算其所对应的实际扣分值和构件评分值）。如果在现场评定时，桥梁符合 5 类桥单项控制指标则桥梁，总体技术状况直接可以评定为 5 类。

第二步，桥梁各部件评定：计算部件技术状况评分值，进行部件技术状况的评定。

第三步，桥梁结构评定：进行桥梁上部结构、下部结构、桥面系结构计算评定。

第四步，桥梁总体技术状况评定：根据上部结构、下部结构、桥面系的技术状况计算全桥技术状况。

（2）检测内容

1）混凝土梁桥上部结构检查应包括下列内容：

① 混凝土构件有无开裂及裂缝是否超限，有无渗水、蜂窝、麻面、剥落、掉角、空洞、孔洞、露筋及钢筋锈蚀。

② 主梁跨中、支点及变截面处，悬臂端牛腿或中间铰部位，刚构的固结处和桁架的节点部位，混凝土是否开裂、缺损，钢筋有无锈蚀。

③ 预应力钢束锚固区段混凝土有无开裂，沿预应力筋的混凝土表面有无纵向裂缝。

④ 桥面线形及结构变位情况。

⑤ 混凝土碳化深度、钢筋锈蚀检测。

⑥ 主梁有无积水、渗水，箱梁通风是否良好。

⑦ 组合梁的桥面板与梁的结合部位及预制桥面板之间的接头处混凝土有无开裂、渗水。

⑧ 装配式梁桥的横向连接构件是否开裂，连接钢板的焊缝有无锈蚀、断裂。

2）拱桥上部结构检查应包括下列内容：

① 主拱圈是否变形、开裂、渗水，拱脚是否发生位移。

② 圬工拱桥拱圈的灰缝有无松散、剥离或脱落，砌块有无风化、断裂、压碎、局部掉块、脱落。

③ 行车道板、横梁、纵梁及拱上立柱（墙）、盖梁、垫梁的混凝土有无开裂、剥落、露筋和锈蚀。空腹拱的腹拱圈有无较大的变形、开裂、错位，立墙或立柱有无倾斜、开裂。

④ 拱的侧墙与主拱圈间有无脱落，侧墙有无鼓凸变形、开裂，实腹拱拱上填料有无沉陷，排水是否正常。

⑤ 拱桥的横向连接有无变位、开裂、松动、脱落、断裂、钢筋外露、锈蚀等，连接部钢板有无锈蚀、断裂。

⑥ 双曲拱桥拱波与拱肋结合处是否开裂、脱开，拱波之间砂浆有无松散、脱落，拱波是否开裂、渗水等。

⑦ 劲性骨架的拱桥，混凝土是否沿骨架出现纵向或横向裂缝。

⑧ 吊杆索力有无异常变化。吊杆防护套有无开裂、鼓包、破损，必要时可打开防护套，检查吊杆钢丝涂膜有无劣化，钢丝有无锈蚀、断丝。钢套管有无锈蚀、损坏，内部有无积水；吊杆导管端密封减振设施和其他减振装置有无病害及异常等。

⑨ 逐个检查吊杆锚头及周围锚固区的情况，锚具是否渗水、锈蚀，是否有锈水流出的痕迹，锚固区是否开裂。必要时可打开锚具后盖抽查锚杯内是否积水、潮湿，防锈油是否结块、乳化失效，锚杯是否锈蚀。锚头是否锈蚀，镦头或夹片是否异常，锚头螺母位置有无异常。

⑩ 拱桥系杆外部涂层是否劣化，系杆有无松动，锚头、防护罩、钢箱有无锈蚀、损坏。

⑪ 钢管混凝土拱桥钢管内混凝土密实度检测，检查频率宜为3～6年1次。

3）钢桥上部结构检查应包括下列内容：

① 构件涂层劣化情况。

② 构件锈蚀、裂缝、变形、局部损伤。

③ 焊缝开裂或脱开。

④ 铆钉和螺栓松动、脱落或断裂。

⑤ 结构的跨中挠度、结构变位情况。

⑥ 钢箱梁内部湿度是否符合要求，除湿设施是否工作正常。

4）钢-混凝土组合梁桥和混合梁桥的检查应包括下列内容：

① 桥面板与梁的结合部位有无纵向滑移、开裂。

② 预制桥面板之间的接头处混凝土有无开裂、压溃、渗水、错位。

③ 混凝土梁段与钢梁段结合处构造功能是否正常，接合面有无脱开、渗漏、错位、承压钢板变形等。

5）斜拉桥上部结构及索塔的检查应包括下列内容：

① 桥塔有无异常变位，锚固区是否有开裂、水渍，有无渗水现象。混凝土结构有无缺损、裂缝、剥落、露筋、钢筋锈蚀。钢结构涂装是否粉化、脱落、起泡、开裂，钢结构

是否锈蚀、变形、裂缝；螺栓是否缺失、损坏、松动；钢与混凝土连接是否完好。

② 拉索索力有无异常变化，观测斜拉索线形有无异常。

③ 斜拉索防护套有无开裂、鼓包、破损、老化变质，必要时可以打开防护套，检查斜拉索的钢丝涂层劣化、破损、锈蚀及断丝情况。

④ 逐个检查锚具及周围锚固区的情况，锚具是否渗水、锈蚀，是否有锈水流出的痕迹，锚固区是否开裂。必要时可打开锚具后盖抽查锚杯内是否积水、潮湿，防锈油是否结块、乳化失效，锚杯是否锈蚀。锚头是否锈蚀、开裂，镦头或夹片是否异常，锚头螺母位置有无异常。

⑤ 主梁的检测还应检查梁体拉索锚固区域的混凝土结构是否开裂、渗水，钢结构是否有裂纹、锈蚀、渗水。

⑥ 钢护筒是否脱漆、锈蚀，钢护筒内有无积水，钢护筒与斜拉索密封是否可靠，橡胶圈是否老化或严重磨损，橡胶圈固定装置有无损坏，阻尼器有无异常变形、松动、漏油、螺栓缺失、结构脱漆、锈蚀、裂缝。

⑦ 桥梁构件气动外形是否发生改变；气动措施和风障是否完好；钢主梁检修车轨道、桥面风障、护栏、栏杆的形状及位置是否发生改变。

6）悬索桥主要构件的检查应包括下列内容：

① 桥塔有无异常变位，混凝土结构有无缺损、裂缝、剥落、露筋、钢筋锈蚀。钢结构涂装是否粉化、脱落、起泡、开裂，钢结构是否锈蚀、变形、裂缝；螺栓是否缺失、损坏、松动；钢与混凝土连接是否完好。

② 主缆线形是否有变化。主缆防护有无老化、开裂、脱落、刮伤、磨损；主缆是否渗水，缠丝有无损伤、锈蚀，必要时可以打开涂层和缠丝，检查索股钢丝涂膜有无劣化，钢丝有无锈蚀、断丝。锚头防锈漆是否粉化、脱落、开裂，抽查锚头防锈油是否干硬、失效，锚头是否锈蚀、开裂，镦头或夹片是否异常，锚头螺母位置有无异常。

③ 吊索索力有无异常变化；吊索防护套有无裂缝、鼓包、破损，必要时可以打开防护套，检查吊索钢丝涂膜有无劣化，钢丝有无锈蚀、断丝。钢套管有无锈蚀、损坏，内部有无积水；吊索导管端密封减振设施和其他减振装置有无病害及异常等。

④ 逐个检查吊索锚头及周围锚固区的情况，锚具是否渗水、锈蚀，是否有锈水流出的痕迹，锚固区是否开裂。必要时可打开锚具后盖抽查锚杯内是否积水、潮湿，防锈油是否结块、乳化失效，锚杯是否锈蚀。锚头是否锈蚀、开裂，镦头或夹片是否异常，锚头螺母位置有无异常。

⑤ 索夹螺栓有无缺失、损伤、松动；索夹有无错位、滑移；索夹面漆有无起皮脱落，密封填料有无老化、开裂；索夹外观有无裂缝及锈蚀；测试索夹螺栓紧固力。

⑥ 加劲梁的检测参照钢筋混凝土梁或钢结构梁的检测要点。

⑦ 主索鞍、散索鞍上座板与下座板有无相对位移、卡死、辊轴歪斜，鞍座螺杆、锚栓有无松动现象。鞍座内密封状况是否良好。索鞍有无锈蚀、裂缝，索鞍涂装有无粉化、裂缝、起泡、脱落，主缆和索鞍有无相对滑移。

⑧ 锚碇外观有无明显病害，如裂缝、空洞等；锚碇有无沉降、扭转及水平位移。锚室顶板、侧墙表面状况是否完好。锚室内有无渗漏水、是否积水、温湿度是否符合要求；除湿设备运行是否正常。

⑨ 索股锚杆涂层是否完好，有无锈蚀、裂纹病害。

⑩ 桥梁构件气动外形是否发生改变；气动措施和风障是否完好；钢主梁检修车轨道、桥面风障、护栏、栏杆的形状及位置是否发生改变。

7）支座的检查应包括下列内容：

① 支座是否缺失。组件是否完整、清洁，有无断裂、错位、脱空。

② 活动支座实际位移量、转角量是否正常，固定支座的锚销是否完好。

③ 橡胶支座是否老化、开裂，有无位置串动、脱空，有无过大的剪切变形或压缩变形，各夹层钢板之间的橡胶层外凸是否均匀。

④ 四氟滑板支座是否脏污、老化，聚四氟乙烯板是否磨损、是否与支座脱离、是否倒置。

⑤ 盆式橡胶支座的固定螺栓是否剪断，螺母是否松动，钢盆外露部分是否锈蚀，防尘罩是否完好，抗震装置是否完好。

⑥ 组合式钢支座是否干涩、锈蚀，固定支座的锚栓是否紧固，销板或销钉是否完好。钢支座部件是否出现磨损、开裂。

⑦ 摆柱支座各组件相对位置是否准确。混凝土摆柱的柱体有无破损、开裂、露筋，钢筋及钢板有无锈蚀，活动支座滑动面是否平整。

⑧ 辊轴支座的辊轴是否出现爬动、歪斜。摇轴支座是否倾斜。轴承是否有裂纹、切口或偏移。

⑨ 球形支座地脚螺栓有无剪断，螺纹有无锈死，支座防尘密封裙有无破损，支座相对位移是否均匀，支座钢组件有无锈蚀。

⑩ 支承垫石是否开裂、破损。

⑪ 简易支座的油毡是否老化、破裂或失效。

⑫ 支座螺纹、螺母是否松动，锚螺杆有无剪切变形，上下座板（盆）的锈蚀状况。

⑬ 支座封闭材料是否老化、开裂、脱落。

⑭ 斜拉桥、悬索桥的纵向和横向限位支座的检测，检测内容上述①～⑬执行。

8）墩台与基础的检查应包括下列内容：

① 墩身、台身及基础变位情况。

② 混凝土墩身、台身、盖梁、台帽及系梁有无开裂、蜂窝、麻面、剥落、露筋、空洞、孔洞、钢筋锈蚀等。

③ 墩台顶面是否清洁，有无杂物堆积，伸缩缝处是否漏水。

④ 圬工砌体墩身、台身有无砌块破损、剥落、松动、变形、灰缝脱落，砌体泄水孔是否堵塞。

⑤ 桥台翼墙、侧墙、耳墙有无破损、裂缝、位移、鼓肚、砌体松动。台背填土有无沉降或挤压隆起，排水是否畅通。

⑥ 基础是否发生冲刷或淘空现象，地基有无侵蚀。水位涨落、干湿交替变化处基础有无冲刷磨损、颈缩、露筋，有无开裂，是否受到腐蚀。

⑦ 锥坡、护坡有无缺陷、冲刷。

9）附属设施检查应包括下列内容：

① 养护检修设施是否完好。

② 减振、阻尼装置是否完好。

③ 墩台防撞设施是否完备。

④ 桥上避雷装置是否完好。

⑤ 桥上航空灯、航道灯是否完好，能否保证正常照明。桥面照明及结构物内供养护检修的照明系统是否完好。

⑥ 防抛网、声屏障是否完好。

⑦ 结构监测系统仪器设备工作是否正常。

⑧ 除湿设备工作是否正常。

10）河床及调治构造物的检查应包括下列内容：

① 桥位段河床有无明显冲淤或漂流物堵塞现象，有无冲刷及变迁状况。河底铺砌是否完好。

② 调治构造物是否完好，功能是否适用。

（3）现场记录

1）构件数量

构件是评定一个桥梁的最基本单元，因此在检测前，检测过程中，检测后都需要对桥梁的构件数量进行核实。

2）原始记录

① 对于桥梁的现场情况、桥梁尺寸应记录完整，需包括：桥梁结构形式、跨径组合、桥面宽度、受力构件断面尺寸、限载情况等。

② 任何病害的记录建议遵循一个记录习惯："构件"＋"位置"＋"病害类型"＋"程度"＋"适当补充（如需要）"，例如：

右幅 1-1 号梁腹板左侧距 1 号墩 5.00m 处存在 1 条竖向裂缝，长 1.00m，宽 0.20mm。

右幅 0 号台台帽距右侧 4.00m 存在 1 处竖向露筋，长 0.30m，钢筋中度锈蚀。

3）现场标记

① 现场应用粉笔或记号笔标记桥梁的检测日期。

② 现场发现的病害应进行标记。

a. 裂缝应用粉笔或记号笔把裂缝走向画出，并标记出最宽处的位置，写上长、宽及日期。

b. 对于蜂窝、麻面、混凝土剥落等病害，应将大致的面积圈出，并标记上病害的类型及病害的面积。

c. 对于支座类病害，如支座开裂、滑移等病害，应在支座下方标记出支座的编号，并写上病害类型，若是剪切变形或滑移，应用标记出相应的剪切变形方向。

d. 在每一个已检测的桥跨明显的位置用记号笔记录"已检""检测日期"等信息。

4）照片拍摄

① 正面、立面照、结构照。这些照片是报告里面必备照片，也是建立桥梁档案的必要文件。照片必须清晰，能反映结构的类型。

② 所有病害照片，必须以能够清晰看出病害所在的是什么结构为前提，而不应该是病害的局部照或者是放大照，如照片中的结构物不能清晰看出病害的分布，在报告编写时应用虚线、箭头等方法将病害的分布、位置加以强调。

③ 照片应尽量避免有其他物体如植物、其他人员等过多的干扰。

④ 在光线较暗的地方，应利用手电筒等辅助光源辅助相机对焦，并利用闪光灯补光。

⑤ 所有照片应该在原始记录中做好详细的记录，外业工作完成后必须及时将照片导入电脑，以免照片的丢失。

（4）桥梁技术状况评定

1）检测指标扣分值

检测指标扣分值见表 14-1。

检测指标扣分值 表 14-1

检测指标所能达到的最高标度类别	指标标度				
	1 类	2 类	3 类	4 类	5 类
3 类	0	20	35	—	—
4 类	0	25	40	50	—
5 类	0	35	45	60	100

表中第一列表示指标所能达到的最高标度类别，由于发生在不同构件各病害对桥梁影响程度不同，每种病害的最严重等级也不同。病害最严重等级分为 3 级、4 级、5 级（例如：蜂窝麻面最严重等级为 3 级，主梁的裂缝最严重等级为 5 级）。

指标标度指病害实际评定的等级，病害实际评定的指标等级应根据构件中病害的数量、尺寸、范围，根据《养护规范》中第五章～第十章中对应的定性、定量描述来确定病害实际的评定标度。来确定病害实际的评定标度，当定性定量描述出现矛盾时，例如某病害按定性描述评定为 2 类指标，按定量描述评定为 3 类指标，那么检测工程师可根据实际情况判断该病害指标属于几类。

通过表 14-1（构件各检测指标扣分值表）将不同病害进行分级扣分，某些病害达到最严重也仅能评为 3 级，此病害扣分为 35 分；某些病害达到最严重评为 4 级，此病害扣分为 50 分；某些病害达到最严重能评为 5 级，此病害扣分为 100 分，按照这种扣分方法能体现出不同病害对桥梁影响程度的不同。

实例说明：

某桥护栏破损，构件出现混凝土剥落、露筋现象，累计面积＞10%且≤20%，如图 14-2 所示。

首先根据栏杆属于桥面系，到目录中找到桥面系的栏杆、护栏，然后找到《评定标准》10.4 节，关于栏杆、护栏的评定指标及分级评定，剥落、露筋应归入表 10.4.1-2 破损指标中，根据病害累计面积＞10%且≤20%，该评定指标标度为"3"，检测指标所能达到的最高标度类别为"4"。根据以上信息，对应《评定标准》表 4.1.1，该指标扣分值 $DP_{ij}=40$ 分。

2）构件技术状况评分

$$PMCI_i(BMCI_i \text{ 或 } DMCI_i) = 100 - \sum_{x=1}^{k} U_x \qquad (14\text{-}1)$$

当 $x=1$ 时 $U_1 = DP_{i1}$

护栏剥落露筋

图 14-2　护栏剥落露筋

当 $x \geqslant 2$ 时　$U_x = \dfrac{DP_{ij}}{100 \times \sqrt{x}} \times \left(100 - \sum\limits_{x=1}^{k} U_x\right)$，（其中 $j = x$）

当 $DP_{ij} = 100$ 时　$PMCI_i$（$BMCI_i$ 或 $DMCI_i$）$= 0$

式中：$PMCI_i$——上部结构第 i 类部件 l 构件的得分，值域为 0～100 分；

　　　$BMCI_i$——下部结构第 i 类部件 l 构件的得分，值域为 0～100 分；

　　　$DMCI_i$——桥面系第 i 类部件 l 构件的得分，值域为 0～100 分；

　　　　k——第 i 类部件 l 构件出现扣分的指标的种类数；

　U、x、y——引入的变量；

　　　　i——部件类别，例如 i 表示上部承重构件、支座、桥墩等；

　　　　j——第 i 类部件 l 构件的第 j 类检测指标；

　　　DP_{ij}——第 i 类部件 l 构件的第 j 类检测指标的扣分值。

构件技术状况评分方法特点：

① 构件病害增多，构件分数降低。

② 无论构件病害程度与病害数量如何增加，构件得分数始终 $\geqslant 0$ 分。

评定计算的构件、部件、桥面系、上部结构、下部结构、全桥技术状况评分均四舍五入保留一位小数。构件只有技术状况评分，无技术状况等级；部件、桥面系、上部结构、下部结构、全桥技术状况等级应根据评分结果以及桥梁技术状况分类界限表来确定。

【例 14-1】桥梁构件的技术状况评分算例（构件仅出现一种缺损，该类缺损仅在一处出现）。

某桥上部结构主要结构形式为预应力混凝土连续箱形梁。该桥第六跨上部承重构件病害情况：梁底出现有一道裂缝，未发现其他病害，病害示意如图 14-3 所示。

计算过程如下：该桥为连续梁桥，其"裂缝"缺损指标应参考《评定标准》表 5.1.1-12，按照定性描述，主梁出现轻微裂缝，缝宽未超限，评定标度为"2"，按照定量描述，主梁裂缝缝长 $\leqslant$ 截面尺寸的 1/3，评定标度为"2"，以此判断该缺损指标度

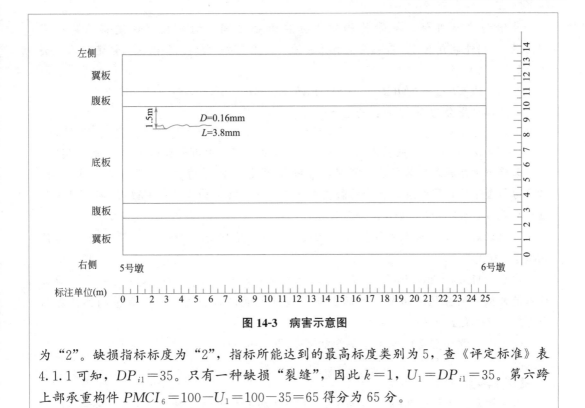

图 14-3　病害示意图

为"2"。缺损指标标度为"2"，指标所能达到的最高标度类别为 5，查《评定标准》表 4.1.1 可知，$DP_{i1}=35$。只有一种缺损"裂缝"，因此 $k=1$，$U_1=DP_{i1}=35$。第六跨上部承重构件 $PMCI_6=100-U_1=100-35=65$ 得分为 65 分。

3）部件技术状况评分

$$PCCI_i = PMCI - (100 - PMCI_{min}) / t \tag{14-2}$$

或
$$BCCI_i = BMCI - (100 - BMCI_{min}) / t \tag{14-3}$$

或
$$DCCI_i = DMCI - (100 - DMCI_{min}) / t \tag{14-4}$$

部件技术状况评分方法特点：

① 组成部件的单个构件分数越低，部件分数降低。

② 考虑最差构件对桥梁整体安全性、实用性的影响，通过最差构件得分对构件得分平均值进行修正。

③ 主要部件中缺损状况严重的构件对桥梁安全影响非常大，当主要部件中的构件评分值在 [0，40) 时，主要部件的评分值不再按《评定标准》公式（4.12）进行计算，部件直接取此构件的评分值，若多个构件均低于 40 分，则选取最低构件得分值作为部件得分值。

【**例 14-2**】桥梁部件的技术状况评分算例（次要部件算例），某桥下部结构为轻型桥台，四个耳墙，分别为 L_0、R_0、L_1、R_1。

其中第 L_0、R_0、L_1 号耳墙出现病害，R_1 号耳墙均未发现病害。构件评分 $PMCI_1$ 按 4.1.1 中计算方法进行计算，假设经过计算得到各构件得分：$PMCI_1=35$，$PMCI_2=60$，$PMCI_3=75$，其他 $PMCI_4=100$。

耳墙为次要部件，不管其构件得分在哪个区间，均应按《评定标准》公式（4.1.2）。构件数 n 为 4，查《评定标准》表 4.1.2 可知，$t = 9.5$ 根据《评定标准》公式（4.1.2）：

$$PCCI_{耳墙} = PMCI - (100 - PMCI_{min})/t = 67.5 - 65/9.5 = 60.7$$

耳墙部件得分为 60.7 分，为 3 类部件。

【例 14-3】桥梁部件的技术状况评分算例（主要部件中有分数低于 40 分时算例）。

某桥上部结构形式为预应力混凝土连续箱形梁，共 10 跨。其中第 2 跨、第 6 跨、第 7 跨箱型梁均出现病害，其余跨箱型梁均未发现病害。构件评分 $PMCI_1$ 按《评定标准》公式（4.1.2）中计算方法进行计算：

假设经计算得出以下构件得分：$PMCI_2 = 30$，$PMCI_6 = 38$，$PMCI_7 = 65$，其他 $PMCI = 100$。

由于 $PMCI_2 = 30$，$PMCI_6 = 38$，此两个构件的评分值在 [0，40) 区间，主要部件取最差构件的分值。因此该桥的上部承重（主梁）的 $PCCI$ 值取最差构件评分值 $PCCI_{主梁} = PMCI_2 = 30$。

故上部承重（主梁）部件得分为 30 分，为 5 类部件。

【例 14-4】t 值计算实例

当构件数小于等于 30 时，《评定标准》中表 4.1.2 均有对应的 t 值，如上例中，构件数为 10，直接查表得出 $t = 8.1$。当构件数大于 30，部分 t 值未列出，未列出的 t 值采用直线内插法计算。

例如构件数为 35，需要采用直线内插法进行计算，计算步骤如下：

① 查表得出构件数为 30 时对应 t 值为 5.4，构件数为 40 时对应 t 值为 4.9。

② 根据以上结果采用直线内插法进行计算：

$$t = 5.4 + (35-30) \times (4.9 - 5.4) = 5.4 - 2.5 = 2.9$$

4）上部结构、下部结构、桥面系技术状况评分

$$SPCI(SBCI \text{ 或 } BDCI) = SPCCI_i(BCCI_i \text{ 或 } DCCI_i)w_i \qquad (14-5)$$

该公式与全桥的技术状况评分计算方法类似，都是采用加权求和法进行。

在采用该方法进行计算时，应注意实际工作中当存在某座桥梁没有设置部件，如单跨桥梁无桥墩、部分桥梁无人行道等类似情况。需要根据此构件隶属于上部构件、下部构件或桥面系关系，将此缺失构件的权重值分配给其他部件。分配方法采用将缺失部件权重值按照既有部件权重在全部既有部件权重中所占比例进行分配的方法，保证既有部件参与评价，使桥梁评价更符合实际情况。

【例 14-5】高速公路某桥没有人行道。

人行道属于桥面系，该桥未设置人行道，应将人行道所占的权重分配给桥面系的其他 5 个部件，权重分配按照表 14-2 进行。

部位	类别	部件名称	权重	重新分配后权重	计算式
上部结构	1	上部承重构件（主梁、挂梁）	0.70	0.70	无
	2	上部一般构件（湿接缝、横隔板等）	0.18	0.18	无
	3	支座	0.12	0.12	无
下部结构	4	翼墙、耳墙	0.02	0.02	无
	5	锥坡、护坡	0.01	0.01	无
	6	桥墩	0.30	0.30	无
	7	桥台	0.30	0.30	无
	8	墩台基础	0.28	0.28	无
	9	河床	0.07	0.07	无
	10	调治构造物	0.02	0.02	无
桥面系	11	桥面铺装	0.40	0.44	$\dfrac{0.4}{(0.4+0.25+0.1+0.1+0.05)}\times 0.1+0.4$
	12	伸缩缝装置	0.25	0.28	$\dfrac{0.25}{(0.4+0.25+0.1+0.1+0.05)}\times 0.1+0.25$
	13	人行道	0.10	0	无
	14	栏杆	0.10	0.11	$\dfrac{0.1}{(0.4+0.25+0.1+0.1+0.05)}\times 0.1+0.1$
	15	排水系统	0.10	0.11	$\dfrac{0.1}{(0.4+0.25+0.1+0.1+0.05)}\times 0.1+0.1$
	16	照明、标志	0.05	0.06	$\dfrac{0.05}{(0.4+0.25+0.1+0.1+0.05)}\times 0.1+0.05$

无人行道桥梁权重分配表　　表 14-2

5）桥梁总体技术状况评分

$$D_r = DCI \times W_D + SPCI \times W_{SP} + SBCI \times W_{SB} \tag{14-6}$$

桥梁总体技术状况评分采用加权求和法，上部结构、下部结构分别占权重 0.4，桥面系占权重 0.2。

【例 14-6】某桥经计算：上部结构 $SPCI=82$（2 类），下部结构 $SBCI=75$（3 类），桥面系 $DCI=83$（2 类）。

$$D_r = DCI \times W_D + SPCI \times W_{SP} + SBCI \times W_{SB} = 82 \times 0.4 + 75 \times 0.4 + 83 \times 0.2 = 79.4$$

桥梁总体技术状况评分在 $60 \leqslant D_r < 80$ 之间，该桥梁总体技术状况评分评定为 4 类。

在进行上部结构、下部结构、桥面系的评定综合评定时，依据不同桥型各部件重要程度的不同，给予了各类型桥梁部件不同的权重。在进行全桥的综合评定时依据上部结构、下部结构、桥面系重要程度的不同，分别给予了上部结构的权重、下部结构的权重、桥面系的权重。由于各地环境条件不同，除了采用《评定标准》的推荐值外，还允许依据实际情况进行调整。调整权重可采用专家评估法，调整值应经过批准认可，对主要构件的权重则不宜减少。

6）特殊情况评定

当上部结构和下部结构技术状况等级为 3 类、桥面系技术状况等级为 4 类，且桥梁总体技术状况评分为 $40 \leqslant D_r < 60$ 时，桥梁总体技术状况等级可评定为 3 类。

> **【例 14-7】** 某桥经计算：上部结构 $SPCI = 62$（3 类），下部结构 $SBCI = 62$（3 类），桥面系 $DCI = 40$（4 类）。
>
> $$D_r = DCI \times W_D + SPCI \times W_{SP} + SBCI \times W_{SB} = 62 \times 0.4 + 62 \times 0.4 + 45 \times 0.2$$
> $$= 58.6$$
>
> 桥梁总体技术状况评分在 $40 \leqslant D_r < 60$ 之间，该桥可以按照桥梁总体技术状况评分评定为 4 类，也可以评定为 3 类。

7）最差部件评定法

全桥总体技术状况等级评定时，当主要部件评分达到 4 类或 5 类且影响桥梁安全时，可按照桥梁主要部件最差的缺损状况评定。

> **【例 14-8】** 某桥预应力混凝土空心板梁桥，梁底出现多道横向裂缝，其中 1-2 片梁跨中处出现横向裂缝，长 0.5m，宽 0.15mm。经计算：
>
> 上部结构 $SPCI = 62.5$（包括上部承重构件、上部一般构件、支座）
>
> 其中上部结构中各部件：$PCCI$ 上部承重构件 $= 50$，$PCCI$ 上部一般构件 $= 90$，$PCCI$ 支座 $= 95$。
>
> 下部结构 $SBCI = 65$，桥面系 $DCI = 80$。
>
> $$D_r = DCI \times W_D + SPCI \times W_{SP} + SBCI \times W_{SB} = 62.5 \times 0.4 + 65 \times 0.4 + 80 \times 0.2$$
> $$= 67$$

桥梁总体技术状况评分在 $60 \leqslant D_r < 80$ 之间，按照《评定标准》中表 4.1.5，该桥评定为 3 类，但是考虑到该桥预应力混凝土梁跨中裂缝达到 0.15mm，影响桥梁安全，且其中 $PCCI$ 上部承重构件 $= 50$，参考《评定标准》表 4.1.5，上部承重评定为 4 类，全桥总体技术状况也可以根据最差部件评定为 4 类。全桥最终采用哪种评定方法还应根据桥梁历史资料、缺损发展状况以及检测师经验来确定。

8）五类桥单项控制指标

在桥梁技术状况评定时，当满足《评定标准》中规定的任一情况时，桥梁总体技术状况应评为五类桥。

> **实例：**
> 某桥为钢筋混凝土组合梁桥，上部承重结构 1-2、2-2 号主梁跨中处梁体全截面开裂，其他梁均出现 U 形裂缝。

根据《评定标准》：梁式桥上部承重构件控制截面出现全截面开裂；或组合结构上部承重构件结合面开裂贯通，造成截面组合作用严重降低。

该桥控制截面（跨中处），全截面开裂，因此该桥直接评定为 5 类桥。

（5）评定计算实例

9. 评定计算实例

<h2>第三节　桥梁荷载试验</h2>

1. 基本知识

桥梁荷载试验是对桥梁结构物工作状态进行直接测试的一种鉴定手段。由于大桥的跨径较大，设计、施工技术难度较大，另外，根据国家有关规定，大型桥梁竣工后应进行生产鉴定性质的试验。桥梁荷载试验力求达到以下目的：

（1）通过现场加载试验以及对试验观测数据和试验现象的综合分析，检验设计与施工质量，确定工程的可靠性，为竣工验收提供技术依据；

（2）直接了解桥跨结构的实际工作状态，判断实际承载能力，评价其在设计使用荷载下的工作性能；

（3）验证设计理论、计算方法和设计中的各种假定的正确性与合理性，为今后同类桥梁设计施工提供经验和积累科学资料；

（4）通过动载试验测定桥跨结构的固有振动特性以及其在长期使用荷载阶段的动力性能，评估实际结构的动载性能；

（5）通过荷载试验，建立桥梁健康模型，记录桥梁健康参数。

本节将桥梁荷载试验分为单梁试验与桥梁静动载试验进行介绍。

2. 仪器设备

荷载试验前应对测试设备进行核查。测试设备精度应不大于预计测量值的 5%。测试设备的量程和动态范围应满足试验要求。设备技术要求见表 14-3～表 14-8。

应变（或应力）测试设备技术要求

表 14-3

量测内容	仪表名称	最小分划值($\mu\varepsilon$)	常用量测范围($\mu\varepsilon$)	数据采集分析系统		备注
				仪器名称	技术参数	
应变	千分表	2	±(5～2000)	—	—	配附件
	杠杆引伸仪	2	±(50～200)	—	—	配附件
	手持应变仪	5	+(100～20000)	—	—	配表脚

续表

量测内容	仪表名称	最小分划值($\mu\varepsilon$)	常用量测范围($\mu\varepsilon$)	数据采集分析系统		备注
				仪器名称	技术参数	
应变	电阻应变仪	1	±20000	应变测试分析系统	① 测量应变范围：±20000$\mu\varepsilon$；② 分辨率：1$\mu\varepsilon$	贴电阻片
	振弦式应变计	1	±3000	振弦式传感器、频率测量仪或综合测试仪	① 测量范围：振弦频率400～6000Hz；② 测量精度：频率精度	表面粘贴
	光纤光栅式应变计	2	±6000	光纤光栅式解调仪	可接入传感单元>64；扫描频率>60Hz；波长分辨率不大于1pm	表面粘贴、埋设

注：①测钢构件（或混凝土内钢筋）应变，宜采用标距不大于6mm的小标距应变计；测混凝土结构表面应变，宜选用标距不小于80～100mm的大标距应变计。

②或采用符合技术要求的其他设备。

变形测试设备技术要求　　　　　　　　　　　　　　　表14-4

量测内容	仪表名称	最小分划值及精度	常用量测范围	备注
变形	千分表	0.001mm	0～10mm	配置安装配件
	百分表	0.01mm	1～50mm	
	精密水准仪	0.3mm	—	
	全站仪	测角：精度为0.5″；测距：标准测量精度 1.0mm+10^{-6}L	—	监测使用时大气环境，必要时进行修正
	位移计	0.01～0.03	20～100mm	—
	经纬仪	0.5mm	—	配置安装配件
	连通管	0.1mm	<300mm	配备测读仪器
	卫星定位系统	坐标测量　水平：5mm+$10^{-6}L$；垂直：10mm+$2\times10^{-6}L$	—	满足大跨度桥梁形变测量需要

注：①或采用符合技术要求的其他设备。

②L为观测距离。

裂缝测试设备技术要求　　　　　　　　　　　　　　　表14-5

量测内容	仪表名称	最小分划值	常用量测范围	备注
裂缝	刻度放大镜	0.01mm	—	—
	裂缝计	0.01mm	<200mm	配置安装配件
	千分表	0.001mm	0～10mm	

注：或采用符合技术要求的其他设备。

倾角测试设备技术要求　　　　　　　　　　　　　　　　表 14-6

量测内容	仪表名称	最小分划值	常用量测范围	备注
倾角	水准式倾角仪	$2.5'$	$20'\sim1°$	固定支架
	光纤光栅式倾角计	$5'$	$\pm10°$	配置安装配件
	数显倾角仪	$1'$	$\pm1°\sim\pm18°$	铁质安装界面
	双轴倾角仪	$1'$	$\pm30°$	配置安装配件

注：或采用符合技术要求的其他设备。

自振特性参数测试设备技术要求　　　　　　　　　　　　表 14-7

测量内容	测量系统		数据采集分析系统		备注
	仪器名称	适用范围	仪器名称	技术参数	
动力特性参数	磁电式拾振器及放大器	①测量范围：位移±20mm；加速度±0.5g；②频率响应：0.5～20Hz；③可用于行车试验、脉动试验	由计算机与相应软件构成的采集系统	①输入电压范围0～±5(10)V；②频率响应：0～5kHz；③采样频率不低于1kHz	
	应变式加速度计及动态应变仪	①测量范围：±5g；②频率响应：0～100Hz；③可用于行车试验			
	压电式加速度计及电荷放大器	①测量范围：±100g；②频率响应：0.5～1kHz；③可用于行车试验、索力测量、高灵敏度的也可用于脉动试验			
	伺服式加速度计及放大器	①测量范围：±5g；②频率响应：0～100Hz；③可用于行车试验、脉动试验			
	电容式加速度计及放大器	①测量范围：±5g；②频率响应：0～100Hz；③可用于行车试验、脉动试验			

注：或采用符合技术要求的其他设备。

动力响应测试设备技术要求　　　　　　　　　　　　　　表 14-8

测量内容	测量系统		数据采集分析系统		备注
	仪器名称	适用范围	仪器名称	技术参数	
应变	电阻应变计（片）及动态应变仪	①测量范围：±15000$\mu\varepsilon$；②频率响应：0～10kHz；③可用于行车试验	由计算机与相应软件构成的采集系统	①桥压范围0～±5(10)V；②频率响应：0～5kHz；③采样频率不低于1kHz	可预埋或后装
	光纤光栅式应变计及调制解调器	①测量范围：±6000$\mu\varepsilon$；②分辨率1$\mu\varepsilon$；③可用于行车试验	光纤光栅式解调仪	采样频率：不低于100Hz	

续表

测量内容	测量系统		数据采集分析系统		备注
	仪器名称	适用范围	仪器名称	技术参数	
位移	电阻应变式位移计及动态应变仪	①测量范围：±15000$\mu\varepsilon$； ②频率响应：0~20Hz； ③可用于低速行车试验	由计算机与相应软件构成的采集系统	①桥压范围0~±5(10)V； ②频率响应：0~5kHz； ③采样频率不低于1kHz	接触式测量，需要表架
	光电位移测量装置	①测量距离：500m； ②测量范围：±2.5m（当最大测距时）； ③频率响应：20Hz； ④可用于行车试验			非接触式测量
	光电动挠度仪	①测量距离：5~500m； ②测量精度：±0.02~±0.03，与测量距离有关			非接触式测量

注：或采用符合技术要求的其他设备。

3. 单梁静载试验

10. 单梁静载试验

4. 桥梁静动载试验

（1）试验方案

1）检测依据

对于公路桥梁，现行的检测标准有：

①《公路桥梁荷载试验规程》JTG/T J21—01—2015；

②《大跨径混凝土桥梁的试验方法》；

③《公路桥梁承载能力检测评定规程》JTG/T J21—2011。

2）有限元计算

桥梁的计算分析是非常重要的工作，其影响着桥梁静动载试验能否成功。在对桥梁进行有限元分析计算时，必须按照图纸的实际结构进行建模，另外还需要对结构进行适当的力学简化计算，对有限元计算结果进行比较。如试验桥梁没有图纸，必须对结构物的尺寸进行详细测量，包括上部结构、下部结构、桥面车道分布、结构强度等，建模时也必须考虑安全因素，适当偏安全考虑。

计算时应注意以下因素：车道折减、跨径折减、冲击系数、人群荷载、偏载系数、新桥尚未施加的二期恒载。其中当个别设计院提供的数据可能考虑偏载系数，我们在计算内力值时，应根据设计院数据中不考虑偏载系数的内力值进行加载效率的计算。

加载车辆尽量采用常用的加载吨位，如25t、30t等，同一项目应采用相同加载吨位的加载车。对于人行天桥可以采用水箱进行加载，水箱加水高度一般不超过1m，宽度长度可根据现场条件进行布置。如采用标准重量的试块进行加载时，必须提前了解清楚试块的尺寸及重量，以便进行方案设计。加载车轴距如图 14-4 所示。

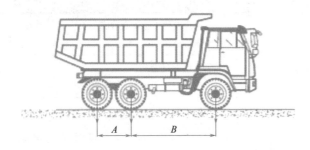

图 14-4 加载车轴距

加载计算应尽量采用最优的加载方式，以达到经济、快捷的试验效果。

各种桥型的试验工况及测试截面见表 14-9，其中一般控制截面以弯矩控制为主（等截面），当为变截面时，如连续梁边跨控制截面可以考虑以应力控制。车辆的横向布置数量应参考实际桥梁设计车道数。如设计为 3 车道，在布载时应按照横向 3 台车进行布置，纵向数量根据计算结果进行布置。多排车辆加载时，要使荷载重心（中间一排车后轴）位于控制截面，保证非控制截面的内力值超标。加载工况：以偏载工况为主，装配式结构分两侧分别偏载比"一正一偏"更能说明问题。

各种桥型的试验工况及测试截面　　　　　　　　　　　　　　　　　表 14-9

桥型		试验工况	测试截面
简支梁桥	主要工况	跨中截面主梁最大正弯矩工况	跨中截面
	附加工况	①$L/4$ 截面主梁最大正弯矩工况； ②支点附近主梁最大剪力工况	①$L/4$ 截面； ②梁底距支点 $h/2$ 截面内侧向上 45°；斜线与截面形心线相交位置 （注：L 为计算跨径，以下同）
连续梁桥	主要工况	①主跨支点位置最大负弯矩工况； ②主跨跨中截面最大正弯矩工况； ③边跨主梁最大正弯矩工况	①主跨（中）支点截面； ②主跨最大弯矩截面； ③边跨最大弯矩截面
	附加工况	主跨（中）支点附近主梁最大剪力工况	梁底距（中）支点 $h/2$ 截面上 45°斜线与主跨截面形心线相交位置
悬臂梁桥	主要工况	①墩顶支点截面最大负弯矩工况； ②锚固孔跨中最大正弯矩工况	①墩顶支点截面； ②锚固孔最大正弯矩截面
	附加工况	①墩顶支点截面最大剪力工况； ②挂孔跨中最大正弯矩工况； ③挂孔支点截面最大剪力工况； ④悬臂端最大挠度工况	①梁底距（中）支点 $h/2$ 截面上 45°斜线与主跨截面形心线相交位置； ②挂孔跨中截面； ③挂孔梁底距支点 $h/2$ 截面向上 45°斜线与挂孔截面形心线相交位置； ④悬臂端截面

续表

桥型		试验工况	测试截面
三铰拱桥	主要工况	①拱顶最大剪力工况； ②拱脚最大水平推力工况	①拱顶两侧 1/2 梁高截面； ②拱脚截面
	附加工况	①$L/4$ 截面最大正弯矩和最大负弯矩工况； ②$L/4$ 截面正负挠度绝对值之和最大工况	①主拱 $L/4$ 截面； ②主拱 $L/4$ 截面及 $3L/4$ 截面
两铰拱桥	主要工况	①拱顶最大正弯矩工况； ②拱脚最大水平推力工况	①拱顶截面； ②拱脚截面
	附加工况	①$L/4$ 截面最大正弯矩和最大负弯矩工况； ②$L/4$ 截面正负挠度绝对值之和最大工况	①主拱 $L/4$ 截面； ②主拱 $L/4$ 截面及 $3L/4$ 截面
无铰拱桥	主要工况	①拱顶最大正弯矩及挠度工况； ②拱脚最大负弯矩工况	①拱顶截面； ②拱脚截面
	附加工况	①拱脚最大水平推力工况； ②$L/4$ 截面最大正弯矩和最大负弯矩工况； ③$L/4$ 截面正负挠度绝对值之和最大工况	①拱脚截面； ②主拱 $L/4$ 截面； ③主拱 $L/4$ 截面及 $3L/4$ 截面
门式刚架桥	主要工况	①跨中截面主梁最大正弯矩工况； ②锚固端最大或最小弯矩工况	①跨中截面； ②锚固端梁或立墙截面
	附加工况	锚固端截面最大剪力工况	锚固端梁截面
斜腿刚架桥	主要工况	①跨中截面主梁最大正弯矩工况； ②斜腿顶主梁截面最大负弯矩工况	①中跨最大正弯矩截面； ②斜腿顶中主梁截面或边主梁截面
	附加工况	①边跨主梁最大正弯矩工况； ②斜腿顶最大剪力工况； ③斜腿脚最大或最小弯矩工况	①边跨最大正弯矩截面； ②斜腿顶中或边主梁截面或斜腿顶截面； ③斜腿脚截面
悬索桥	主要工况	①加劲梁跨中最大正弯矩及挠度工况； ②加劲 $3L/8$ 截面最大正弯矩工况； ③主塔塔顶纵桥向最大水平变形与塔脚截面最大弯矩工况	①中跨最大弯矩截面； ②中跨 $3L/8$ 截面； ③塔顶截面（变形）及塔脚最大弯矩截面
	附加工况	①主缆锚跨索股最大张力工况； ②加劲梁梁端最大纵向漂移工况； ③吊杆（索）活荷载张力最大增量工况； ④吊杆（索）张力最不利工况	①主缆锚固区典型索股； ②加劲梁两端（水平变形）； ③典型吊杆（索）； ④最不利吊杆（索）
T 形刚构桥	主要工况	①墩顶截面主梁最大负弯矩工况； ②锚固孔主梁最大正弯矩工况	①墩顶截面； ②锚固孔主梁最大正弯矩截面
	附加工况	①墩顶支点附近主梁最大剪力工况； ②挂孔跨中截面主梁最大正弯矩工况； ③挂孔支点截面最大剪力工况	①梁底距 0 号块边缘 $h/2$ 截面向上 45°斜线与截面形心线相交位置； ②挂孔跨中截面； ③挂孔梁底距支点 $h/2$ 截面向上 45°斜线与挂孔截面形心线相交位置

续表

桥型		试验工况	测试截面
连续刚构桥	主要工况	①主跨墩顶截面主梁最大负弯矩工况； ②主跨跨中截面主梁最大正弯矩及挠度工况； ③边跨主梁最大正弯矩及挠度工况	①主跨墩顶截面； ②主跨最大正弯矩截面； ③边跨最大正弯矩截面
	附加工况	①墩顶截面最大剪力工况； ②墩顶纵桥向最大水平变形工况	①梁底距 0 号块边缘 $h/2$ 截面向上 45°斜线与截面形心线相交位置； ②墩顶截面
斜拉桥	主要工况	①主梁中孔跨中最大正弯矩及挠度工况； ②主梁墩顶最大负弯矩工况； ③主塔塔顶纵桥向最大水平变形与塔脚截面最大弯矩工况	①中跨最大正弯矩截面； ②墩顶截面； ③塔顶截面(变形)及塔脚最大弯矩截面
	附加工况	①中孔跨中附近拉索最大拉力工况； ②主梁最大纵飘工况	①典型拉索； ②加劲梁两端(水平变形)

各桥型试验时主要测试内容见表 14-10。

各种桥型主要测试内容　　　　　　　　　表 14-10

桥型	试验内容	测试内容
简支梁桥	主要内容	①跨中截面挠度和应力(应变)； ②支点沉降； ③混凝土梁体裂缝观测
	附加内容	①$L/4$ 截面挠度； ②支点斜截面应力(应变)
连续梁桥	主要内容	①主跨支点截面应力(应变)； ②主跨最大正弯矩截面应力(应变)及挠度； ③边跨最大正弯矩截面应力(应变)及挠度； ④支点沉降； ⑤混凝土梁体裂缝观测
	附加内容	支点附近斜截面应力(应变)
悬臂梁桥	主要内容	①墩顶支点截面应力(应变)； ②锚固孔最大正弯矩截面应力(应变)及挠度； ③悬臂端挠度； ④墩顶沉降； ⑤混凝土梁体裂缝观测
	附加内容	①墩顶附近斜截面应力(应变)； ②悬臂跨最大挠度； ③挂孔跨中截面应力(应变)及挠度； ④牛腿部分局部应力(应变)

桥型	试验内容	测试内容
三铰拱桥	主要内容	①$L/4$ 截面挠度和应力（应变）； ②墩台顶的水平变形； ③混凝土梁体裂缝观测
	附加内容	①$L/8$ 截面挠度和应力（应变）； ②拱上建筑控制截面的变形和应力（应变）
两铰拱桥	主要内容	①拱顶截面应力（应变）和挠度； ②$L/4$ 截面挠度和应力（应变）； ③墩台顶水平变形； ④混凝土梁体裂缝观测
	附加内容	①$L/8$ 截面挠度和应力（应变）； ②拱上建筑控制截面的变形和应力（应变）
无铰拱桥	主要内容	①拱顶截面应力（应变）和挠度； ②$L/4$ 截面挠度和应力（应变）； ③墩台顶水平变形； ④拱脚截面应力（应变）； ⑤混凝土梁体裂缝观测
	附加内容	①$L/8$ 截面挠度和应力（应变）； ②拱上建筑控制截面的变形和应力（应变）
门式刚架桥	主要内容	①主梁最大正弯矩截面应力（应变）及挠度； ②锚固端最大或最小弯矩截面应力（应变）； ③支点沉降； ④混凝土梁体裂缝观测
	附加内容	锚固端附近斜截面应力（应变）
斜腿刚架桥	主要内容	①中跨主梁最大正弯矩截面应力（应变）及挠度； ②主梁最大负弯矩截面应力（应变）； ③支点沉降； ④混凝土梁体裂缝观测
	附加内容	①边跨主梁最大正弯矩截面应力（应变）及挠度； ②斜腿顶附近主梁或斜腿斜截面应力（应变）； ③斜腿脚最大或最小弯矩截面应力（应变）
悬索桥	主要内容	①加劲梁最大正弯矩截面应力（应变）及挠度； ②主塔塔顶纵桥向最大水平变形与塔脚截面应力（应变）； ③塔、梁体混凝土裂缝观测； ④最不利吊杆（索）力增量
	附加内容	①主缆锚跨索股最大张力增量； ②加劲梁梁端最大纵向漂移； ③吊杆（索）活荷载张力最大增量

桥型	试验内容	测试内容
T形刚构桥	主要内容	①墩顶支点截面应力(应变); ②锚固孔最大正弯矩截面应力(应变)及挠度; ③刚构墩墩身控制截面的应力(应变); ④混凝土梁体裂缝观测
	附加内容	①挂梁支点截面附近或悬臂端附近斜截面应力(应变); ②挂孔跨中截面应力(应变); ③T构墩身倾斜度
连续刚构桥	主要内容	①主跨墩顶截面主梁应力(应变); ②主跨最大正弯矩截面应力(应变)及挠度; ③边跨最大正弯矩截面应力(应变)及挠度; ④混凝土梁体裂缝观测
	附加内容	①墩顶支点截面附近斜截面应力(应变); ②墩身控制截面应力(应变); ③墩顶纵桥向水平变形
斜拉桥	主要内容	①主梁中孔最大正弯矩截面应力(应变)及挠度; ②主梁墩顶支点截面应力(应变); ③主塔塔顶纵桥向水平变形与塔脚截面应力(应变); ④塔柱底截面应力(应变); ⑤混凝土梁体裂缝观测; ⑥典型拉索索力测试
	附加内容	①边跨最大正弯矩截面应力(应变)及挠度; ②加劲梁纵桥向漂移

注:①或计算确定的其他控制截面测试内容。
　　②圬工拱桥可不进行应力测试。

3)数据提取

① 每个载位作用下的挠度、应变测点理论值必须详细给出。

② 试验数据必须详尽,每个工况各个载位的数据必须列出。

③ 挠度数据以向下为正,应变数据以受拉为正。

④ 计算时应注意建模技巧,利用结构组等功能快速提取数据,提高效率。

4)静载试验方案注意事项

① 试验图例(图14-5)

桥梁的立面图、平面图,并标出具体的试验控制截面,并配上具体的控制截面断面图。

② 加载车载位

加载车载位图在桥面的位置必须清晰,并且方便现场量测确定位置,参考点必须在桥面方便标记出来,如图14-6所示。

③ 测点布置

挠度测点一般布置在四分点、跨中、最大位移点上,对于跨径大于100m的在八分点

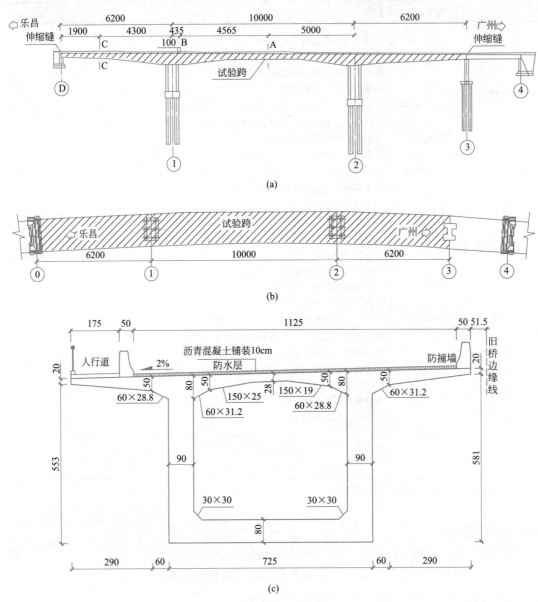

图 14-5　试验图例（单位：cm）

(a) 立面图；(b) 平面图；(c) 截面图

中也需要布置。布置图应在桥面或梁体位置做出具体位置的标记并编号，便于现场量测实施；应变测点应对在具体梁体的位置进行标记，位置应清晰且便于定位。所有测点的布置均应考虑现场环境，对测点布置的难度应作出充分估计，以保证方案的测点均能实施。动载测点除了标记出具体的位置外，还需要确定仪器布置的位置，以便于现场测线的布置，如图 14-7 所示。

应变测点布置情况见表 14-11，布置图如图 14-8 所示。

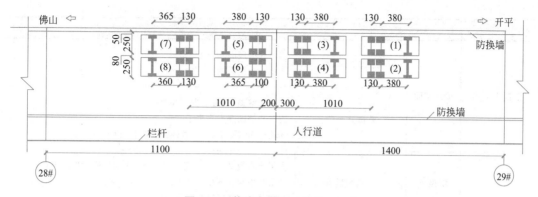

图 14-6 载位布置图（单位：cm）

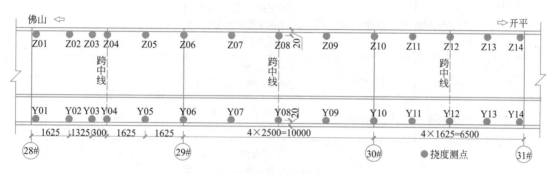

图 14-7 挠度测点布置图（单位：cm）

应变测点布置要求

表 14-11

构件名称	主要截面		布点要求
混凝土主梁	板式截面	整体式实心板	①板底面测点不少于5个，对称布置； ②侧面测点不少于2个
		整体式空心板	①板底面测点不少于5个，对称布置； ②侧面测点不少于2个； ③腹板对应位置宜布置测点
		装配式空心板	①每片板底面测点不少于2个； ②侧面测点不少于2个
	梁式截面	钢筋混凝土T梁	①每片梁底面测点为1～2个； ②每片梁侧面测点不少于2个
		预应力混凝土T梁	①每片梁底面测点为1～2个； ②每片梁侧面测点不少于2个
		I形梁	①每片梁底面测点为1～2个； ②每片梁侧面测点不少于2个
		π形梁	①每片梁底面测点为1～2个； ②每片梁侧面测点不少于2个

构件名称	主要截面		布点要求
混凝土主梁	梁式截面	装配式小箱梁	①每片梁底面测点不少于2个； ②单腹板侧面测点不少于2个
		整体式箱梁	①每箱室顶、底板不少于3个； ②单肋侧面测点不少于2个； ③箱外布置测点时，同整体式空心板；侧面不少于4个
钢箱梁及钢混组合梁	钢箱梁	钢箱梁	①每箱室顶、底板测点不少于3个，边测点应贴近腹板布置； ②每腹板测点不少于3个； ③加劲肋有选择进行测点布置
	钢混组合梁	钢混组合梁	①单纵梁顶、底板测点不少于2个； ②单纵梁侧面测点不少于3个； ③混凝土下缘测点不少于5个，对称布置
拱肋	钢筋混凝土	I形	①顶、底面测点不少于2个； ②单侧面测点不少于3个
		矩形	①顶、底面测点不少于2个； ②单侧面测点不少于3个
		箱形	①顶、底面测点不少于2个； ②单侧面测点不少于3个
	钢管混凝土	单肢	不少于4个，对称布置
		双肢	单肢不少于5个，钢管与缀板连接处宜布置测点，并准确测量其几何中心
		四肢	单肢不少于5个，钢管与缀板连接处宜布置测点，并准确测量其几何中心
	整体式板（箱）	整体式板	①顶、底面测点不少于5个，对称布置； ②单侧面测点不少于2个
		整体式箱	①顶、底面测点不少于5个，对称布置； ②侧面测点不少于2个； ③腹板对应位置须布置测点； ④当箱内布置测点时，同整体式箱梁
桥墩及盖梁	桥墩	圆形	不少于4个，对称布置
		矩形	①横桥向每侧不少于3个； ②纵桥向每侧不少于2个
	盖梁	矩形	①底板测点不少于3个； ②单侧面测点不少于3个
桥塔	桥塔	箱形	①横桥向每侧不少于3个； ②纵桥向每侧不少于3个

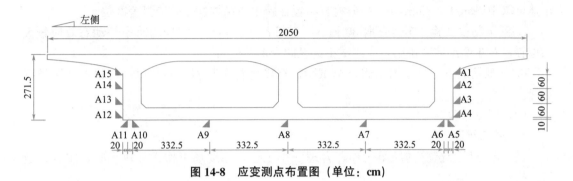

图 14-8　应变测点布置图（单位：cm）

5）动载试验方案注意事项

① 动载内容

桥梁动载试验主要包括主体结构自振特性测试、行车动力响应测试。测试参数包括自振频率、振型、阻尼比和冲击系数。桥梁动载试验应测试桥跨结构的自振频率和冲击系数。在以下情形之一时，动载试验还应测试桥跨结构的振型和阻尼比。测试加速度时程曲线时必须采用实测值，而不能采用数据处理后的值。

a. 单跨跨径超过 80m 的梁桥、T 形刚构桥、连续刚构桥和超过 60m 的拱桥，斜拉桥，悬索桥；

b. 存在异常振动的桥梁；

c. 仅依据静载试验不能系统评价结构性能时；

d. 其他特定要求时，对于跨径大于 100m 的桥梁，还应测试桥梁结构的动挠度（或动应变）。

② 激励方法

激振方法可根据结构特点以及现场实际情况确定，选择下列一种或多种激振方法：

a. 环境激振法；

b. 跑车余振法；

c. 跳车激振法；

d. 起振机激振法；

e. 其他人工激振方法。

③ 行车试验

a. 无障碍行车试验：宜根据实际情况在 5km/h～60km/h 范围内取多个大致均匀分布的车速进行行车试验。车速在桥联（孔）上宜保持恒定，每个车速工况应进行 2～3 次重复试验。

b. 有障碍行车试验：可设置如图 14-9 所示的弓形障碍物模拟桥面坑洼进行行车试验，

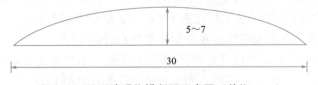

图 14-9　弓形障碍物横断面示意图（单位：cm）

车速可取 10 km/h～30km/h，障碍物宜布置在跨中等结构冲击效应显著部位。

  c. 刹车制动试验：车速宜取 30 km/h～50km/h，刹车部位应为跨中等动态效应较大的位置。对于漂浮体系桥梁，应测试主梁纵向变形等项目。

  d. 一般情况下宜首选无障碍行车试验，有障碍行车和刹车制动试验可根据实际情况选择。

  （2）现场试验

  1）试验准备工作

  提前做好整个试验的统筹工作，合理安排工作，当现场工作人员较多时，应做好分组，确定各组的组长。

  ① 提前确定应变测点及挠度测点的布置工作平台的形式（桥检车、搭架子等），如采用搭架方式，必须提前联系好相关的公司，并对方案进行比选，确保架子的安全。

  ② 项目开始前，应召开技术会议，将试验内容、测点布置、试验流程、工作人员分工交代清楚，让各工作人员明确现场的自己的工作内容。

  ③ 联系好试验的加载设备，并要对加载车辆的称重负责。试验车辆必须两次过磅，分别对后轴重量及全车总重，并对榜单上的车牌与实际车辆车票进行确认，负责人应安排专人跟踪加载车过磅的事情。

  ④ 测点布置完后，应监督各组对测点进行检查，确保试验过程中测点可以正常工作。

  2）应变测量

  ① 进场前，现场负责人应清楚交代应变测点的布置方案；应变小组负责人应确定好现场的试验截面，测点布置应按方案图进行布置，如出现测点布置位置与方案不同时，必须及时告知现场负责人，并对实际测点布置位置进行详细记录。

  ② 测点粘贴前，必须对粘贴平面进行检查，保证粘贴平面平整，对于一般的混凝土表面，采用钢丝刷对粘贴位置进行擦刮后粘贴；如粘贴较困难，可适当抹适量水泥粉；如粘贴平面不平整，需用打磨机进行打磨，保证钢弦固定座粘贴在一个平面上。测点粘贴后，应变小组负责人应对各应变测点的粘贴情况进行复查，并再次核对测点编号。

  ③ 如试验现场，试验准备时间与试验相隔较长，或温差较大，可在钢弦粘贴牢固后，松开钢弦固定座的螺母，释放温度差引起的应变，在试验前把螺母再次固紧。

  ④ 在一个截面的应变测点粘贴完成后，需进行第一次初始数据采集，检查所有测点的读数，所有测点应处于稳定状态。如出现钢弦频率不稳的现象，应逐项检查，查找原因，如：a. 检查频率读数仪上测线是否都连接牢固；b. 转接盒子接线是否连接正确，接头是否连接牢固；c. 检查钢弦粘贴面是否平整，是否存在高差等现象；d. 松开钢弦螺丝检查钢弦读数是否稳定；e. 更换钢弦。

  3）挠度测量

  ① 进场前，现场负责人应清楚交代变形测点的布置方案；应变小组负责人应确定好现场的试验截面，测点布置应按方案图进行布置，如出现测点布置位置与方案不同时，必须及时告知现场负责人，并对实际测点布置位置进行详细记录。

  ② 当选择采用高精度水准仪进行测量时，变形测量小组组长应对测点的布置质量负责，测点应布置牢固，不松动；基准点布置位置应选择在基础稳定、不受试验加载影响的位置，基准点应设置 2 个或以上；应测点布置完成后，应结合加载布置位置，提前选择测

站的布置位置，熟悉整个测量过程。

③ 当选择全站仪进行变形测量，棱镜应按照方案进行布置，布置后必须进行调试。

4）动载测量

① 动载试验负责人应按照方案布置传感器；对于测线较长的情况，应提前选好采集仪布置的位置。动挠度测验时，标靶应提前检查是否充满电，确保电量可以维持整个试验过程；动挠度仪应尽可能靠近标靶或跨中的位置，视线应尽可能满足仪器的距离要求内。

② 试验前，数据采集人员必须提前熟悉方案，熟悉试验桥梁的基频、振型等参数，设置好合适的采样频率。动挠度试验时，必须做好标靶的标定工作，仪器操作人员与标靶控制人配对讲机来相互配合。

5）加载指挥

① 加载指挥应根据方案加载的布置布置将载位画出，标记好加载车的后轮位置及加载顺序。

② 根据现场的加载情况，提前将加载车布置在桥的两头，提高加载速度。

③ 试验前应安排专人对加载车过磅情况进行监督，加载车的前轴、后轴及全车重量必须分别过磅，过磅后还需要核对加载车车牌有无错漏。

（3）试验实施过程

1）应变、挠度采集

如时间允许，应对试验桥梁进行预加载，即对桥梁施加第一级荷载（小于 25％），并检查所有挠度、应变读数是否正常，如发现某一载位实测值比理论值大的情况，应及时查找原因，排除一切技术、仪器等影响因素。如确定测试数据真实，则在加载过程中必须对桥梁的结构状态、有无新增裂缝等进行检查。如试验过程中的实测值大于终止试验的条件，应及时终止试验。

每一级的加载均应做好数据的记录，并记录每一次读数时的桥面温度、试验起止时间等，及时将结果与负责人员沟通。如发现异常情况，应及时查找原因。

2）加载指挥人员

试验过程中，必须对每一台加载车的车牌号，前后轴距，加载停车位置进行准确记录，以便对理论数据进行修正。

3）动载测量

正式试验前应对测试系统进行稳定性检查。桥梁空载状态下，动应变、动挠度信号在预定采集时间内的零点漂移不宜超过预计最大值的 5％。

宜根据预加载试验具体情况对试验方案或测试仪器参数设置做必要的调整，按照调整确定后的试验方案与试验程序进行加载试验，观测并记录各测试参数。并采取必要措施避免电磁场以及对讲机、手机等对测试结果的影响。

正式试验过程中，应根据观测和测试结果，实时判断结构状态是否正常，测试数据是否异常，是否需要终止试验，确保试验安全。各工况试验完成后，应对测试数据进行检查和确认。如发现幅值异常或突变、零点严重偏离、异常电磁干扰、噪声过大等，应在排除故障后重新进行试验。

全部试验完成后，应在现场对主要的测试数据进行检查和分析，确保测试数据的准确性和完整性。同时，及时记录试验荷载参数（规格、数量、纵横向布置、车速、行进方向)，传感器规格、灵敏度、编号、连接通道号，采集器采样频率、滤波频率、换算系数等信息。

地脉动试验时，每次采样时间必须大约等于30min，以保证试验精度。

无障碍跑车、有障碍跑车及刹车制动试验时，试验车辆应在路中线行驶，试验无关人员必须离开试验现场，保证试验期间的安全；试验车辆应车况良好，可以准确显示行车速度；数据采集人员应与试验车辆做好沟通，确保采样数据完整。

记录的信号仅用于频域分析时，采样频率宜取3倍以上的最高有用信号频率，同时用于时域和频域分析时，宜取10倍以上的最高有用信号频率。信号采集时间宜保证频谱分析时谱平均次数不小于20次。其中动态信号采集主要参数设置及相互关系见表14-12。

动态信号采集主要参数设置及相互关系 表14-12

序号	参数名称	参数符号	单位	关系	建议取值
1	采样频率	f_s	Hz	$f_s = \dfrac{1}{\Delta T}$ (ΔT 为采样间隔)	$f_s \geqslant 10 f_{max}$
2	分析带宽	f_b	Hz	$f_b = \dfrac{f_s}{K}$ (K2，采用动态信号分析仪时仪器默认)	f_b 与 f_s 联动
3	频率分辨率	Δf	Hz	$\Delta f = \dfrac{f_b}{n_l} = \dfrac{f_s}{K n_l} = \dfrac{f_s}{m_l}$	$\Delta f \leqslant 0.01 f_{max}$
4	数据块长度	m_l	点	$m_l = K \times n_l = f_s \times t$	与 n_l 联动
5	谱线数	n_l	线	$n_l = \dfrac{f_b}{\Delta f} = \dfrac{f_s}{K \Delta f}$	由其他参数技术得到
6	样本时间长度	t	s	$t = \dfrac{m_l}{f_s} = \dfrac{n_l}{f_b}$	由其他参数导出

注：f_{max} 为最高有用信号频率。

第四节　桥梁承载能力评定

1. 基本知识

评定公路桥梁承载能力的方法有多种，但要准确评定某一桥梁的承载能力却比较困难，同一桥梁采用不同的评定方法可能会有不同的评定结果。2011年交通运输部发布《公路桥梁承载能力检测评定规程》JTG/T J21—2011，修订此前使用的《公路旧桥承载能力鉴定方法（试行）》；本文就《公路桥梁承载能力检测评定规程》（以下简称《评定规程》）中的桥梁承载能力评定方法做一些分析和探讨。

2. 检测方法

（1）基本原理

1）桥梁承载能力评定方法介绍

对常用的圬工及配筋混凝土桥梁结构一般采用如下公式评定其承载能力：

$$\gamma_0 S \leqslant R \cdot Z_1 \quad \text{（当用荷载试验评定时用 } Z_2 \text{ 代替 } Z_1\text{）} \tag{14-7}$$

式中：γ_0——结构重要性系数。按《公路桥涵设计通用规范》JTG D60—2015 取值；

S——荷载效应函数，荷载效应函数计算中应考虑活荷载影响修正系数 ξ_q 对活荷载的修正；

R——抗力效应函数，抗力效应函数中考虑结构截面折减系数 ξ_c、钢筋截面折减系数 ξ_s 的影响以及结构承载能力恶化系数 ξ_e 的影响；

Z_1——通过缺损状况评定方法确定的承载能力检算系数；

Z_2——通过荷载试验方法确定的承载能力检算系数。

桥梁承载能力评定方法总体分两种，两种方法都需要确定桥梁结构或构件承载能力检算系数，该系数用来对桥梁结构或构件抗力效应理论计算数值进行综合修正，通过对理论计算的综合修正得到桥梁的实际抗力效应水平。第一种评定方法是通过对桥梁外部缺损状况、桥梁材质状况及桥梁各种状态参数的评定标度确定承载能力检算系数 Z_1，该方法的优点是可以不中断交通而对桥梁承载能力评定。第二种方法是直接通过荷载试验实测桥梁结构应变或变位与计算应变或变位的对比确定桥梁结构或构件承载能力检算系数 Z_2，该方法的优点是更加直接客观、更准确，但该方法需要对被检测桥梁封闭交通。

2）承载能力检算系数 Z_1、Z_2 确定

桥梁承载能力评定的关键工作是确定承载能力检算系数 Z_1 与 Z_2。

① 确定承载能力检算系数 Z_1

承载能力检算系数 Z_1 的确定一般有两种方法。

第一种 Z_1 值确定方法较复杂，需要专业的测试设备及较高的专业技术水平，但结果相对客观、准确。该方法是按《评定规程》中构件缺损状况评定标度、材质强度评定标度、自振频率评定标度所占的不同比重确定承载能力检算系数的评定标度，根据检算系数评定标度及结构或构件的不同受力性质查《评定规程》中参考表得到 Z_1 数值。其中构件缺损状况的评定标度可根据《公路桥梁技术状况评定标准》JTG/T H21—2011 确定，相对较为简单；材质强度评定标度的确定有多种方法，而且采用不同的方法测定的材质强度结果会不一样。对普通的混凝土构件可采用回弹、超声回弹以及钻取芯样的方法确定构件的材质强度，但这些方法对于确定既有桥梁尤其是年代久远的桥梁材质强度均有各自的局限性；而对于圬工桥梁实际材质强度的准确测定比测定混凝土构件强度更困难；自振频率标度的评定需要较高的专业技术水平，实测频率需要专业的测试设备，理论基频的精确计算需要采用有限元方法；对于常规结构可采用《公路桥涵设计通用规范》JTG D60—2015 附录中的估算公式参考计算；根据缺损状况、材质强度及自振频率的标度所占不同的权重确定检算系数的标度后可查表得出 Z_1 值。

第二种 Z_1 值确定方法为专家调查法，特殊情况下方可采用该方法。该方法程序相对

简单，但需要有丰富经验的专家根据桥梁的实际情况做出判断，且该方法不具有绝对的说服力，故一般不推荐采用此方法。

② 确定承载能力检算系数 Z_2

通过荷载试验实测结果的变位或应变值与理论计算变位或应变值的比值计算结构校验系数，取应变或变位校验系数的较大值 ζ，根据 ζ 数值查表得出结构的检算系数 Z_2。荷载试验评定结构或构件承载力的另一优点是如果出现《评定规程》中的四种情况之一时可以直接判定桥梁的承载能力不满足要求（具体情况详见《评定规程》），而不需要进一步计算结构的抗力和效应值。

3）荷载效应函数 S

荷载效应函数 S 中包含静载效应与动载效应的组合，其中动载即活荷载对结构的影响至关重要，尤其是建设年代较早、设计荷载等级较低的桥梁结构对超载、超重车辆的反应尤为敏感，故对既有桥梁承载能力评定时根据实际活荷载对设计活荷载的修正有充分的必要性，《评定规程》中引入了活荷载影响修正系数，但对《评定规程》中 ξ_q 的精确计算操作起来比较困难。活荷载影响修正系数 ξ_q 考虑三方面的影响：

a. ξ_{q1}———典型代表交通量影响修正系数（$\xi_{q1}=Q_m/Q_d$），根据典型代表交通量与设计交通量的比值进行修正，根据养护部门的交通流量调查表可得该数值。

b. ξ_{q2}———大吨位车辆混入修正影响系数 ξ_{q2}，大吨位车辆流量与实际车辆流量的比值。《评定规程》中质量超过 30t 的车辆定义为大吨位车辆，但目前的养护部门并没有对固定质量的车辆数量进行详细调查，收集大于 30t 车辆的准确流量是存在较大困难的。

c. ξ_{q3}———轴荷分布影响修正系数 ξ_{q3}，《评定规程》中考虑轴重超过 14t 车辆对活荷载影响的修正，该部分资料更难收集，普通桥梁结构并无车辆轴重调查数据，要准确确定该部分数据也同样存在困难。

鉴于以上情况，要对既有桥梁活荷载效应函数的合理修正还需要做很多工作，包括：不断完善交通流量调查数据，尤其是质量超过 30t 与轴重超过 14t 车辆流量数据的调查与收集；实际活荷载对结构效应的影响与按《评定规程》中取值计算对结构效应影响的差异程度需要通过大量的试验与现场调查不断完善。

4）抗力效应函数 R

由于既有桥梁钢筋锈蚀、混凝土剥落、材料风化、混凝土碳化等原因，构件的实际抗力与计算抗力相比会有所下降，规程中引入截面折减系数 ξ_c、钢筋截面折减系数 ξ_s 以及承载能力恶化系数 ξ_e 来考虑对构件抗力效应的修正，该部分修正系数可根据现场调查结果参数对抗力效应中对应参数进行修正即可。

5）承载能力评定结果的判定

桥梁承载能力评定的最终目的是要确定该桥梁构件的承载能力是否满足要求，采用不同的评定方法判定承载能力是否满足的标准也不同，这是实际评定过程中易忽略的地方。

采用缺损状况评定方法评定桥梁承载能力时，要求修正后的结构抗力效应值不小于修正后的荷载效应值，即可判定结构的承载能力满足要求。

采用荷载试验评定时，当出现《评定规程》的四种特殊情况之一时可直接判定承载能力不满足要求；如果未出现这四种特殊情况，计算得出修正后的荷载效应与修正后的抗力效应的比值小于 1.05 时判定承载能力满足要求，否则应判定承载能力不满足要求。这与按缺损状况评定时的判定标准不同。

（2）方法标准

1）《建筑结构检测技术标准》GB/T 50344—2019；

2）《混凝土中钢筋检测技术标准》JGJ/T 152—2019；

3）《公路桥梁承载能力检测评定规程》JTG/T J21—2011；

4）《回弹法检测混凝土抗压强度技术规程》JGJ/T 23—2011；

5）《超声法检测混凝土缺陷技术规程》CECS 21：2000；

6）《超声回弹综合法检测混凝土抗压强度技术规程》T/CECS 02—2020；

7）《钻芯法检测混凝土强度技术规程》JGJ/T 384—2016；

8）《混凝土结构工程施工质量验收规范》GB 50204—2015；

9）《桥梁混凝土结构无损检测技术规程》T/CECS G：J50—01—2019；

10）《公路桥涵养护规范》JTG 5120—2021；

11）《公路桥梁承载能力检测评定规程》JTG/T J21—2011。

（3）仪器设备

承载能力检测设备包括桥梁无损检测设备及桥梁荷载试验相关仪器设备。

（4）评定步骤

桥梁特殊检测是基于结构的技术状况检查与检算对桥梁承载能力进行评定，桥梁结构检算应针对结构主要控制截面、薄弱部位和出现严重缺损部位。桥梁承载能力评定现场检测主要参数有：缺损状况、钢筋锈蚀电位、混凝土电阻率、混凝土碳化状况、混凝土保护层厚度、氯离子含量、混凝土强度、自振频率、材料风化、物理化学损伤等参数，通过以上参数计算活荷载修正系数、配筋混凝土桥梁承载能力恶化系数、圬工及配筋混凝土桥梁截面折减系数、配筋混凝土钢筋截面折减系数、圬工及配筋混凝土桥梁承载能力检算系数等，对计算模型的边界条件、结构初始状态等进行调整，采用桥梁专用有限元软件 Midas Civil 建立桥梁有限元模型，对选取的桥跨结构进行检算。

通过对桥梁缺损状况的调查、材质状况与状态参数检测和结构检算，评定当前桥梁的实际承载能力，为桥梁的正常运营及维修加固提供依据。

基于结构的技术状况检查与检算桥梁承载能力评定步骤如图 14-10 所示。

（5）承载力评定内容

1）缺损状况检测评定

桥梁缺损检测旨在对结构及其附属设施的所有构件或部位进行系统的检查，记录所有缺陷的部位、范围和程度并对照以前桥梁检测结果，掌握原有病害的发展情况及新增病害的产生情况，发现桥梁结构表面损伤情况、结构不正常的变形受力情况以及其他在运营过程中存在问题。

2）承载能力恶化系数检测评定

① 混凝土强度检测

对混凝土桥梁主要构件或主要受力部位布设测区检测混凝土强度（表 14-13）。

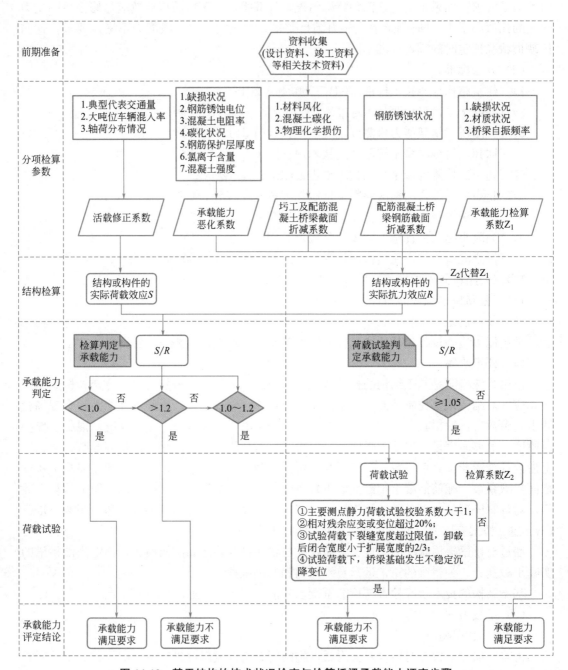

图 14-10　基于结构的技术状况检查与检算桥梁承载能力评定步骤

桥梁混凝土强度评定标准　　　　　　　　　　　　　　　表 14-13

K_{bt}	K_{hm}	强度状况	评定标度
≥0.95	≥1.00	良好	1
(0.95,0.90]	(1.00,0.95]	较好	2

续表

K_{bt}	K_{bm}	强度状况	评定标度
(0.90,0.80]	(0.95,0.90]	较差	3
(0.80,0.70]	(0.90,0.85]	差	4
<0.70	<0.85	危险	5

② 碳化深度检测

对钢筋锈蚀电位评定标度值为 3、4、5 的主要构件或主要受力部位，应进行碳化深度检测，被测构件或部位的测区数量不应少于 3 个或混凝土强度测区数量的 30%（表 14-14）。

混凝土碳化评定标准　　　　　　　　表 14-14

K_C	评定标度	K_C	评定标度
<0.5	1	[1.5,2.0)	4
[0.5,1.0)	2	≥2.0	5
[1.0,1.5)	3	—	—

③ 钢筋锈蚀电位检测

a. 对混凝土桥梁主要构件或主要受力部位布设测区检测钢筋锈蚀电位。

b. 在测区上布置测试网格，网格节点为测点，网格间距可为 200mm×200mm、300mm×300mm、200mm×100mm 等，根据构件尺寸和仪器功能而定。测区中的测点数不宜少于 20 个。测点与构件边缘的距离应大于 50mm。

c. 测区应统一编号，注明位置，并描述其外观情况。

钢筋电位与钢筋锈蚀状况判别标准见表 14-15。

钢筋电位与钢筋锈蚀状况判别标准　　　　　　　　表 14-15

电位水平(mV)	钢筋状况	评定标度
≥−200	无锈蚀性或锈蚀活动性不确定	1
(−200,−300]	有锈蚀活动性,但锈蚀状态不确定,可能坑蚀	2
(−300,−400]	有锈蚀活动性,发生锈蚀概率大于90%	3
(−400,−500]	有锈蚀活动性,严重锈蚀可能性极大	4
<500	构件存在锈蚀开裂区域	5

④ 混凝土电阻率检测

a. 对钢筋锈蚀电位评定标度值为 3、4、5 的主要构件或主要受力部位进行混凝土电阻率测量；

b. 被测构件或部位的测区数量不少于 30 个；

c. 混凝土电阻率宜采用四电极法检测。

混凝土电阻率评定标准见表 14-16。

混凝土电阻率评定标准 表 14-16

评定标度	电阻率（Ω·cm）	可能的锈蚀速率
1	＞20000	很慢
2	[15000, 20000)	慢
3	[10000, 15000)	一般
4	[5000, 10000)	快
5	＜5000	很快

⑤ 钢筋保护层厚度检测

a. 主要构件或主要受力部位；

b. 钢筋锈蚀电位测试结果表明钢筋可能锈蚀活化的部位；

c. 发生钢筋锈蚀胀裂的部位；

d. 布置混凝土碳化深度测区的部位。

钢筋保护层厚度评定标准见表 14-17。

钢筋保护层厚度评定标准 表 14-17

评定标度	D_{ne}/D_{nd}	对结构钢筋耐久性的影响
1	＞0.95	影响不显著
2	(0.85, 0.95]	有轻度影响
3	(0.70, 0.85]	有影响
4	(0.55, 0.70]	有较大影响
5	≤0.55	钢筋易失去碱性保护，发生锈蚀

⑥ 氯离子含量检测

a. 对钢筋锈蚀电位评定标度值为 3、4、5 的主要构件或主要受力部位，应进行氯离子含量检测，每一被测构件测区数量不宜少于 3 个；

b. 可采用在结构构件上钻取不同深度的混凝土粉末样品的方法通过化学分析进行测定。

氯离子含量对钢筋锈蚀影响程度的评定标准见表 14-18。

氯离子含量对钢筋锈蚀影响程度的评定标准 表 14-18

氯离子含量（占水泥含量的百分比）	＜0.15	0.15～0.4	0.4～0.7	0.7～1.0	≥1.0
评定标度值	1	2	3	4	5
诱发钢筋锈蚀的可能性	很小	不确定	有可能诱发钢筋锈蚀	会诱发钢筋锈蚀	钢筋锈蚀活化

⑦ 承载能力恶化系数评定

对配筋混凝土桥梁，为考虑评定期内桥梁结构质量状况进一步衰退恶化产生的不利影响，通过承载能力恶化系数来反映这一不利影响可能造成的结构抗力效应的降低。引入承载能力恶化系数的目的是使结构质量状况进一步衰退至某一阶段时，承载能力评定结果仍能维持在一定的可靠度水平之上。承载能力恶化系数主要考虑了结构或构件的缺损状况、钢筋锈蚀电位、钢筋保护层厚度以及混凝土强度、电阻率、氯离子含量和碳化状况等影响因素，通过专家调查方式确定各因素的影响权重，并综合考虑环境的干湿、温度及侵蚀介质等条件加以确定。配筋混凝土桥梁承载能力恶化系数按照以下规定确定：

① 依据检测结果，按表 14-19 的规定确定构件恶化系数评定标度 E。

恶化系数评定标度　　　　　　　　　　　　　　　　　表 14-19

序号	检测指标名称	权重 a_j	综合评定方法
1	缺损状况	0.32	
2	钢筋锈蚀电位	0.11	恶化状况评定标度 E 按照下式计算：
3	混凝土电阻率	0.05	$$E = \sum_{j=1}^{7} E_j \cdot \alpha_j$$
4	混凝土碳化状况	0.20	式中：E_j——结构或构件某项检测评定指标的标度，按照本
5	混凝土保护层厚度	0.12	章有关规定确定；
6	氯离子含量	0.15	a_j——某项检测评定指标的权重。
7	混凝土强度	0.05	

注：对混凝土电阻率、混凝土碳化状况、氯离子含量三项检测指标，按照相关规定不需进行检测评定时，其评定标度值应取 1。

② 根据恶化系数评定标度 E 及桥梁所处的环境条件，按表 14-20 确定配筋混凝土桥梁的承载能力恶化系数 ξ_e。

配筋混凝土桥梁的承载能力恶化系数 ξ_e 值　　　　　　　　　　表 14-20

恶化状况评定标度 E	环境条件			
	干燥 不冻 无侵蚀性介质	干湿交替 不冻 无侵蚀性介质	干湿交替 冻 无侵蚀性介质	干湿交替 冻 有侵蚀性介质
1	0.00	0.02	0.05	0.06
2	0.02	0.04	0.07	0.08
3	0.05	0.07	0.10	0.12
4	0.10	0.12	0.14	0.18
5	0.15	0.17	0.20	0.25

3）截面折减检测评定

① 评定指标

对圬工及配筋混凝土桥梁，由于材料风化、碳化、物理与化学损伤（如混凝土剥落、疏松、掉棱、缺角、桩基与墩柱由于冲蚀引起的剥落缩径等）引起的结构或构件有效截面损失，以及由于钢筋腐蚀剥落造成的钢筋有效面积损失，对结构构件截面抗力效应会产生影响。在检算结构抗力效应时，可用截面折减系数计及这一影响。

圬工与配筋混凝土桥梁材料风化评定标准见表 14-21。

圬工与配筋混凝土桥梁材料风化评定标准 表 14-21

评定 标度	材料 风化状况	性状描述
1	微风化	手搓构件表面，无砂粒滚动摩擦的感觉，手掌上粘有构件材料粉末，无砂粒。构件表面直观较光洁
2	弱风化	手搓构件表面，有砂粒滚动摩擦的感觉，手掌上附着物大多为构件材料粉末，砂粒较少。构件表面砂粒附着不明显或略显粗糙
3	中度风化	手搓构件表面，有较强的砂粒滚动摩擦的感觉或粗糙感，手举上附着物大多为砂粒，粉末较少。构件表面明显可见砂粒附着或明显粗糙
4	较强风化	手搓构件表面，有强烈的砂粒滚动摩擦的感觉或粗糙感，手掌上附着物基本为砂粒，粉末很少。构件表面可见大量砂粒附着或有轻微剥落
5	严重风化	构件表面可见大量砂粒附着，且构件部分表层剥离或混凝土已露粗骨料

圬工与配筋混凝土桥梁物理与化学损伤评定标准见表 14-22。

圬工与配筋混凝土桥梁物理与化学损伤评定标准 表 14-22

评定标度	性状描述
1	构件表面较好，局部表面有轻微剥落
2	构件表面剥落面积在 5% 以内；或损伤最大深度与截面损伤发生部位构件最小尺寸之比小于 0.02
3	构件表面剥落面积在 5%～10% 以内；或损伤最大深度与截面损伤发生部位构件最小尺寸之比小于 0.04
4	构件表面剥落面积在 10%～15% 以内；或损伤最大深度与截面损伤发生部位构件最小尺寸之比小于 0.10
5	构件表面剥落面积在 15%～20% 以内；或损伤最大深度和截面损伤发生部位构件最小尺寸之比大于 0.10

② 截面折减系数评定

依据材料风化、碳化、物理与化学损伤三项检测指标的评定标度，按下式计算确定结构或构件截面损伤的综合评定标度 R：

$$R = \sum_{j=1}^{N} R_j \cdot \alpha_j \tag{14-8}$$

式中：R_j ——某项检测指标的评定标度，按表 14-21～表 14-22 的规定确定；

α_j ——某项检测指标的权重值，按表 14-23 的规定确定；

N ——对砖石结构，$N=2$；对混凝土机配筋混凝土结构，$N=3$。

材料风化、碳化及物理化学损伤权重值　　　　　　　　　　　表 14-23

结构类别	性状描述	权重值
砖、石结构	材料风化	0.20
	物理与化学损伤	0.80
混凝土	材料风化	0.10
	混凝土碳化	0.35
	物理与化学损伤	0.55

注：对混凝土碳化，按照规程规定不需要进行检测评定时，其标度值应取 1。

依据截面损伤的综合评定标度，按表 14-24 确定截面折减系数 ξ_c。

圬工与配筋混凝土桥梁截面折减系数值　　　　　　　　　　表 14-24

截面损伤综合评定标度 R	截面折减系数 ξ_c
$1 \leqslant R < 2$	$(0.98, 1.00]$
$2 \leqslant R < 3$	$(0.93, 0.98]$
$3 \leqslant R < 4$	$(0.85, 0.93]$
$4 \leqslant R < 5$	$\leqslant 0.85$

4）钢筋截面折减检测评定

钢筋的截面折减系数主要是考虑由于钢筋锈蚀造成的截面损失。目前，直接对钢筋锈蚀程度的检测的方法就是用游标卡尺量取锈蚀后钢筋的直径，算出钢筋的锈蚀率，它只是对钢筋锈蚀的局部检测。要对桥梁钢筋锈蚀状况作出整体的评价，还是应该通过对锈蚀的总体特征，如锈蚀裂缝、保护层鼓胀等情况的检测来判断钢筋锈蚀活化程度以及定性地判断钢筋的锈蚀程度。对钢筋的截面损伤状态分为 5 个等级，分别为正常状态、良好状态、较好状态、较差状态以及差的状态。

配筋混凝土结构中，发生锈蚀的钢筋截面折减系数 ξ_s，按表 14-25 确定。

钢筋截面折减系数值　　　　　　　　　　　　　　表 14-25

评定标度	性状描述	截面折减系数 ξ_s
1	沿钢筋出现裂缝,宽度小于限值	$(0.98, 1.00]$
2	沿钢筋出现裂缝,宽度大于限值,或钢筋锈蚀引起混凝土发生层离	$(0.95, 0.98]$
3	钢筋锈浊引起混凝土剥落,钢筋外露,表面有膨胀薄锈层或坑蚀	$(0.90, 0.95]$
4	钢筋锈蚀引起混凝土剥落,钢筋外露、表面膨胀性锈层显著,钢筋断面损失在 10% 以内	$(0.80, 0.90]$
5	钢筋锈蚀引起混凝土剥落,钢筋外露、出现锈蚀剥落,钢筋断面损失在 10% 以上	$\leqslant 0.80$

5）活载修正系数检测评定

活载影响系数用于考虑实际桥梁所承受的汽车荷载与标准汽车荷载之间的差异。主要根据桥梁运营荷载的调查统计情况，从典型代表交通量、大吨位车辆混入率和轴荷分布情况三个方面进行综合修正确定活荷载影响修正系数 ξ_q：

$$\xi_q = \sqrt[3]{\xi_{q1}\xi_{q2}\xi_{q3}} \qquad (14\text{-}9)$$

式中：ξ_{q1}——典型代表交通量影响修正系数（表 14-26）；

ξ_{q2}——大吨位车辆混入影响修正系数（表 14-27）；

ξ_{q3}——轴荷分布影响修正系数（表 14-28）。

交通量影响修正系数　　　　　　　　　　表 14-26

Q_m/Q_d	ξ_{q1}	Q_m/Q_d	ξ_{q1}
$(1,1.3]$	$[1.0,1.05)$	$(1.7,2.0]$	$[1.10,1.20)$
$(1.3,1.7]$	$[1.05,1.10)$	>2.0	$[1.20,1.35)$

注：Q_m 为典型代表交通量；Q_d 为设计交通量。

大吨位车辆混入影响修正系数　　　　　　表 14-27

α	ξ_{q2}	α	ξ_{q2}
<0.3	$[1.0,1.05)$	$[0.5,0.8)$	$[1.10,1.20)$
$[0.3,0.5)$	$[1.05,1.10)$	$[0.8,1.0)$	$[1.20,1.35)$

注：α 为典型代表交通量。

轴荷分布影响修正系数　　　　　　　　　表 14-28

β	ξ_{q3}	β	ξ_{q3}
$<5\%$	1.00	$[15\%,30\%)$	1.30
$[5\%,15\%)$	1.15	$\geq 30\%$	1.40

注：β 为实际调查轴荷分布中轴重超过 14t 所占的百分比。

6）桥梁几何形态参数检测

桥梁几何形态的变化在一定程度上能反映结构内力的变化情况，如桥跨结构的下挠、墩台沉降等。对于超静定结构而言，结构几何形态的变化造成结构的次内力对结构的影响往往不可忽略，通过结构几何形态的观测，可反演出结构的内力变化情况，并为分析结构形态变化的原因提供可靠依据。

7）恒载变异状况调查评估

引起桥梁结构恒载变异的主要原因包括：施工造成的结构或构件尺寸差异，如结构或构件长度变异、构件断面尺寸变异、铺装层厚度变异和材料重度差异等；运营期布设附加构造物导致的附加重量，如过桥管线等。这些恒载变异对结构承载能力的影响需在结构检算分析过程中应加以考虑。另外，尚需考虑桥梁计算跨径变异对内力计算结果的影响。桥梁恒载变异状况调查主要包括以下内容：

① 桥梁总体尺寸的测量，主要包括桥梁长度、桥宽、净空、跨径等。

② 桥梁构件尺寸的测量，主要包括构件的长度与截面尺寸等。

③ 桥面铺装厚度及拱上填料重度测定。

④ 其他附加荷载调查。

a. 桥梁长度、跨径测量：

桥梁长度、跨径在桥面上按桥跨结构中心线和车行道上、下游边缘线 3 条线进行测量。桥梁宽度可沿桥纵向分断面采用钢尺进行量测，每孔量测断面为 5 个，分别设在

$L/8$、$3L/8$、$L/2$、$5L/8$、$7L/8$ 处；其他 15 座桥梁检测孔每孔量测断面为 3 个，分别设在 $L/4$、$L/2$、$3L/4$ 处。

b. 构件长度与截面尺寸测量：

构件长度与截面尺寸可采用钢尺进行测量，对桥跨结构，跨径小于 40m 的桥梁每个测试孔量测断面单跨为 5 个，分别设在 $L/8$、$3L/8$、$L/2$、$5L/8$、$7L/8$ 处。跨径大于 40m 的桥梁每个测试孔量测断面单跨为 9 个，分别设在 $L/9$、$2L/9$、$3L/9$、$4L/9$、$L/2$、$5L/9$、$2L/3$、$7L/9$、$8L/9$ 处。对桥梁墩台等主要承重构件，量测断面为 3 个，分别设在墩台底、墩台中部和墩台顶部。并且在截面突变处增设测量断面。

c. 桥面铺装层厚度测量：

桥面铺装层厚度可采用分断面布点钻芯量测，也可采用雷达结合钻芯修正的方法测定。采用分断面布点钻芯测量时，量测断面宜布置在跨径四等分点位置，每断面宜布设 3 个钻孔测点，分设在车行道桥跨结构中心线和上、下游边缘处。

8）分项检算系数的确定

圬工与配筋混凝土桥梁，应综合考虑桥梁结构或构件表观缺损状况、混凝土强度和桥梁结构自振频率等的检测评定结果，确定承载能力检算系数。通过以上 3 个指标，对构件技术状态采取加权评估法得到特征值 D：

$$D = \sum \alpha_j D_j \tag{14-10}$$

式中：α_j——某一项检测指标的权重值，$\sum_{j=1}^{2} \alpha_j = 1$；

$\quad\quad D_j$——结构或构件某项检测指标的评定标度值。

承载能力检算系数检测指标权重值见表 14-29。

承载能力检算系数检测指标权重值　　　　　　　　　　　表 14-29

检测指标名称	缺损状况	材质强度	自振频率
权重	0.4	0.3	0.3

（6）常见问题

1）资料收集注意事项

① 勘察设计资料：桥位地质钻探资料及水文勘测资料、设计计算书、变更设计计算书及有关图纸。

② 施工、监理、监控与竣工技术资料：材料试验记录、施工记录、监理资料、施工监控资料、地基与基础试验资料、竣工图纸及说明、交工验收资料、交工及竣工验收资料以及荷载试验报告。

③ 养护、试验检测及维修与加固资料：桥梁检测报告、荷载试验报告、桥梁维修加固资料、历次特别事件记载资料。

④ 调查收集桥梁运营荷载资料：交通量、交通组成、车重、轴重等。

2）现场检测注意事项

① 对桥梁主要构件，应采用无损、半破损或钻、截取试样等方法检测其材质强度。

② 裂缝深度检测：应采用超声波法或钻芯法，检测主要控制截面的新增裂缝或未修补裂缝的深度，缝深有无超过保护层，部分修补后重新开裂的裂缝，例如空心板底板裂缝，要检测裂缝是否已经裂至空心板内腔。

③ 桥面铺装层厚度检测：应采用钻芯法，量测断面宜布置在跨径四等分点位置，每断面宜布置 3 个钻孔测点，主要判别桥面各层分层情况以及各层的实测厚度值与设计值有无明显差异。

④ 空心板钻孔：对空心板底板进行钻孔检查，对比实测底板厚度与理论底板厚度，同时检查孔腔内是否有积水现象，没有开孔的均要求在每个箱室较低处开孔。

3）结构计算注意事项

① 结构恒载变异：运营期铺装层改造、防撞墙或护栏改造、人行道改造、运营期布设的附加构造物（如过桥管线等）、结构加固粘贴钢板增加的重量、结构增大截面增加的重量等应在结构计算考虑调整及修正。

② 设计荷载：按原设计荷载并考虑活荷载修正影响系数；拟通过加固收到提高荷载等级的，按加固设计荷载；当桥梁竣工图纸缺失的，可参照同线路中的同类型桥梁设计荷载进行验算，并应考虑活荷载修正；需通行特殊重型车辆荷载的，按实际车辆荷载验算。

③ 改扩建既有桥涵荷载等级的选用应符合下列规定：

a. 既有桥涵的检测评价应采用原设计荷载等级。

b. 对拼宽部分与既有部分结构连接进行整体验算，评价正常使用极限状态时应采用原设计荷载等级，评价承载能力极限状态时应采用现行荷载等级。

c. 分离新增桥涵、拼宽桥涵的新建部分设计，应采用现行荷载等级。

d. 分离增建时，既有桥涵可维持原设计荷载等级。

注意：对于高速公路改扩建的拼宽桥梁，依据《高速公路改扩建设计细则》JTG/T L11—2014，评价正常使用极限状态时应采用原设计荷载等级，评价承载能力极限状态时应采用现行荷载等级。

④ 结构边界条件的改变：支座滑动、转动等功能受损或失效引起的边界条件改变；因运营期桥面改造将伸缩缝撤除导致结构由简支转为桥面连续的；独柱墩抗倾覆加固增设的拉杆设置不合理引起结构受力体系改变等。

⑤ 结构几何形态的变化：桥梁结构的下挠、墩台沉降、墩柱倾斜、拱轴线型等的变化（应采用监测数据）。

⑥ 整体式箱梁应考虑偏载效应的影响。

⑦ 混凝土桥面铺装与梁体结合较好时，且缺损状况评定标度小于 3 时，在检算中可考虑混凝土桥面铺装扣除表面 2cm 磨耗层后参与梁体共同受力。

⑧ 对冲刷严重的河段，应考虑冲刷对墩台和基础的影响。

⑨ 对预应力结构，预应力损失除应考虑混凝土收缩徐变外，还应调查桥梁施工资料，充分考虑施工时的不利影响，并考虑预应力锚固、压浆、断丝等的检测情况以及桥梁结构表面开裂的情况等进行合理折减。

⑩ 整体式曲线桥、异型结构及其他复杂结构桥梁，结构计算应采用实体单元模型计算。

⑪ 对钢筋混凝土及预应力混凝土桥梁，砖、石及混凝土桥梁，特别是箱形截面的连续结构，检算时应考虑日照温差引起的温度影响力。

第五节　桥梁健康监测技术

1. 基本知识

在桥梁的管理和维护中，传统的人工检测方法是滞后和低效的。为了保证桥梁结构的正常运行和大桥的运行管理，桥梁的健康监测势在必行。桥梁健康监测由传感器子系统、数据采集与传输子系统和数据处理与控制子系统组成。

（1）传感器子系统相当于开发监控程序。它是该系统的硬件系统。在桥式健康监测系统中，传感器子系统是整个系统的"眼睛"。桥式健康监测系统可以通过传感器子系统对其结构进行实时监控，为后续工作奠定基础。其关键问题是传感器位置的优化：以最小的传感器数量实现最大的监控效率，这可以减轻数据传输和数据处理的负担。

（2）数据采集传输子系统负责将传感器发出的电、光、声、磁等信号处理成数字信号，初始处理后传输到中央数据库。

（3）数据处理和控制子系统由数据预处理模块、安全预警模块、损伤识别模块和损伤评估模块组成。

2. 方法标准

（1）《公路长大桥梁结构健康监测系统试点建设技术指南》（粤交质〔2021〕424 号）；

（2）《公路桥梁结构监测技术规范》JT/T 1037—2022。

3. 监测内容

（1）一般规定

监测内容包括环境与作用、结构响应及变化，应根据桥梁所处环境、所受作用以及结构构造特点、力学行为特性、状态评估需求和养护管理要求等因素综合确定。

监测内容应考虑各试点桥梁的不同监测需求。系统新建或改造升级时需应根据桥梁技术状况、构件状况和典型病害等确定相应监测内容。

监测内容包含应选监测项、宜选监测项、可选监测项。对于试点桥梁，应监测项无建设条件的，经分析论证，可根据实际情况调整监测内容，但应在具备条件后补充相关监测项。

根据养护管理需要，可对桥梁附属设施状况及桥梁运营状态等进行监测，可将相关其他系统数据接入监测系统，包括除湿系统、防撞护栏、异物侵限、声屏障、桥面和桥下车船状态等数据。

（2）悬索桥

悬索桥监测内容选择如下：

1）环境监测项主要包括环境温度和环境湿度。

2）作用监测项主要包括车辆荷载、风荷载、结构温度、船舶撞击、地震等。车辆荷载是悬索桥运营期间的主要荷载，通过监测桥上所有车道的车重、轴重、车流量、空间分布等数据，可以获得车辆荷载信息，为桥梁评估提供荷载数据。风荷载是大跨度悬索桥的主要荷载之一，桥梁结构风参数应通过监测自由风场的风速和风向获得。风速、风向的监测位置主要为桥面和塔顶，通过风参数监测，为主缆、主梁、吊索等的风致振动评估提供数据。结构温度监测项主要包括混凝土或钢结构构件温度、桥面铺装层温度等，通过温度监测数据，可用于温度修正和温度梯度的获取。考虑悬索桥航道的船舶撞击风险，宜对船舶撞击进行监测，监测内容为桥墩加速度和视频监控。抗震设防区悬索桥在服役过程中可能遭受的破坏力强的荷载，应进行地震监测，地震动监测传感器宜布设在桥岸地表场地、承台顶或桥墩底部，获得桥梁地震动输入，为桥梁震后评估提供数据。

3）悬索桥响应监测项主要包括位移、转角、应变、索力、支座反力、振动等。位移监测项主要包括主梁挠度、主梁横向变形、支座位移、梁端纵向位移、塔顶偏位和主缆偏位等，通过位移监测数据，可以评估桥梁整体稳定性。转角监测项主要包括塔顶截面倾角、梁端水平转角、梁端竖向转角等，通过转角监测数据，可以评估桥梁整体变形特性和伸缩缝支座性能。应变监测主要包括主梁和索塔关键截面应变，通过应变监测数据可以确定关键截面的应力状态。通过索力、锚跨索股力监测数据可以获得吊索和锚跨索股索力进而评估吊索和锚跨索股状态。支座反力监测数据可以反映支座是否处于正常受压工作状态并且是否出现脱空、卡死现象。振动监测项主要包括主梁竖向振动加速度、主梁横向振动加速度、主梁纵向振动加速度、塔顶水平双向振动加速度和索振动加速度等，通过振动监测数据可以判断桥梁是否发生过大的振动，识别桥梁结构频率、振型、阻尼比等动力特性，判断是否发生涡振等，识别吊索振动频率以及吊索过大的振动，进而评估吊索状态等。

4）悬索桥变化监测项主要包括基础冲刷、变形、裂缝、腐蚀、断丝、螺栓紧固力和索夹滑移等。基础冲刷项主要监测基础冲刷深度，可以为评估基础承载力和桥梁稳定性提供依据。变形监测主要包括锚碇位移，通过变形监测数据，可以评估和判断桥梁整体安全状态。裂缝监测主要包括混凝土结构裂缝和钢结构裂缝，通过监测裂缝长度、宽度和扩展速度，可以为桥梁评级提供依据，同时反映桥梁局部刚度退化情况。腐蚀监测项主要包括墩身和承台的混凝土氯离子浓度、墩身和承台混凝土侵蚀深度等。通过监测吊索、主缆断丝数量，可以评估吊索、主缆的承载力和寿命退化程度。索夹发生滑移会改变吊索状态，导致内力状态变化，也会损坏主缆防护层从而导致主缆损伤，严重影响结构安全，索夹滑移主要监测索夹滑移量大小。索夹螺栓松动是造成索夹抗滑力不足、产生滑移的一个原因，通过监测索夹螺栓紧固力，可以反映螺栓是否处于正常均匀受力状态、有无发生松动、是否需要补足螺栓紧固力。

悬索桥监测内容见表14-30。

（3）斜拉桥

斜拉桥监测内容选择原则如下：

1）环境监测项主要包括环境温度和环境湿度。

悬索桥监测内容　　　　　　　　表 14-30

监测类别		监测内容	监测选项
环境	环境温湿度	桥址区环境温湿度	●
		主梁内温湿度**	●
		主缆内温湿度	○
		锚室内温湿度*	●
		鞍罩内温湿度	●
		索塔内温湿度	○
作用	车辆荷载	所有车道车重、轴重、车速	●
		所有车道车流量	●
		所有车道的车辆空间分布	◎
	风荷载	桥面风速、风向	●
		塔顶风速、风向	●
	结构温度	混凝土或钢结构构件温度	●
		桥面铺装层温度	○
	船舶撞击	桥墩加速度	○
		视频监控	○
	地震	桥岸地表场地加速度	◎
		承台顶或桥墩底部加速度	●
结构响应	位移	主梁挠度	●
		主梁横向位移	●
		支座位移	●
		梁端纵向位移	●
		塔顶偏位	●
		主缆偏位	○
	转角	塔顶截面倾角	◎
		梁端水平转角	●
		梁端竖向转角	●
	应变	主梁关键截面应变	●
		索塔关键截面应变	○
	索力	吊索索力	●
		锚跨索股力	○
	支座反力	支座反力	○
	振动	主梁竖向振动加速度	●
		主梁横向振动加速度	●
		主梁纵向振动加速度	○
		塔顶水平双向振动加速度	●
		索振动加速度	●

监测类别		监测内容	监测选项
结构变化	基础冲刷	基础冲刷深度	◎
	变形	锚碇位移	●
	裂缝	混凝土结构裂缝	○
		钢结构裂缝	○
	腐蚀	墩身、承台混凝土氯离子浓度	◎
		墩身、承台混凝土侵蚀深度	◎
	断丝	吊索、主缆断丝	◎
	螺栓紧固力	索夹螺杆紧固力、高强螺栓紧固力	○
	索夹滑移	索夹滑移	○

注：①●为应选监测项；○为宜选监测项；◎为可选监测项。

②＊仅适用于地锚式悬索桥；＊＊若主梁是开口式的，无需监测。

2）作用监测项主要包括车辆荷载、风荷载、结构温度、船舶撞击、地震等。

3）斜拉桥响应监测项主要包括位移、转角、应变、索力、支座反力、振动等。

4）斜拉桥变化监测项主要包括基础冲刷、裂缝、腐蚀、断丝、螺栓紧固力等。

斜拉桥监测内容见表14-31。

斜拉桥监测内容　　　　　　　　　　表 14-31

监测类别		监测内容	监测选项
环境	环境温湿度	桥址区环境温湿度	●
		主梁内温湿度＊	●
		索塔锚固区温湿度	●
	雨量	降雨量	◎
作用	车辆荷载	所有车道车重、轴重、车速	●
		所有车道车流量	●
		所有车道的车辆空间分布	◎
	风荷载	桥面风速、风向	●
		塔顶风速、风向	●
	结构温度	混凝土或钢结构构件温度	●
		桥面铺装层温度	○
	船舶撞击	桥墩加速度	○
		视频监控	○
	地震	桥岸地表场地加速度	◎
		承台顶或桥墩底部加速度	●
结构响应	位移	主梁挠度	●
		主梁横向位移	○
		支座位移	●

续表

监测类别		监测内容	监测选项
结构响应	位移	梁端纵向位移	●
		塔顶偏位	●
	转角	塔顶截面倾角	○
		梁端水平转角	●
		梁端竖向转角	●
	应变	主梁关键截面应变	●
		索塔关键截面应变	○
	索力	斜拉索索力	●
	支座反力	支座反力	○
	振动	主梁竖向振动加速度	●
		主梁横向振动加速度	●
		主梁纵向振动加速度	○
		塔顶水平双向振动加速度	●
		索振动加速度	●
结构变化	基础冲刷	基础冲刷深度	◎
	裂缝	混凝土结构裂缝	○
		钢结构裂缝	○
	腐蚀	墩身、承台混凝土氯离子浓度	◎
		墩身、承台混凝土侵蚀深度	◎
	断丝	斜拉索断丝	◎
	螺栓紧固力	高强螺栓紧固力	○

注：①●为应选监测项；○为宜选监测项；◎为可选监测项。

　　②＊若主梁是开口式的，无需监测。

（4）梁桥

梁桥监测内容原则如下：

1）环境监测项主要包括环境温度和环境湿度。

2）作用监测项主要包括车辆荷载、风荷载、结构温度、船舶撞击、地震等。

3）梁桥响应监测项主要包括位移、应变、支座反力、振动等。

4）梁桥变化监测项主要包括基础冲刷、裂缝、腐蚀、预应力、螺栓紧固力等。

梁桥监测内容见表14-32。

梁桥监测内容　　　　　　　　　　　　　　　　　　　　　　　表 14-32

监测类别		监测内容	监测选项
环境	环境温湿度	桥址区环境温湿度	●
		主梁内温湿度＊	●

监测类别		监测内容	监测选项
作用	车辆荷载	所有车道车重、轴重、车速	○
		所有车道车流量	○
		所有车道的车辆空间分布	◎
	风荷载	桥面风速、风向	◎
	结构温度	混凝土或钢结构构件温度	●
		桥面铺装层温度	○
	船舶撞击	桥墩加速度	○
		视频监控	○
	地震	桥岸地表场地加速度	◎
		承台顶或桥墩底部加速度	●
结构响应	位移	主梁挠度	●
		支座位移	○
		梁端纵向位移	○
		高墩墩顶偏位	○
	应变	主梁关键截面应变	●
	支座反力	支座反力	○
	振动	主梁竖向振动加速度	●
		主梁横向振动加速度	○
		主梁纵向振动加速度	○
		桥墩顶部纵向及横向振动加速度	◎
结构变化	基础冲刷	基础冲刷深度	◎
	裂缝	混凝土结构裂缝	○
		钢结构裂缝	○
	腐蚀	墩身、承台混凝土氯离子浓度	◎
		墩身、承台混凝土侵蚀深度	◎
	预应力	体外预应力	●
	螺栓紧固力	高强螺栓紧固力	○

注：①●为应选监测项；○为宜选监测项；◎为可选监测项。

②＊若主梁是开口式的，无需监测。

（5）拱桥

拱桥监测内容应选择原则如下：

1）环境监测项主要包括环境温度和环境湿度。

2）作用监测项主要包括车辆荷载、风荷载、结构温度、船舶撞击、地震等。

3）拱桥响应监测项主要包括位移、应变、索力、支座反力、振动等。

4）拱桥变化监测项主要包括基础冲刷、裂缝、腐蚀、断丝、螺栓紧固力等。

拱桥监测内容见表 14-33。

拱桥监测内容 表 14-33

监测类别		监测内容	监测选项
环境	环境温湿度	桥址区环境温湿度	●
		主梁内温湿度*	●
		主拱内温湿度**	●
作用	车辆荷载	所有车道车重、轴重、车速	●/◎***
		所有车道车流量	●/◎***
		所有车道的车辆空间分布	◎
	风荷载	桥面风速、风向	●/◎***
		拱顶风速、风向	●/◎***
	结构温度	混凝土或钢结构构件温度	●
		桥面铺装层温度	○
	船舶撞击	桥墩加速度	○
		视频监控	○
	地震	桥岸地表场地加速度	◎
		承台顶或桥墩底部加速度	●
结构响应	位移	主梁挠度	●
		主梁横向位移	●
		支座位移	○
		梁端纵向位移	○
		拱顶偏位	●
	应变	主梁关键截面应变	●
		主拱关键截面应变	○
	索力	吊杆力	●
		系杆力	●
	支座反力	支座反力	○
	振动	主梁竖向振动加速度	●
		主梁横向振动加速度	○
		主梁纵向振动加速度	◎
		拱圈振动加速度	●
		吊杆振动加速度	●
结构变化	基础冲刷	基础冲刷深度	◎
	变形	拱脚偏位	●
	裂缝	混凝土结构裂缝	○
		钢结构裂缝	○
	腐蚀	墩身、承台混凝土氯离子浓度	◎
		墩身、承台混凝土侵蚀深度	◎
	断丝	索体断丝	◎
	螺栓紧固力	高强螺栓紧固力	○

注：①●为应选监测项；○为宜选监测项；◎为可选监测项。
　　②*若主梁是开口式的，无需监测。
　　③**适用于箱形拱。
　　④***对于中、下承式拱桥为应监测项；上承式拱桥为宜监测项或可监测项。

4. 测点布设

（1）一般规定

测点布设基于所确定的监测内容，应包括环境测点、作用测点、结构响应及结构变化测点，测点位置和数量依据桥梁所处环境、所受作用分布、结构构造特点、结构静力特性、结构动力特性、结构病害分布等因素综合确定，应满足监测参数分析和结构状态评估需求。测点布设应明确传感器的数量，安装位置、方向宜可更换。对于不可更换的测点，宜做冗余设计。对存在病害突出问题的桥梁局部构件，应针对性增加测点数量。

（2）环境测点

桥址区环境温度和湿度的测点宜布设在桥梁跨中位置，可根据桥梁跨径、构造、联长增设测点。

（3）作用测点

车辆荷载监测测点应覆盖所有行车道，且宜选择在路基或有稳定支撑的结构铺装层内。风荷载测点应选择在桥面上、下游两侧，塔顶以及拱顶位置，安装位置应能监测自由场风速和风向。跨度小于 1500m 悬索桥或小于 800m 斜拉桥宜在主梁跨中上、下游两侧各布设一个测点；跨度不小于 1500m 悬索桥或不小于 800m 斜拉桥，宜结合风场空间相关性分析布设测点数量；对于中/下承式拱桥应在桥面、拱顶设置监测点；位于强风区横风作用显著的梁桥或上承式拱桥可进行风荷载监测。截面形式为钢箱梁的，风速仪竖向立杆高度或外挑长度应大于 1.0 倍的梁高。

桥梁结构温度测点应在关键混凝土或钢结构构件上布设温度测点；宜在主梁铺装层布设温度测点；结构温度测点布置宜与应变监测的温度补偿测点统一设计；测点数量和位置应根据桥梁结构温度场分布特点并结合跨径、构件尺寸、铺装体系、日照情况等因素综合确定。

航道等级为Ⅰ级～Ⅴ级的桥梁宜进行船舶撞击监测，非通航孔桥宜在船舶撞击风险区进行船舶撞击监测；船舶撞击测点宜布设在船撞危险区的主梁、桥墩底部或承台顶部。

地震动测点应布设于承台顶或桥墩底部，可布设于桥梁两岸的自由场地；长度小于 800m 的桥梁，至少布设一个测点；长度不小于 800m 的桥梁，考虑地震地面运动非一致性，可相应地增加布设测点。

（4）响应测点

响应测点布设应依据结构构造特点、结构静力特性、结构动力特性、结构病害分布区域，布设于各类构件的位移、转角、应变、索力、振动等特征点处。结构整体位移和倾角测点布设，应根据最不利荷载组合作用下主缆、主梁、索塔、拱圈等关键构件的挠度、位移和倾角包络线，选择变形、位移和倾角极值点位置。

主梁挠度测点布设，根据跨径布置，应不少于主跨四分点处，边跨不少于跨中处；对于宽幅桥面、中央索面或其他具有扭转监测需求的主梁，应在同一断面左右幅外侧位置布设测点。索塔、拱圈拱肋偏位测点应布设在索塔顶部、拱圈拱肋顶部。支座位移、主梁梁端纵向位移测点宜布设在梁端支座处，并布设永久性人工观测点。高墩桥梁或纵坡较大的桥梁墩顶纵桥向和横桥向偏位测点宜设置在桥墩顶部。

索塔、主梁、拱圈、拱肋、立柱、斜杆等关键构件截面应变测点位置和数量应根据结构计算分析，选择受力较大或影响结构整体安全的关键截面和部位；主梁顶板应变监测点，应布置在重车道或行车道车轮轮迹线对应位置；正交异性钢桥面板应变监测点宜布设在顶板、U 肋和横隔板等局部应变较大处；受力复杂的构件截面和部位，宜布设三向应变测点。

混合梁的钢混接合面处应布设应变测点，应布设在应变较大和应力集中处。

应根据吊索/拉索的布置形式、规格型号、索力、应力幅值等，确定索力及振动监测的吊索/拉索，宜对上、下游对称吊索/拉索成对布设测点；应根据主缆索股布置形式，确定锚跨张力监测的索股，基准索股应布设测点；应对系杆拱桥的系杆索力进行监测。

支座反力测点宜根据支座类型、构造、安装方式确定布设位置。

主梁横桥向和竖向振动测点应根据主梁振动振型确定，宜布设在振型峰值点处，测点位置应至少包括主跨跨中和四分点处。索塔水平双向的振动测点应参考成桥状态索塔振动的振型确定。

（5）变化测点

可进行基础冲刷监测，测点布设宜根据基础冲刷风险分析和专项评估确定桥墩测点位置。悬索桥应对锚碇位移进行监测，测点宜利用沉降变形观测点，布设于锚体和前支墩角点；拱桥应对拱脚偏位进行监测。

技术状况为一类和二类的桥梁，宜选择代表性混凝土结构裂缝、钢结构裂缝进行监测；技术状况为三类和四类的桥梁，应选择代表性混凝土结构裂缝、钢结构裂缝进行监测。应依据定期检测评估结果确定测点位置和数量，宜对裂缝宽度的发展变化趋势进行跟踪观测。同时可进行混凝土腐蚀监测，测点应布设在墩台水位变动、浪溅区的混凝土保护层内，可布设在大气区和钢筋混凝土梁受拉区的保护层内。测点位置、数量根据氯离子浓度梯度测试要求确定。有体外预应力的梁桥应进行体外预应力监测，测点位置和测点数量宜依据结构构造特点和预应力布设位置、形式确定。

构件技术状况评定为三类或四类的索体可布设断丝测点，索体断丝测点应布设在索体锚头端部位置。构件技术状况评定为三类或四类的悬索桥索夹宜布设索夹滑移和索夹螺栓紧固力测点，索夹滑移及索夹螺栓紧固力监测应根据索夹类型、索夹倾角以及螺栓布置形式确定需监测的索夹和螺栓。高强螺栓紧固力测点位置和数据宜根据检测结果和病害情况确定。对重点部位表观病害，宜布设视频图像监测测点。

（6）测点布设图示

为指导试点桥梁的测点布设工作，分别列出悬索桥、斜拉桥、梁桥、拱桥四类桥型的测点布设图示，各试点桥梁应遵循相关标准进行详细设计。

11. 测点布设
图示

5. 监测方法

12. 监测方法

6. 监测系统

13. 监测系统

7. 监测数据

14. 监测数据

第六节　锚下有效预应力检测

1. 基本知识

近几年，随着现代工程检测技术的发展，锚下预应力检测新技术得到应用，基于国内部分院校及科研机构的相关成果，国内部分省市出台了相关的地方规程，如广东省交通运输工程质量监督站印发了《关于进一步加强桥梁预应力张拉施工质量管理的通知》（粤交监督〔2014〕126 号），该通知明确了预应力检测的频率，同时对锚下有效预应力的力值、均匀度提出了具体的量化指标，对提高桥梁预应力施工的品质起到了很大的促进作用；同时，广东省在建项目也以此通知为依据开始全面推行桥梁锚下有效预应力的检测工作。

2. 检测方法

（1）基本原理

1）检测原理

根据物理学理论，在最理想的状态下，锚具和夹片摩擦合力的数值、夹片和钢绞线摩擦合力的数值、锚索所受拉力的数值、锚索体与粘结剂之间摩合力的数值、粘结剂与围岩之间摩擦合力的数值，理论上来说都应该是等值的，只有保证这些数据的等值，整个锚索系统才能保持平衡的状态，因此，在实际工作中，想要测验出锚下的预应力是否处在安全合理的数值内，只需要测验出这五个力中任意一个就可以得出结论。

2）反拉检测方法适用的对象

反拉检测方法的基本原理很大程度上根植于拉拔检测方法，是拉拔检测方法的拓展，是目前较常采用的针对锚索有效预应力的一种使用广泛且较为先进的测验方法。其主要工作方法是通过液压千斤顶对被检测锚索施加一定的拉力使其产生变化并在这个过程中进行观察，直到施加的外力达到锚索有效预应力的要求为止。在整个测验过程中，通过专业的技术设备和计算机软件准确记录锚索达到有效预应力所施加的反拉力以及由于施加反拉力导致锚索产生位移的情况，通过专业设备和计算机软件对液压所施加的反拉力和由于反拉力使锚索位移变化的监视来及时终止反拉，从已经记录的数据入手，通过缜密计算与分析反拉力和锚索位移的情况，最终得出锚索有效预应力的数值，关键是整个工程不会破坏锚索现有的状态。

（2）方法标准

1）《广东省公路桥梁工程后张法预应力施工及检测技术指南》（粤交质〔2021〕424号）；

2）《公路桥梁锚下有效预应力检测技术规程》T/CECS G：J51—01—2020；

3）《预应力筋用锚具、夹具和连接器》GB/T 14370—2015；

4）《公路桥涵施工技术规范》JTG/T 3650—2020。

（3）仪器设备

锚下有效预应力检测仪是根据弹模效应与最小应力跟踪原理研发，由液压泵站（电机）系统、千斤顶系统及计算机软件组合而成的一套仪器设备。当预应力施工按照程序完成张拉（张拉完成的48h之内），同时在压浆之前可以进行预应力检测，检测仪的千斤顶带动已经张拉完成的钢绞线向前移动0.5mm时，即可测出单根预应力钢束的锚下有效预应力值。

设备应符合下列规定：反拉加载设备公称张拉力不小于最大加载力值的1.3倍，且不大于最大加载力值；反拉加载设备具备均匀加、卸载与稳压补偿等性能；测力仪器量程应为最大加载力值的1.5～2.0倍，示值精度±1%F·S，稳定工作温度范围为－10～＋45℃；位移测量仪器示值精度不得大于0.1%F·S，分度值应优于或等于0.01mm。

（4）检测步骤

1）确定抽检数量

根据《广东省公路桥梁工程后张法预应力施工及检测技术指南》（粤交质〔2021〕424号）的规定，有效预应力检测工作宜在预应力筋张拉锚固后24h内进行，检测频率如下：

① 预制梁：每个预制场前2片梁必检，后续生产的预制梁宜按2%的比例抽检且不少于2片，抽检到的构件应对所有预应力筋的有效预应力进行检测。

② 现浇、悬浇、悬拼结构首件张拉的每类（纵向、竖向、横向）预应力筋必检3束。后续生产的现浇、悬浇、悬拼结构纵向预应力束抽检比例宜不少于3%，且不少于2束；现浇、悬浇、悬拼结构竖向预应力束抽检比例宜不少于5%；现浇、悬浇、悬拼结构横向预应力束，先简支后连续结构负弯矩预应力束抽检比例宜不少于1%。

③ 当发现有效预应力不合格，应对同类结构加倍抽检，并按规定进行处理。

2）检测工作实施

检测过程的管理是一个与各参建方沟通、协调和相互配合的过程，根据桥梁锚下有效预应力检测的特点，制定出以下要点：

① 检测工期与桥梁施工工期同步，检测工作安排与各工点工程的施工同步。

② 检测以随机抽检为主，具体抽检数量以实际发生并经发包人确认的数量为准。预应力张拉开始时要加大检测力度，边检测边指导。

③ 锚下有效预应力检测工作应在预应力筋张拉锚固后24h内进行。

④ 梁体在预应力检测前，不得对预应力筋进行切割和管道注浆。

⑤ 监理在预应力检测时，需加强旁站；业主、施工应做好各项检测配合工作。

检测单位在收到业主检测通知后立即组织人员和设备开展检测工作，并通知：

① 检测现场

在张拉完毕后，预应力待检部位不切筋，不封锚，不注浆。现场技术工程师 1 人，工人 2 人，220V、380V 施工现场用电等。

② 检测完毕后，完成检测构件不切丝，待业主通知检测结果及处理意见。

③ 不合格部位处理完毕后，及时报检，检测单位进行复检。复检合格后方可进行下一步工作。

④ 严格落实安全作业规程，严格遵守张拉检测构件两端及作业区无关人员不得进入，检测区域严禁吊装施工。

检测工作流程如图 14-11 所示。

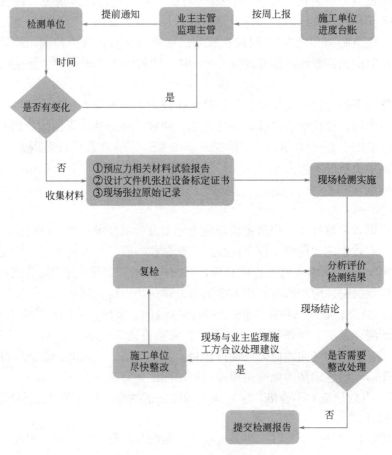

图 14-11　检测工作流程

（5）计算分析

1）结果评价方法

有效预应力检测结果评价方法如下：

① 张拉锚固后的锚下有效预应力应符合设计锚下有效预应力标准值；

② 如设计无相关规定，对长度不小于 16m 的低松弛钢绞线，张拉后的锚下有效预应力应符合表 14-34 规定。

锚下有效预应力大小控制要求　　　　　　　　　　表 14-34

构件类型		标准值（kN）	有效预应力允许偏差（%）			不均匀度（%）		单点极值偏差（%）
			单根	整束	断面	同束	同断面	
预制梁	20m 箱	173	±6	±5	±4	5	2	±7
	25m 箱	175						
	30m 箱	178						
	40m 箱	180						
	30m T 梁	177						
	40m T 梁	175						
	16m 板	162						
现浇	纵向束	174	±8	±5	±4	5	2	±9
	盖梁	168						
	扁锚	168						

注：①表中对应的锚下设计张拉系数为 0.75；
　　②张拉系数适用范围为 0.7～0.75，张拉系数每增减 0.01，对应的标准值增减 2kN；
　　③对于长度小于 16m 的低松弛钢绞线或负弯矩束，张拉后的锚下有效预应力的控制值可按《公路桥涵施工技术规范》JTG/T 3650—2020 附录 F 计算。

2）张拉质量评定及不合格处理

① 预制梁板以 1 片为单元进行评价，该片梁板预应力束全部检测；现浇梁等其他结构类型，以 1 孔预应力束为单元进行评价。

② 检测结果对照表 14-34 进行判定，确定类别，当不满足要求时，应采取措施进行处理，防止出现系统性质量风险。

③ 对于退索会危及结构、施工安全的特殊情况，经设计单位复核梁板的承载能力满足设计要求时，可不退索。设计未进行复核的梁板，需进行荷载试验，确认其是否满足设计使用要求。

④ 退索处理中退出的钢绞线和夹片应报废处理，不得重复使用。

预应力张拉质量评定及处理措施见表 14-35。

预应力张拉质量评定及处理措施　　　　　　　　　　表 14-35

判定类别	检测结果	处理措施	备注
Ⅰ	各指标均满足控制要求	—	—
Ⅱ	同束不均匀度不满足，其余指标均满足	应核查穿束、装配工艺，组织相关技术人员与班组再次进行培训交底，并形成文件资料备查	—
Ⅲ	力值结果不满足控制要求：①单根力值合格率低于 90%；②单根力值超出极值要求；③整束平均力值超出控制要求；④断面平均力值超出控制要求	未全断面检测的，应进一步明确其不合格范围，并在 24h 内对涉及的整束力筋做退索处理后，重新穿束张拉	出现检测结果 4 种中的任意一种，均视为不满足

判定类别	检测结果	处理措施	备注
Ⅳ	力值结果不满足控制要求（同Ⅲ类）且同断面不均匀度都不满足控制要求	应停止张拉施工，核查张拉工艺并重新检定张拉设备，验证其精度和可靠性；整改后，后续采用相同施工工艺生产的2片预制梁（现浇梁等其他梁型，按2倍抽检比例抽测）必须进行检测，通过检测确认其效果后方可继续施工	对现浇梁等结构类型未进行全断面检测的，出现该检测结果时，将其力值结果不满足控制要求的钢束评为Ⅳ类

（6）常见问题

1）设备校准要求

拟投入的仪器设备满足下述要求：

① 检测设备经过国家质量监督部门授权的检定机构检定或校准合格。

② 检测设备每半年检定或校准一次。

③ 可自动控制千斤顶的升降压；可实时采集位移、压力信号，最小采样间隔为50ms。

④ 实时显示位移、压力的时程曲线，给出锚下有效预应力实测值，检测过程不受人为影响，且检测结果不能被篡改。

⑤ 锚下有效应力测试仪器的检测精度为：力值示值误差$\leqslant \pm 1.0\%$ F·S，力值重复性误差$\leqslant 1.0\%$，测量系统误差$\leqslant \pm 1.5\%$ F·S，测量系统重复性$\leqslant 1.0\%$。

2）张拉安全常见问题

① 张拉作业区无关人员不得进入。

② 检查张拉设备、工具及辅助机械是否符合施工及安全的要求。

③ 高压油泵与千斤顶之间的连接点，各接口必须完好无损。油泵操作人员应佩戴防护眼镜。

④ 油泵开动时，进、回油的速度与压力表指针升降应平稳、均匀一致。安全阀应保持灵敏可靠。

⑤ 张拉前，操作人员应保证联络信号通畅。张拉两端相距较远时，采用对讲机通话。

⑥ 张拉千斤顶后方严禁站人，并设置安全防护挡板。

⑦ 张拉力的作用线应与预应力束中心一致，不得偏转。

⑧ 张拉操作人员在张拉时应严格按照张拉施工工艺进行张拉并严格遵守张拉设备操作规程。张拉操作中若出现异常现象，如压力表振动剧烈、发生漏油、电机声音异常、发生断丝、滑丝等，应立即停止作业。

⑨ 工具夹片使用后应注意保养，张拉前逐一检查。当出现较大磨损、裂纹等情况应立即更换。

⑩ 张拉时，严禁工作压力超过额定压力。

⑪ 张拉完毕，应妥善保护构件，不得压重物。管道尚未压浆前，梁端应设围护和挡板，严禁撞击锚具和钢束。

⑫ 从施加预应力至锚固后封端期间，除非采取有效屏蔽措施，操作人员不得在锚具的正前方活动，不得敲击钢绞线或锚具。

第七节 孔道摩阻损失检测

1. 基本知识

预应力筋过长或弯曲过多都会造成预应力筋的孔道摩擦损失，特别是弯曲多、弯曲半径小、弯曲角度较大的预应力筋，在两端张拉时，其中段的有效预应力损失很大，这种预应力的损失往往不容易准确地计算出来，因而其在张拉控制应力作用下的伸长值也无法准确计算。

作为张拉的控制条件，如果孔道有漏浆堵塞现象不校核伸长值，就会使有效预应力达不到设计的要求造成质量事故，另外，在连续刚构梁悬臂施工过程中，预应力孔道埋设与设计存在误差时，预应力损失也是不同的。这时，设计单位若按照以往经验计算是不能真实反映实际施工情况的。因此，后张法预应力混凝土结构中孔道摩阻损失估算的准确程度会直接影响结构的使用安全，而施工中混凝土的质量、张拉工艺的优劣往往会影响孔道摩阻损失的大小，测量预应力筋摩阻力，是确保施工质量的有效措施。

2. 检测方法

（1）锚圈口损失检测

1）测试原理

由于张拉过程中力筋不可避免与喇叭口和锚圈口接触并发生相对滑动，必然产生摩擦阻力，而这些摩擦阻力包括在张拉控制应力中。而相关规范中有的给出了参考值，如锚圈口摩阻给出的参考值为5%，但要求有条件者要测试；而喇叭口摩阻则没有对应的参考数值，设计采用的喇叭口和锚圈口摩阻损失之和为张拉控制应力的6%，故此需要进行现场实测。

考虑到测试方便和准确测试所确定的内容，在地面上制作一块混凝土长方体，其尺寸大约为0.80m×0.80m×3.00m，留有与力筋管道相同的直线孔道，两端埋设了喇叭口。以此为试验平台，采用多组锚头和钢绞线反复测试此项损失。锚圈口摩阻损失测试采用工作状态的锚头（必须安装夹片），然后通过其前后的压力传感器测得其数值，测试布置如图14-12所示。用两端传感器测出锚具和锚垫板前后拉力差值即为锚具的锚口摩阻和锚垫板摩阻损失之和，以张拉力的百分率计。

2）检测依据

①《公路桥涵施工技术规范》JTG/T 3650—2020；

②《广东省公路桥梁工程后张法预应力施工及检测技术指南》（粤交质〔2021〕424号）。

3）仪器设备

采用预应力张拉设备的千斤顶进行试验。

4）测试步骤

用油压千斤顶测定时，可在张拉台上或用一根直孔道钢筋混凝土柱（混凝土长方体，

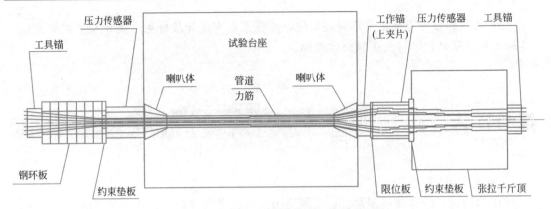

图 14-12 喇叭口和锚圈口损失测试布置

其尺寸大约为 0.80m×0.80m×5.00m)，留有与力筋管道相同的直线孔道，两端均用锥形锚，其测定步骤如下：

① 根据测试布置图安装压力传感器、锚具、锚垫板、张拉千斤顶。

② 两端同时充油，油表读数值均保持 4MPa，然后将甲端封闭作为被动端，乙端作为主动端，张拉至控制吨位。设乙端压力传感器读数为 N_a 时，甲端压力传感器的相应读数为 N_b，则锚口摩阻力为：

$$N_0 = N_a - N_b \tag{14-11}$$

克服锚圈口摩阻力的张拉系数

$$n_0 = \sqrt{\frac{N_a}{N_b}} \tag{14-12}$$

测试反复进行 3 次，取平均值。

③ 乙端封闭，甲端张拉，同样按上述方法进行三次，取平均值；

④ 两次的 N_0 和 n_0 平均值，再予以平均，即为测定值。

（2）管道摩阻损失测试

1）测试原理

管道摩阻常规测试方法以主被动千斤顶法为主，该方法主要存在测试不够准确和测试工艺方面等问题。

其一：由于千斤顶内部存在摩擦阻力，虽然主被动端交替测试可消除大部分影响，但仍存在一定的影响；

其二：千斤顶主动和被动张拉的油表读数是不同的，需要在测试前进行现场标定被动张拉曲线；

其三：在测试工艺上，力筋从喇叭口到千斤顶张拉端的长度不足，使得力筋和喇叭口有接触，产生一定的摩擦阻力，也使得测试数据包含了该部分的影响。

为解决上述问题，保证测试数据的准确，使用压力传感器测取张拉端和被张拉端的压力，不再使用千斤顶油表读取数据的方法。为保证所测数据准确反映管道部分的摩阻影响，在传感器外采用约束垫板的测试工艺，其测试布置如图 14-13 所示。采用该试验装置，由于力传感器直接作用在工具锚或千斤顶与梁体之间，因此各种压缩变形等影响因素在张拉中予以及时补偿，同时测试的时间历程比较短，避免了收缩与徐变等问题，因而两

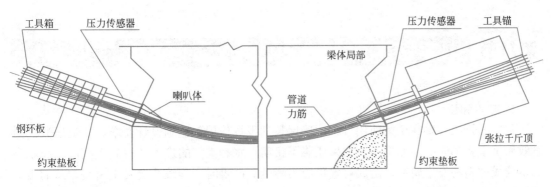

图 14-13 管道摩阻损失测试布置

端力的差值即为管道的摩阻损失。

2）检测依据

①《公路桥涵施工技术规范》JTG/T 3650—2020；

②《广东省公路桥梁工程后张法预应力施工及检测技术指南》（粤交质〔2021〕424号）。

3）仪器设备

采用预应力张拉设备的千斤顶进行试验，可参考《公路桥涵施工技术规范》JTG/T 3650—2020中的要求。

4）测试步骤

① 根据试验布置图安装传感器、锚具、锚垫板、千斤顶。

② 锚固端千斤顶主缸进油空顶100mm（根据钢束理论伸长值确定）关闭，两端预应力钢束均匀楔紧于千斤顶上，两端装置对中。

③ 千斤顶充油，保持一定数值（约4MPa）。

④ 甲端封闭，乙端张拉。根据张拉分级表，张拉端千斤顶进油分级张拉，张拉至设计张拉力。记录乙端压力传感器的读数 N_2，甲端压力传感器的读数 N_b，如此反复进行三次，取三次测试的平均值分布记为 $\overline{N_z}$ 和 $\overline{N_b}$。

5）仍按上述方法，但乙端封闭，甲端张拉，分级张拉至控制应力。记录甲端压力传感器的读数，乙端压力传感器的读数，如此反复进行三次，取三次测试的平均值。

6）将上述两次压力差平均值再次平均，即为孔道摩阻力的测试值。

（3）常见问题

1）张拉千斤顶与压力传感器的安装顺序如图14-13所示，被动端（锚固端）的钢环板换成千斤顶，约束垫板换成对中套（和压力传感器配套的）或限位板。

2）千斤顶、压力传感器和喇叭口要严格对中（中心线重合），不要使压力传感器发生偏载，要使压力传感器均匀受压。

3）被动端锚固用的千斤顶，在张拉前主缸空顶10cm关闭，以便于退锚。

4）千斤顶安装时，要注意油缸的方向，应使油缸向外便于测伸长值。

第八节 注浆密实度检测

1. 基本知识

预应力钢绞线要在桥梁使用过程中确保长期发挥作用，达到设计要求，孔道压浆的质量效果是重要的影响因素之一。如果压浆不密实，水和空气的进入使得处于高度张拉状态的钢绞线材料易发生腐蚀，造成有效预应力降低。严重时，钢绞线会发生断裂，从而极大地影响桥梁的耐久性、安全性。

灌浆不密实不仅对预应力混凝土桥梁的耐久性有很大的影响，而且对桥梁的即时承载力也有相当的影响。对于全空管道，其开裂荷载较全密实孔道低10％左右，而最大挠度则可能增加50％。此外，压浆质量缺陷还会导致混凝土应力集中，进而改变梁体的设计受力状态，从而影响桥梁的承载力和使用寿命。

2. 检测方法

基于冲击弹性波的检测方法：该方法被认为是最有前途的方法，可分为两类：

基于孔道两端穿透的方法和基于反射的冲击回波法（IE）。

（1）基本原理

① 定性检测：利用露出的锚索，在一端激发信号，另一端接收信号。通过分析在传播过程中信号的能量、频率、波速等参数的变化，从而定性地判断该孔道灌浆质量的优劣。该方法测试效率高，但测试精度和对缺陷的分辨力较差，一般适用于对漏灌、管道堵塞等灌浆事故的检测。

② 仪器定位检测：沿孔道轴线的位置，以扫描的形式逐点进行激振和接收信号。通过分析激振信号从波纹管以及对面梁侧反射信号的有无、强弱、传播时间等特性，来判断测试点下方波纹管内缺陷的有无及形态。该方法检测精度高、分辨力强，适用范围较广，目前使用最多。但该方法耗时较长，且受波纹管位置影响较大。

（2）方法标准

1）《桥梁混凝土结构无损检测技术规程》T/CECS G：J50—01—2019；

2）《公路桥梁预应力孔道压浆密实度冲击弹性波检测技术指南》T/CHTS 10012—2019；

3）《冲击回波法检测混凝土缺陷技术规程》JGJ/T 411—2017；

4）《公路桥涵施工技术规范》JTG/T 3650—2020。

（3）仪器设备

检测仪器与设备应适合于冲击弹性波信号采集与分析，主要包括激振装置、拾振装置、信号采集系统、采集软件、分析软件等。设备应进行量值溯源，且在规定的有效期内使用。检测设备应注意防尘、防潮、防振动、防雨淋等。

激振装置应符合下列要求：

1）激振装置应能产生低频率高能量的弹性波。

2）激振应采用瞬态激振方式。

3）定位检测应根据梁板构件厚度、激振频率特性等，按表 14-36 选择适宜的激振锤。

定位检测激振锤的选取参考　　　　　　　　　　　　　　　　表 14-36

梁板构件厚度(mm)	<200	200～400	400～600	>600
首选激振锤	D10	D17	D17	D30
次选激振锤	D17	D17	D30	D50

注：D××中，D 为激振锤名称代号，×× 为激振锤直径，单位 mm。

拾振装置应符合下列要求：

1）加速度传感器频带宽度宜为 100～20kHz。

2）耦合装置宜采用带侧壁阻尼的磁性卡座或机械装置，阻尼比宜为 0.2～0.5。

信号采集系统应符合下列要求：

1）信号增益宜采用电荷放大器，且增益倍率宜为 1～100 倍，放大器频带应大于传感器的有效频响范围。

2）模数转换（A/D）卡宜采用多通道，其分辨率不低于 16bit，最大采样频率应不小于 500kHz。

软件宜具有下列功能：

1）采集软件包括滤波降噪、频响补偿、图像处理、图像输出等。

2）分析软件包括离散傅立叶变换快速算法（FFT）、最大熵算法（MEM）等。

检测设备标定幅值非线性误差应在±5％以内；声信号测量相对误差应在±1％以内。

（4）检测步骤

1）测试流程

现场检测中，主要包括以下步骤：

① 复核检测对象的龄期等是否符合要求；

② 检测方法的选取：

a. 对于预制梁，可考虑定性、定位综合法（图 14-14）或仅定位检测；

b. 对于现浇梁板、先简支后连续的 2 次张拉孔道等，宜采用定位检测。

③ 在定性检测时，包括：

a. 钢绞线端头的清理；

b. 传感器安装；

c. 激振及接收信号等。

④ 在定位检测时，包括：

a. 孔道定位；

b. 测点位置选取及标识。

⑤ 激振及接收信号等。

2）检测实施

① 冲击回波法定性检测

冲击回波法定性检测纵向剖面图如图 14-15 所示，一端激发，一端接收，两端均布置传感器，每次激振可获取两组数据；传感器应布置在锚具表面的中心位置，激发装置应布置在钢绞线端头，传感器安装如图 14-16 所示，应保持传感器和锚头耦合良好。试验前清

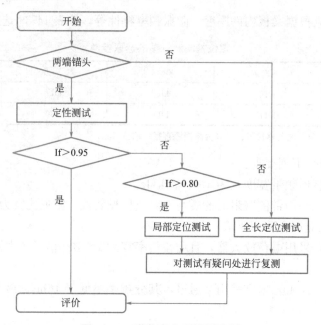

图 14-14　灌浆密实度检测流程

理好预应力筋和锚具端头，检查仪器状态，设置好相关参数，信号记录长度应根据管道长度合理选用，声波透射法信号记录长度不宜小于 $2L/V$；同一激发点宜采集不少于三组一致性较好的实测数据，多次实测数据一致性较差时应分析原因、排除干扰，并增加检测次数。

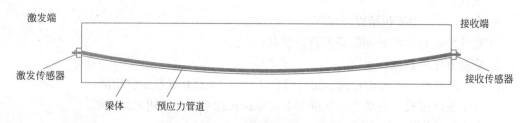

图 14-15　冲击回波法定性检测纵向剖面图

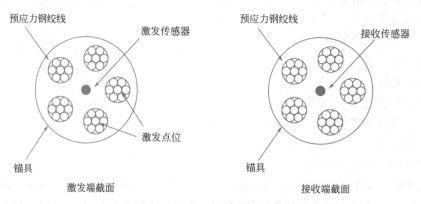

图 14-16　传感器安装示意

② 冲击回波法定位检测

根据结构的状态，本次定位检测采用的测试方法为冲击回波等效波速（IEEV）法。测试基本原理如下：沿着波纹管走向对管道的压浆情况以扫描的形式连续测试（激振和受信），通过反射信号的特性测试管道内灌浆的状况。同时为了准确判定，根据现场测试的情况，在测线上方的混凝土结构位置也布置相同测线，以便准确地对压浆情况进行判定（此即为标定），如图 14-17 所示。

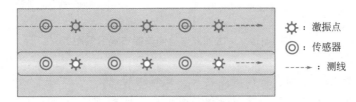

☼：激振点
◎：传感器
----→：测线

图 14-17　冲击回波法定位检测

IEEV 法利用在波纹管上部激振时，根据弹性波的反射特性来判断缺陷的具体位置。当管道灌浆存在缺陷时，激振的弹性波在缺陷处会产生反射。

激振的弹性波从梁底部反射回来所用的时间比灌浆密实的地方长，即用实际梁厚计算的等效波速慢。

冲击回波法测试原理如图 14-18 所示。

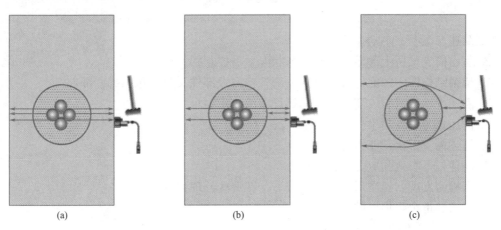

(a)　　　　　　　　　　(b)　　　　　　　　　　(c)

图 14-18　冲击回波法测试原理
（a）灌浆密实；（b）灌浆有缺陷；（c）未灌浆

根据设计和施工情况，在预应力构件侧面准确标出波纹管的投影位置，并沿测线等间距标出测点位置，侧面测点间距不宜大于 20cm，激发接收距离不宜大于 10cm；试验前并确认好仪器状态以及相关参数的设置；仪器布置如图 14-19 所示，在构件侧面单点激发，单点接收，可在传感器底座涂抹黄油或凡士林耦合，保证传感器和紧贴构件。

（5）常见问题

1）检测前应对拟检测梁体进行相关准备工作：

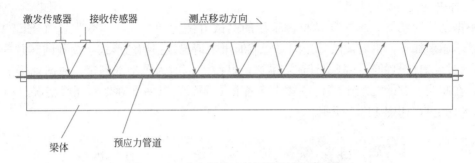

图 14-19　冲击回波法检测仪器布置示意图

① 复核压浆孔道龄期、强度满足要求，未封锚封端。
② 已根据设计文件坐标，准确标识孔道中心线位置。
③ 已整理压浆材料检测报告、压浆设备证书等资料备查。
2）梁体两端的锚头部位，管道最低点和最高点位置应重点检测。
3）在压浆施工完成 7d 后且浆体强度达到设计强度的 80% 以上时进行检测。
4）施工单位应根据设计文件确定孔道坐标，将拟检测孔道位置准确描画以备检。

思考题

1. 简述 T 形梁的构件划分原则。
2. 写出简支梁桥上部结构 5 类技术状况单项控制指标。
3. 桥梁结构评定的部件分成哪两大部件？两大部件又分别包括哪些部件？
4. 简述静动载试验应变、挠度测试设备的技术要求。
5. 简述三跨联系箱梁静载试验的工况。
6. 简述简支桥承载能力评定的步骤。
7. 简述锚下有效预应力的检测原理。
8. 当检测发现张拉质量评定不合格后，有哪些处理建议？
9. 简述孔道摩阻损失的测试原理。
10. 简述孔道摩阻损失的测试步骤。
11. 简述注浆密实度检测的基本原理。
12. 简述注浆密实度检测的步骤。

第十五章

Chapter **15**

隧道检测技术

▶▶

知识目标

1. 了解公路隧道的特点、基本组成、分类及检测的基本内容；

2. 熟悉隧道监控量测选测项目及隧道环境检测的基本原理、检测方法和数据处理；

3. 掌握公路隧道质量检测、隧道监控量测必测项目、超前地质预报、隧道技术状况评定等。

能力目标

1. 参考相关试验检测规范，能够完成隧道质量检测、隧道监控量测必测项目、超前地质预报、隧道技术状况评定各参数现场试验，并对试验数据进行整理计算分析，完成相应检测报告；

2. 根据检测（量测）数据，能够对隧道的质量、围岩、技术状况等进行合理的评价。

素质目标

团队协作、吃苦耐劳、刻苦钻研、精益求精、数据说话。

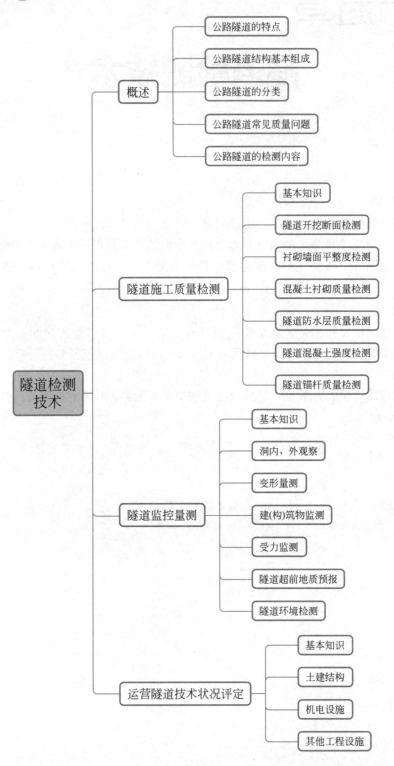

第一节 概述

按照不同的用途，隧道可分为交通隧道、水工隧道、市政隧道、矿山隧道。本章内容主要针对公路隧道。公路隧道，是指修建在地下或水下，供机动车辆通行的构筑物。随着我国家庭轿车的逐渐普及，公路及公路隧道成为大众生活不可分割的一部分。

修建公路隧道虽然成本巨大，但好处更多。可以缩短行车里程、提高交通便捷、改善行车条件、利用地下空间、节省建设用地、减少植被破坏、保护自然环境；还可以避免公路高边坡，防止碎落、崩塌、滑坡、泥石流危害；增加隐蔽性，提高防护能力、不受气候影响；保证道路运行安全等。

1. 公路隧道的特点

公路是国家经济的重要命脉，由于其特有的灵活性，发挥着其他运输方式不可替代的作用。公路隧道是特殊的道路结构物，有其鲜明的特点。

（1）断面面积大。由早先的单车道隧道到双车道、三车道、四车道隧道，其净空断面面积越来越大，其中四车道公路隧道的净空断面面积达 $136m^2$。隧道开挖断面越大，对围岩的扰动越大、开挖范围暴露的围岩结构面越多、不良地质现象揭露更充分；围岩内的拉伸区与塑性区变大，导致保持围岩稳定性的难度加大，要求更高的衬砌结构支护能力，增加了施工难度。

（2）断面形状扁平。随着隧道内的车道数增多，公路隧道变得越来越宽，其断面成为形状扁平的马蹄形。断面扁平容易在围岩拱顶出现拉伸区，导致隧道顶部容易掉块、坍塌，安全隐患增大。隧道衬砌结构的拱顶、拱腰弯矩较大，容易出现开裂，产生较多病害。

（3）围岩条件复杂，结构受力不确定。当前公路隧道主要采用新奥法进行设计与施工，围岩是隧道结构的一部分。隧道处于复杂的地质体内，而在隧道设计前期的勘察工作是有限的，对不良地质条件可预见性较差，很多不良地质问题只有在隧道开挖揭露后才能了解。由于不同岩性的围岩具有不同的物理力学特性，不同的围岩地质条件，其应力场分布和大小有很大的差异。隧道开挖后形成临空面，围岩应力分布和力学参数均会发生改变。同时，隧道开挖方法、支护时间、支护刚度，对结构受力影响很大。所以隧道结构受力是不确定的。在实际工程中，隧道结构设计是以工程类比为主、计算为辅，实行动态设计。

（4）隧道防水要求高。隧道衬砌出现渗漏或路面冒水，会造成路面湿滑，影响行车安全。特别是在严寒地区，隧道衬砌表面出现吊挂冰柱或路面结冰，诱发交通事故。隧道长期或大量的渗漏水，对衬砌结构的耐久性有显著影响，还会对隧道内的机电设备、电力及通信线路造成危害，影响使用寿命。

（5）运营隧道需要通风、照明。车辆在隧道里行驶，其尾气会污染洞内空气，降低能见度。对于短隧道，由于受自然风和交通活塞风的作用，有害气体的浓度不会积聚太高，不会对驾乘人员的身体健康和行车安全构成威胁，一般不需要通风。但是对于长及特长隧道，自然风和交通活塞风对隧道内空气的置换能力不足，需要设置机械通风将新鲜空气送入隧道内，稀释有害气体，改善隧道运营环境。此外，当隧道火灾发生时，为了改变隧道内气流流动方向来控制火灾烟气无序蔓延，为人员疏散和防灾救援创造有利条件，也需要进行强制机械通风。

高速行驶的车辆在白天接近并穿过隧道时，其行车环境要经历一个"亮—暗—亮"的变化过程，驾驶员的视觉在此过程中也要发生微妙的变化以适应环境。为了减小通过隧道时驾驶员的生理和心理压力，消除车辆进洞时的黑洞效应以及出洞时的黑框效应或眩光现象，一般都需对隧道进行合理有效的照明，如洞口设置遮阳栅或减光格栅。同时，隧道内行人、养护人员、洞内故障车辆等，也需要照明。

此外，公路隧道还需配备必要的交通工程设施、消防设施和逃生救援设施。

2. 公路隧道结构基本组成

公路隧道的主体由洞身衬砌和洞门建筑组成。在洞门容易坍塌地段，应接长洞身或加筑明洞洞口。

隧道衬砌的作用主要是承受围岩压力、地下水压力，阻止围岩向隧道内变形和防止隧道围岩风化，有时还要承受周围化学物质的侵蚀，处在高寒地区的还要承受冻害的影响等。因此，能成衬砌结构的建筑材料应具有足够的强度、耐久性、抗渗性、耐腐蚀性和抗风化及抗冻性等。通常有下列几种：混凝土、喷射混凝土、锚杆与喷锚支护、钢筋混凝土、石料和装配式材料等。

隧道的出入口都要修建洞门，其作用是保障洞口仰坡和路堑边坡的稳定性，汇集和排除地面水流，保护车辆不受崩塌、落石的威胁，确保行车安全。洞门的形式主要有：环框式、翼墙式、柱式、棚式和台阶式，水下隧道的洞门则通常与附属建筑物结合在一起修建。

公路隧道的附属建筑物包括：人行道（或避车洞）和防、排水设施，长、特长隧道还需配备照明、通风、消防、通信、救援及其他量测、监控等设施。

3. 公路隧道的分类

公路隧道形式多样，为更好地认识它，可按表 15-1 进行分类。

公路隧道常见的分类形式

表 15-1

分类形式	类别	描述	备注
所处的位置	山岭隧道	为缩短距离，克服山体障碍，从山岭或丘陵下穿越	
	水下隧道	为穿越河流、湖泊或海峡而其水体下通过	
	城市隧道	在城镇，为缓解交通堵塞，避开建筑物、市政设施，而从地下穿越的称为城市隧道	
穿越的地层	岩石隧道	修建在岩石地层中	
	土质隧道	修建在土层、砂卵地层中，淤泥地层中	
修建方式	明挖隧道	先将地面挖开，在露天情况下修筑隧道结构，绝大多数进行回填覆盖	
	暗挖隧道	在地下先行开挖所需要的空间，并根据需要修筑隧道结构	
	沉管法隧道	在水岸边将隧道预制成若干管节段，通过浮运的方式把预制管节运至水面指定位置，沉放安装在已疏浚好的基槽内，最后将管节拼连起来形成的隧道	

分类形式	类别	描述	备注
开挖掘进方式	钻爆法/矿山法	先在隧道掘进开挖面上通过挖掘或钻眼、爆破开挖形成地下空间，随后根据围岩稳定情况和使用要求对围岩进行支护，修筑衬砌形成隧道	图 15-1
	盾构法	采用盾构机，一边进行前部开挖、控制围岩及掌子面不发生坍塌，一边推进、出渣，并在机内拼装管片衬砌的联动作业修建的隧道。断面一次成形，一般为圆形。常用于松软土质地层中	
	掘进机法	采用机械破碎岩石、出渣、支护和推进连续作业修建的隧道。按掘进机在工作面上的切削过程，分为全断面掘进机和部分断面掘进机。按破碎岩石原理不同，又可分滚压式（盘形滚刀）掘进机和铣切式掘进机。滚压式掘进机一般用于中硬岩至硬岩的岩石隧道，铣切式掘进机适用于煤层及软岩	
	破碎机法	采用硬岩破碎机进行开挖的隧道，一般采用单臂球形钻头进行掘进，可用于岩石隧道任意断面形状开挖	
隧道布置方式	分离隧道	两隧道并行布置，且两洞结构间彼此不产生有害影响的隧道	图 15-2
	小净距隧道	并行布置的两隧道间的净距较小，两洞结构彼此产生有害影响的隧道	
	连拱隧道	并行布置的两隧道的人工结构连接在一起的隧道	
	分岔隧道	由双向行驶的大跨隧道或连拱隧道，由小净距隧道逐渐过渡到分离式双洞隧道的隧道	
隧道跨度或车道数	小跨度隧道	开挖宽度 $B<9\mathrm{m}$，平行导洞、服务隧道、车行横洞、人行横洞等	
	一般跨度隧道	开挖宽度 $9\leqslant B<14\mathrm{m}$，单洞两车道隧道	
	中等跨度隧道	开挖宽度 $14\leqslant B<18\mathrm{m}$，单洞三车道隧道	
	大跨度隧道	开挖宽度 $B\geqslant18\mathrm{m}$，单洞四车道及以上隧道	
隧道长度 $L(\mathrm{m})$	特长隧道	$L>3000$	
	长隧道	$3000\geqslant L>1000$	
	中隧道	$1000\geqslant L>500$	
	短隧道	$L\leqslant500$	

(a)
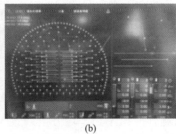
(b)
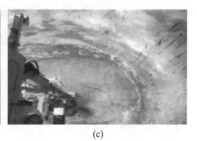
(c)

图 15-1　钻爆法施工

（a）施工环境；（b）爆破图；（c）爆破效果

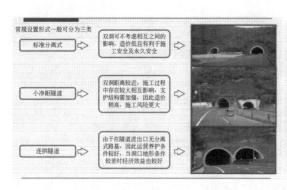

图 15-2　公路隧道布置方式

4. 公路隧道常见质量问题

公路隧道所处的地质环境复杂多变，施工条件也往往受限，导致一些隧道出现不同程度的病害，常见的有以下几个方面。

（1）侵限问题

开挖支护期间，因预留变形量不足，或施工放样误差，或支护刚度不够，或施工方法有误等导致初期支护侵入二衬空间。

施工二衬期间，因模板刚度不足，或台车就位不牢靠导致走模而侵限。

（2）衬砌开裂（图 15-3）

衬砌结构出现裂缝是隧道常见的病害。裂缝的形态多样，有纵向裂缝、斜向裂缝、网状龟裂，严重时产生错台。裂缝长度从几十厘米到连续几十米。相对而言，拱顶的裂缝危害最大。

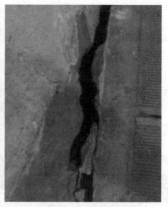

图 15-3　二衬偏压开裂

产生裂缝的原因较多，施工方面主要有：衬砌厚度不足、混凝土强度不够、墙脚浮渣未清除、衬砌背后有空洞、二衬施作时机不当、塌方段处置欠妥等；设计方面主要有：围岩分级有误、结构形式与围岩压力不协调、对后期荷载估计不足等。

（3）隧道渗漏

公路隧道与其他地下工程一样，在施工期间和建成后，避不开地下水的影响，渗漏成为一个普遍性问题。地下水通过一定的通道渗入或流入隧道内部，出现衬砌表面渗水、淌水、滴水，甚至出现股状喷水、涌水等。路面冒水、拱墙部渗漏水可能滴落或流淌到路面，会造成路面积水和湿滑。寒冷地区隧道渗水，会造成衬砌结构冻胀破坏、衬砌挂冰、路面结冰。据调查发现，目前国内无渗漏的公路隧道很少，绝大部分隧道都存在着不同程度的渗漏问题，渗漏位置遍及隧道各个部位。隧道渗漏水病害如图 15-4 所示。

图 15-4　隧道渗漏水病害

隧道渗漏的主要原因：防水层防水失效（接缝漏焊、铺挂不密贴被撕裂、铺挂时被刺漏），施工缝止水构件未起作用、排水管沟被堵塞，衬砌混凝土存在蜂窝、裂缝等。

（4）衬砌背后空洞及不密实

支护与围岩接触面不密实主要有两种情形：一为施工操作不当导致型钢拱和钢筋网背后喷射混凝土未将其填满；二为有意填塞石块或异物造成支护背后空洞。

二衬与支护接触面不密实的主要原因：一为防水板铺挂不密贴兜存地下水，导致泵送混凝土无法填满；二为泵送混凝土的压力不足、流动性不好、抽拔泵送管不当，导致拱顶混凝土不能充满。

（5）混凝土劣化

衬砌混凝土在荷载、空气、温度以及季节性地下水等反复作用下，微孔隙不断扩展，导致其物理力学性能下降。钢筋锈蚀膨胀，引起混凝土开裂、剥落。还有当混凝土中的碱含量偏高时，可能引起碱骨料反应，导致混凝土胀裂等。

（6）隧道洞门病害

隧道洞口多修筑于风化破碎的山坡，地质条件较差，又需承受着较大的温差变化及各类不利的自然条件，容易出现病害。常见的有端墙前倾、开裂、与衬砌脱开、错台以及边坡崩塌、洪水冲刷等。

（7）隧道运营通风不畅及照明不良

隧道的空间相对封闭，需采用通风技术控制污染物含量和火灾情况下的烟雾含量、气体温度。而隧道内的照明灯具是保证运输安全及日常维护的重要工具。在隧道运营过程中，由于下列因素，会出现通风不畅及照明不良的情况，影响运营效果，形成安全隐患。

1）设计欠妥

因交通量、车辆组成预测或自然风压与实际情况偏差过大，致使隧道通风能力偏弱、有害气体浓度超标；污染空气降低了光线透过率，使洞内照明昏暗。

2）器材不合要求

主要指所用风机灯具的型号规格与设计不符，或存在质量问题。

3）养护不及时

对风机、灯具的日常清洁和维护以及更换都不及时，使之不能发挥正常功效。

4）降低设备开启强度

营运管理期间不按设计要求，随意改变通风照明水平。

5. 公路隧道的检测内容

公路隧道检测技术涉及面广，内容多，不同类型的隧道，施工方法不同，在检测内容与方法上有一定差别，主要有以下内容：

（1）材料检测：水泥、集料、钢筋等通用材料以及隧道工程特有的材料，如支护材料、防排水材料等。

（2）施工检测：包括施工质量检测和施工监控量测。施工质量检测内容按施工顺序分为：

1）超前支护及预加固质量检测：支护构件的材质、规格、尺寸及安装尺度要求；注浆效果。

2）开挖质量检测：开挖面的尺寸、形状、平整圆顺程度。

3）初期支护质量检测：锚杆的间距、排距、长度、浆液注满度、抗拔力；喷射混凝土的强度、厚度、平整度；钢支撑的间距、节间连接、榀间连接；支护背后密实度。

4）防排水系统质量检测：防排水材质、规格；加工安设质量。

5）衬砌质量检测：衬砌的几何尺寸、混凝土强度、背后密实程度。

6）施工监控量测的内容较多，通常分成必测项目和选测项目两类。其中必测项目包括洞内外观察、拱顶下沉、周边收敛、地表下沉等；选测项目包括钢架内力及外力、围岩内部位移、围岩压力、两层支护间压力、锚杆轴力、爆破振动等。

（3）超前地质预报：主要包括地质构造预报、不良地质预报、地下水预报等。

（4）环境检测：分为施工环境检测（O_2 及瓦斯、CO、CO_2、NO_x 等有害气体和粉尘浓度）和营运环境检测（CO 和烟雾浓度等）。

（5）隧道运营过程检查及技术状况评定：通过检查洞口、洞门、衬砌、路面、排水系统等，了解隧道的技术状况，为隧道的维修、保养以及安全运营管理提供科学依据。

本章将重点介绍隧道质量检测、隧道监控量测及运营隧道技术状况评定。

第二节 隧道施工质量检测

1. 基本知识

隧道建设涉及工程结构、岩土、地下水、空气、动力、工程机械、通风照明、环保等多种学科，工期长、作业面狭窄、过程影响因素很多、施工管理十分复杂。作为一项重要的地下工程，其质量直接关系到后期的安全运营，应格外重视。隧道施工质量检测是施工质量管理的重要手段，过程中层层把关，才能保证最终建成的隧道质量达到设计要求。

隧道检测必须及时。隧道施工具有的下列特点，若不及时检测，将难以补救，留下隐患：

（1）结构隐蔽性：前道工序的质量问题被后道工序所掩盖；

（2）质量传递性：前道工序的施工质量会影响后道工序的施工难度和质量，如开挖质量影响支护施工，支护质量影响防水板铺挂等；

（3）现场适应性：锚杆、衬砌等施工后与周边岩土固结为一体，每节段均不相同，不具备重复加工和批量生产的可能。

隧道结构及环境复杂，相应的检测项目也多，涉及的检测方法十分丰富（表15-2），需要认真学习才能完全掌握。

隧道施工质量检测方法

表 15-2

序号	主要检测项目/内容		常用检测方法	备注
1	洞身开挖质量	开挖断面	直接量测法	
			极坐标法（激光断面仪法）	
2	喷锚衬砌施工质量	锚杆长度、锚固质量	声波反射法	
		锚杆抗拔力	锚杆验收试验	
		喷射混凝土强度	喷大板切割法、钻芯法	
		喷射混凝土厚度	凿孔法、地质雷达法	
		喷射混凝土背后空洞	地质雷达法	
		钢筋网格尺寸	尺量	
		钢筋网保护层厚度	尺量	
			电磁感应法	工后
		钢架间距/数量	地质雷达法	
		钢架保护层厚度	凿孔法	
		断面尺寸	同"开挖断面"	
3	混凝土衬砌施工质量	衬砌钢筋保护层厚度	尺量	
			电磁感应法	工后
		混凝土强度	回弹法、钻芯法	
		衬砌厚度	尺量	
			地质雷达法	工后
		墙面平整度	2m 直尺法	
		衬砌背后密实状况	地质雷达法	
			钻芯法	
		仰拱及仰拱填充质量	地质雷达法	
			钻芯法	
4	防水层施工质量检测	焊缝密实性	充气法	

本节对常用的检测方法进行详细介绍。

2. 隧道开挖断面检测

（1）基本原理

隧道开挖断面检测目前最常用的方法为极坐标法，其代表设备为隧道激光断面仪。断面仪法精度高、速度快、效率高，是一种非接触式测量方法。测量原理如图 15-5 所示，以某方向（如水平方向）为起点，按一定间距（角度或距离）依次测定仪器旋转中心与实际开挖轮廓交点之间的矢径及其与水平方向的夹角，将测得的矢径端点依次相连，即可获得隧道实际开挖的轮廓线，最后与设计开挖轮廓线进行匹配，计算出超欠挖值。

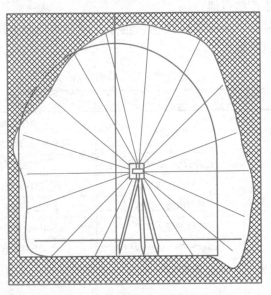

图 15-5 激光断面仪测量原理

另外也可采用以内模为参照物直接测量法、使用激光束的方法以及使用投影机的方法，见表 15-3。

隧道开挖断面检测方法   表 15-3

测定方法及采用的测定仪		测定方法概要
直接量测开挖面断方法	以内模为参照物直接测量法	以内模为参照物，用钢尺直接测量超欠挖
	使用激光束的方法	利用激光射线在开挖面上定出基点，并由该点实测开挖断面
	使用投影机的方法	利用投影机将基点或隧道基本形状投影在开挖面上，然后据此实测开挖断面
非接触观测法	极坐标法（断面仪法）	以某物理方向（如水平方向）为起算方向，按一定间距（角度或距离）依次测定仪器旋转中心与实际开挖轮廓线交点之间的矢径（距离）及该矢径与水平方向的夹角，将这些矢径端点依次相连即可获得实际开挖的轮廓线

（2）方法标准

1）《工程测量标准》GB 50026—2020；

2）《公路隧道施工技术规范》JTG/T 3660—2020；

3）《公路工程质量检验评定标准 第一册 土建工程》JTG F80/1—2017。

（3）仪器设备

主要有隧道激光断面仪、全站仪、水准仪，其中激光断面仪的主要技术参数应符合下列要求：

1）检测半径：1～45m；

2）检测点数：自动检测的测点间距不宜大于50cm；

3）测距精度：±1mm；

4）测角精度：≤0.1°；

5）自动、定点检测时的方位角范围：30°～330°（仪器测头垂直向下为0°）；

6）手动测头转动方位角范围：0°～360°。

（4）检测步骤

隧道激光断面仪检测隧道断面的步骤如下：

1）先采用全站仪按一定间距（根据检测频率或方案要求，一般开挖断面检测为20m，初期支护断面检测为10m，二次衬砌断面检测为曲线20m，直线50m）放出隧道中线点，并用水准仪测量该点的地面高程 H，同时在隧道边墙上放出对应的横断面点（垂直于隧道轴线）；

2）将隧道激光断面仪设置在所需检测断面的隧道中线点上，安装并调整好仪器，使仪器对中；

3）在仪器安装好并对中归零后，测量仪器高度 Z_1 并记录（仪器高为相对地面的高度）；

4）在掌上电脑的软件主界面中选择"测量断面"；

5）再选择"新测"，输入所检测断面的桩号，并设置好所检测断面的起始和终止测量角度及所需检测的点数等参数；

6）最后选择"测量"，隧道激光断面仪测头自动完成断面的检测，并将角度及斜距等参数保存在文件中，在现场可以看到所检测断面的轮廓线；

7）提示栏中显示检测完成的信息后即可退出，数据自动保存在掌上电脑中，然后进行下一个断面检测。检测断面数据可带回室内进行处理，减小对施工的影响。

图 15-6　隧道断面尺寸现场检测

隧道断面尺寸现场检测如图 15-6 所示。

（5）计算分析

现场检测完成后，将掌上电脑的检测数据传输到计算机上，采用专用数据处理软件处理检测数据。检测数据处理步骤如下：

1）首先在计算机上编辑隧道设计轮廓线（标准断面曲线），并将检测断面曲线导入到计算机中。其次编辑导入的检测断面曲线，检测时仪器架设在隧道中线点上，所以 X 坐标值为零，Z 值为相对于路面设计高程的仪器高度，其值应按式（15-1）计算：

$$Z = Z_1 - (H_2 - H_1) \qquad (15\text{-}1)$$

式中：Z_1——现场所测量到的仪器高（m）；

      H_2——隧道该点的中线设计高程（m）；

      H_1——隧道现场检测时的地面高程（m）。

2）输入 Z 值，然后输入量测的一些相关信息（如检测时间、检测单位和检测人等），即完成当前检测断面的编辑，计算机可自动生成相关图表。

3）最后根据图表中的标准断面曲线和检测断面曲线，判断隧道开挖断面是否存在超欠挖，超欠挖的部位以及超欠挖最大值和面积，可以判断隧道断面是否侵入支护（衬砌）限界，在哪些部位存在侵界，同时出检测断面侵界最大值、侵界面积等信息。

4）检测结果依据《公路工程质量检验评定标准 第一册 土建工程》JTG F80/1—2017进行判定，隧道支护（衬砌）断面检测按规范表 10.2.2 判定，洞身开挖断面检测按规范表 10.6.2 判定。

（6）注意事项

1．开始测量和关机前，都要让检测主机归零。

2．作业前确认 PDA 电池电量充足。

3．水、未干的油漆、泥水等都会影响检测效果，最好避开或处理掉。

---

3. 衬砌墙面平整度检测

（1）基本原理

采用相对测量法。用一标距为 2m 的直尺，水平紧贴衬砌表面，目视观察直尺与墙面的最大间隙处，再用塞尺量测其距离。一般为每 20m 每侧连续检查 5 尺。

（2）方法标准

1）《公路隧道施工技术规范》JTG/T 3660—2020；

2）《公路工程质量检验评定标准 第一册 土建工程》JTG F80/1—2017；

3）《公路工程竣（交）工验收办法实施细则》（交公路发〔2010〕65 号）。

（3）仪器设备

两米直尺、塞尺、钢板尺。

（4）检测步骤

1）检测方法

现场随机选取二衬混凝土段落，检测范围为连续 20m（5 尺），且覆盖 1 处施工缝或沉降缝，并确定每尺在同一高度（可通过距边沟高度来控制）。用带有刻度的塞尺塞进间隙处，量测其最大间隙值（单位"mm"），对间隙最大处连续检测 3 次取最大值作为该处的平整度实测值。

2）结果评定

报告内容应完整、规范，混凝土衬砌墙面平整度应符合下列规定值：

① 施工缝、变形缝处≤20mm；

② 其他部位≤5mm；

③ 结果提供要求：要求参比试验室依次给出每尺的测量数值，并对施工缝、变形缝处所测数据进行标记，可给出检测部位示意图。

隧道墙面平整度现场检测如图 15-7 所示。

4. 混凝土衬砌质量检测

衬砌是隧道的主要结构，其质量显得格外重要，检测中重点关注衬砌的厚度及其背后的空洞。

（1）钻孔/芯法测量法

1）基本原理

直接在混凝土衬砌用冲击钻打孔或用钻芯机钻孔、取芯，量测衬砌厚度，观察混凝土的表面质量，还可用内窥镜观察空洞情况等。

图 15-7　隧道墙面平整度现场检测

2）方法标准

《公路隧道施工技术规范》JTG/T 3660—2020。

3）仪器设备

简易钻孔机、内窥镜。

4）检测步骤

① 准备工作选定量测区域将其做好记录，提供所钻孔位置的设计和所需资料，部位要选择在结构受力较小，每 20m 检测一个断面，每个断面检查 5 个点，并标出位置。

钻孔位置如图 15-8 所示，钻孔机如图 15-9 所示。

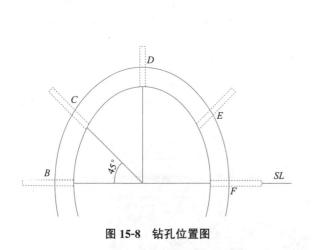

图 15-8　钻孔位置图

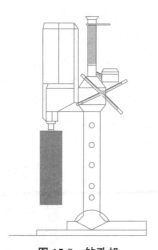

图 15-9　钻孔机

② 钻孔的位置和深度，因检查目的不同而异，检测衬砌厚度、背后空洞时，深度一般为从衬砌表面到设计厚度。

③ 钻孔完成后，可将内窥镜插入钻孔中，观察衬砌内部状况、衬砌背后空洞及量测衬砌厚度，并连接摄像机摄像并做好记录结构实际面貌。

初期支护现场钻孔如图 15-10 所示。

图 15-10　初期支护现场钻孔

（2）地质雷达法

1）基本原理

地质雷达法是一种用于确定地下介质分布的光谱（频率为 1M～2GHz）电磁技术，在隧道内通过电磁波发射器向隧道衬砌发射高频宽频带短脉冲，电磁波经衬砌界面或空洞的反射，再返回到接收天线。电磁波在介质中传播时，其路径、电磁场强度与波形将随所通过介质的电性质及几何形态而变化，根据接收到的电磁波传播时间（也称双程走时）、幅度与波形资料推断介质的结构，即可求得反射界面的深度。

实测时将雷达的发射和接收天线密贴于衬砌表面，雷达波通过天线进入混凝土衬砌中，遇到钢筋、钢拱架、材质有差别的混凝土、混凝土中间的不连续面、混凝土与空气分界面、混凝土与岩石分界面、岩石中的裂面等产生反射，接收天线接收到反射波，测出反射波的入射、反射双向旅行时，就可计算出反射波走过的路程长度，从而求出天线距反射面的距离。

2）方法标准

①《公路隧道施工技术规范》JTG/T 3660—2020；

②《铁路隧道衬砌质量无损检测规程》TB 10223—2004；

③《铁路工程物理勘探规程》TB 10013—2023；

④《雷达法检测混凝土结构技术标准》JGJ/T 456—2019。

3）仪器设备

地质雷达探测系统由地质雷达主机、天线、笔记本电脑、数据采集软件、数据分析处理软件等组成。地质雷达天线可采用不同频率的天线组合，低频天线探测距离长、精度低，高频天线探测距离短、精度高，天线频率有 100MHz、200MHz、400MHz、600MHz、900MHz、1GHz、1.2GHz 等（图 15-11）。

图 15-11　地质雷达不同频率的天线类型

地质雷达主机的技术指标：

① 系统增益不低于 150dB；

② 信噪比不低于 60dB；

③ 模/数转换不低于 16 位；

④ 采样间隔一般不大于 0.2ns；

⑤ 信号叠加次数可选择或自动叠加；

⑥ 数据的触发和采集模式为距离/时间/手动；

⑦ 具有点测与连续测量功能；

⑧ 具有手动或自动位置标记功能；

⑨ 具有现场数据处理功能。

4）检测步骤

① 地质雷达天线的选择

根据探测对象和目的不同、探测深度和分辨率要求综合选择。

a. 对于探测深度≤1.3m 的混凝土结构（如隧道衬砌结构、路基路面密实性）宜采用 400～600MHz 天线；900MHz 天线探测深度＜0.5m；900MHz 加强型天线探测深度＜1.1m；1.5GHz 天线探测深度＜0.25m，宜作为辅助探测。

b. 对于探测深度为 1.3～15m 的混凝土结构（如仰拱深度、厚度等）或较大不良地质（空洞、溶洞、采空区等）宜采用 100MHz 和 200MHz 天线。

② 现场检测

喷射混凝土厚度、二次衬砌混凝土厚度、仰拱深度、混凝土衬砌内部情况及空洞等均可采用地质雷达法检测，其检测和数据处理方法均相同，差别在于各自的反射图像特征不同。

③ 测线布置

隧道施工过程中衬砌质量检测以纵向布线为主，环向（横向）布线为辅。两车道纵向测线应分别在隧道拱顶、左右拱腰、左右边墙布置测线，根据检测需要可布置 5～7 条测线；三车道、四车道隧道应在隧道的拱腰部位增加两条测线，遇到衬砌有缺陷的地方应加密；隧底测线根据现场情况布置，一般 1～3 条，特殊要求的地段可布置网格状测线，主要是探测密实情况或岩溶发育情况，宜在施作完成路基或路基调平层后进行。为将测线名称和编号与隧道实体对应和统一，建议面向隧道出口方向（里程增大方向），各测线从左到右依次编号，并标注各测线高度及其在纵向上的起伏变化。路面中心测线应避开中央排水管及其影响。

环向测线实施较困难，可按检测内容和要求布设测线，一般环向测线沿隧道纵向的布置距离为 8～12m。若检测中发现不合格地段，应加密测线或测点。

④ 检测方式

a. 纵向布线采用连续测量方式，特殊地段或条件不允许时，可采用点测方式；测量点距不宜大于 200mm，测线每 5～10m 应有里程标记。

b. 环向测线尽量采用连续方式检测，也可采用点测方式；每道测线不小于 20 个测点。

天线的定位方法可采用常用的手动打标定位法和测量轮测距定位法。测量轮测距定位法一般用在表面平整的二次衬砌地段，且应加强定位的误差标定或实施分段标定。地质雷达法检测二次衬砌施工质量如图 15-12 所示。

图 15-12　地质雷达法检测二次衬砌施工质量

⑤ 现场准备

a. 清理障碍，包括施工障碍、交通车辆或机具、材料堆放等障碍；

b. 确定适当的测线高度，且测线应顺直，高度应统一；

c. 在隧道的同一侧边墙上按 5m 或 10m 间距标出里程桩号；

d. 高空作业台架或高空作业车，应安全可靠，使用方便，能使天线密贴衬砌表面；

e. 现场照明、通风、排水应良好；

f. 排除安全隐患，包括未完工的排水检查井、通行车辆等。

⑥ 主要参数设置方法

a. 检测前应对衬砌混凝土的介电常数或者电磁波速做现场标定，且每座隧道应不少于 1 处，每处实测不少于 3 次，取平均值为该隧道的介电常数或者电磁波速。当隧道长度大于 3km、衬砌材料或含水率变化较大时，应增加标定次数。

b. 标定可采用下列方法：

（a）在已知厚度部位或材料与隧道相同的其他预制件上测量；

（b）在洞内、洞口或洞内横洞位置使用双天线直达波法测量；

（c）钻孔实测。

c. 求取参数时应具备以下条件：

（a）标定目标体的厚度一般不小于 150mm，且厚度已知；

（b）标定记录中界面反射信号应清晰、准确。

d. 标定结果应按下式计算：

$$\varepsilon_r = \left(\frac{0.3t}{2d}\right)^2 \tag{15-2}$$

$$v = \frac{2d}{t} \times 10^9 \tag{15-3}$$

式中：ε_r——相对介电常数；

　　　v——雷达波速度（m/s）；

　　　d——已知目标深度（m）；

　　　t——雷达波在已知厚度的目标中传播的往返旅行时间（ns）。

e. 测量时窗由下式确定：

$$\Delta T = \frac{2d\sqrt{\varepsilon_r}}{0.3} \cdot \alpha \tag{15-4}$$

式中　ΔT——时窗长度（ns）；

　　　α——时窗调整系数，一般取 1.5～2.0。

　　计算时窗长度时，除满足理论时窗长度需要外，还宜适当考虑视觉习惯、数据处理、分析过程的方便和精度。对拱墙衬砌混凝土时窗长度一般控制在 30～60ns；对仰拱衬砌混凝土时窗长度一般控制在 60～100ns。

　　f. 采样点或采样间隔：

$$S = 2 \cdot \Delta T \cdot f \cdot K \times 10^{-3} \tag{15-5}$$

式中　S——扫描样点数；

　　　ΔT——时窗长度（ns）；

　　　f——天线中心频率（MHz）；

　　　K——系数，一般取 6～10。

　　应根据仪器性能和要求设置，某些型号仪器无须设置，而是由仪器自动设置或需设置检测时域内的采样点数，衬砌厚度检测时单道信号不宜小于 512 个采样点。

　　g. 数据位数

　　应根据仪器性能和要求设置。一般 8 位或 16 位即可满足精度要求，但宜设置为 16 位。但某些型号的仪器无须设置。

　　h. 滤波器设置

　　在频域上，宜按中心工作频率设置如下：

　　（a）垂直滤波器（IIR、FIR），垂直低通：取 2～3 倍的中心（天线）频率，如采用 400MHz 天线，低通截止频率宜为 800MHz；高通：取 1/6～1/4 中心（天线）频率。高通截止频率：如采用 400MHz 天线，高通截止频率宜为 100MHz。某些型号的仪器在设置天线频率后，可直接自动调试，无须人工设置滤波器。

　　（b）水平滤波器（IIR 滤波器）

　　a）水平光滑滤波：一般宜设为 3（扫描线数量）。此值增加则光滑度增加，小目标从记录中被滤掉，如果是检测钢筋或管道，此值不应大于 5。若检测浅表非常细小的目标（如混凝土中的细钢筋、电线、铁丝），就不应使用该滤波器，而将此值设为零。若寻找地基层位，此值宜适当提高，但不得超过 20。

　　b）水平背景去除滤波：数据采集时，该滤波器一般不宜使用，而设为 0。

　　i. 数字叠加

　　叠加次数不宜过大，太大不仅探测运行速率慢，而且抑制噪声的效果也不太明显，一般以 4～32 次为宜。

　　j. 探测扫描速率

　　探测扫描速率与车辆行驶速率（天线移动速率）是相对应的。探测扫描速率一般宜设置为 50～100scans/s（扫描线/秒），其对应的车辆行驶速率不宜大于 5km/h，不宜过快，以易于目标识别、分析，在视觉上单位纵向长度内的图像展布不宜过长或过短。

　　k. 首波或直达波调试

　　分自动和手动调试，也包含自动调试找不到信号时的手动调试。现场检测时必须找到直达波而作为深度起点。

l. 显示增益设置和调试

最大正负波形幅度宜占调试框宽度的 $50\%\sim70\%$，避免反射信号微弱或饱和失真。如在彩色显示方式下，数据采集时若能在屏幕上辨认出实时显示的较微弱的反射信号，在后处理软件中一般可通过增益放大（GAINS）使反射信号变得更清晰可分辨，更易于处理和异常判定。某些仪器需要设置检测时窗内的增益点数（1~8 个），进行自动调试、分点或段手动调试。在 50ns 时窗长度时宜设为 5 个增益点。

5）检测数据处理分析

原始数据处理前应回放检验，数据记录应完整、信号清晰、里程标记准确。不合格的原始数据不得进行处理与解释。数据处理与解释软件应使用正式认证的软件或经鉴定合格的软件。数据处理或称后处理，主要包括滤波处理、增益调整、色彩变换、显示方式（灰度图、单点方式）变换、复杂情况下的速度分段处理和折算处理等。

① 数据处理与解析流程如图 15-13 所示。

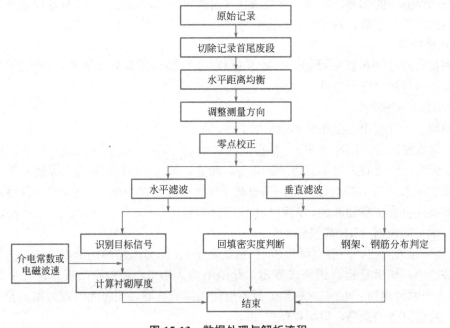

图 15-13　数据处理与解析流程

② 数据处理应符合下列规定：

（1）确保位置标记准确、无误；

（2）确保信号不失真、有利于提高信噪比。

③ 处理步骤

a. 应首先确定混凝土的电磁波速度，代入混凝土的相对介电常数和电磁波速现场量测前进行标定。

b. 回波起始点（零点）的确定方法：根据已在现场采用的探测方式和拟判定的目标性质，可采用彩色灰度图或黑白灰度图、wiggle 方式进行处理，或以其混合方式进行数据分析，但建议起始零点宜选定在直达波正波的中心位置。

c. 数据距离归一化处理：距离归一化处理是按处理者要求的标记间扫描数对整个数据文件每一个标记间扫描数做等间距的处理方式，通俗理解是使每个距离标记间数据长度相同。

d. 滤波处理：在反射波图像不够清晰、有明显干扰时须进行滤波，常用的有效方法有水平光滑滤波、水平背景去除滤波、降低增益，应根据需要选择。

e. 水平光滑滤波：即水平道间叠加，用于压制水平方向上的随机干扰，光滑记录，增强层位的连续性。

f. 水平背景去除滤波：用于改善识别小目标和消除水平干扰（水平干扰条带、强反射条带），如处理后可分辨出被"背景淹没"的钢筋、钢拱架、反射界面等。

g. 对采集窗口段的波形降低显示增益，可有效减小干扰或信号幅度过大对波形的影响。

④ 衬砌厚度应由下式确定：

$$d = \frac{0.3t}{2\sqrt{\varepsilon_r}} \tag{15-6}$$

或

$$d = \frac{1}{2}v \cdot t \cdot 10^{-9} \tag{15-7}$$

式中：d——衬砌厚度（m）；

ε_r——相对介电常数；

t——双程旅行时间（ns）；

u——电磁波速（m/s）。

⑤ 混凝土衬砌结构厚度分析

雷达数据反映的混凝土衬砌厚度界面为反射波同相轴连续的强反射界面，在确认目标界面后，可借助后处理软件的厚度追踪功能或专用后处理追踪软件，得到间隔一定距离的对应桩号的厚度数据，并按要求绘制出厚度图。需注意点测方式确定厚度位置对数据解释者的能力要求较高，在数据量较小的情况下，不易确定目标位置。

⑥ 混凝土衬砌结构背后回填密实性分析

地质雷达法检测混凝土衬砌结构背后回填的密实性（密实、不密实、空洞），可进行定性判定，主要判定特征如下：

a. 密实：反射信号弱，图像均一且反射界面不明显。

b. 不密实：反射信号强，信号同相轴呈绕射弧形，不连续且分散、杂乱。

c. 空洞：反射信号强，反射界面明显，下部有多次反射信号，两组信号时程差较大。

⑦ 地质雷达法检测衬砌内部钢架、钢筋、预埋管件主要判定特征如下：

a. 钢架、预埋管件：反射信号强，图像呈分散的月牙状；

b. 钢筋：反射信号强，图像呈连续的小双曲线形。

某隧道二次衬砌质量检测结果如图 15-14 所示。

6）注意事项

① 测量人员必须事先经过培训，了解仪器性能及工作原理，并且具备一定的图像识别经验后，才可以进行仪器操作。

② 正确连接雷达系统，在检测前进行试运行，确保主机、天线及输入输出设备运行正常。

③ 必须保持天线与被测衬砌表面密贴（空气耦合天线除外），天线不能脱离结构物表

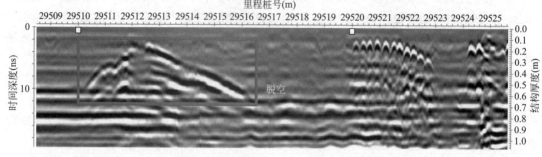

图 15-14　某隧道二次衬砌质量检测结果

面或任何一端翘起。天线未密贴的允许程度以能够较清晰分辨反射目标为基本要求，否则应及时对已检测段落重新检测。

④ 天线应能灵活调整高度，使天线与测线位置准确对应。

⑤ 天线应移动平衡、速度均匀，移动速度宜为 3～5km/h。

⑥ 当需要分段测量时，相邻测量段接头重复长度不应小于 1m。

⑦ 记录测线位置和编号、天线移动方向、标记间隔等。

⑧ 在衬砌表面准确标记隧道里程桩号，严格控制误差。

⑨ 应随时记录可能对测量产生电磁影响的物体（如渗水、电缆、铁架、埋管件等）及其位置。

应边检测、边记录、边注意浏览实时回波图像、边观察现场环境和安全状况，对有较大可疑的反射异常应及时记录和复检。当发现因参数设置不当或受到障碍影响或天线没有密贴或受到较强电磁场干扰或紧急情况等而检测图像数据质量较差时，应立即停止数据采集，重新设置和重新检测。

5. 隧道防水层质量检测

15. 隧道防水层
质量检测

6. 隧道混凝土强度检测

16. 隧道混凝土
强度检测

7. 隧道锚杆质量检测

17. 隧道锚杆
质量检测

第三节　隧道监控量测

1. 基本知识

隧道监控量测，是指在隧道施工过程中使用各种类型的仪表和工具，对围岩和支护衬砌变形、受力状态的监测，并对其稳定性进行评价。

监控量测应纳入施工工序管理，应达到下列目的：

(1) 掌握围岩和支护的变形趋势，及时反馈信息，指导施工作业；

(2) 检验施工预设计，调整支护参数和施工方法，为修改设计提供依据，使施工更经济、合理。

隧道开工前，应根据设计要求，结合隧道规模、地形地质条件、施工方法、支护类型和参数、工期安排等，编制施工全过程的监控量测方案。内容包括量测项目、仪器设备、断面、测点布置、量测频率、数据处理、信息反馈、组织机构和管理体系等。

隧道监控量测的内容较多，通常分为必测量测项目和选测量测项目两类，量测项目及方法/仪器见表 15-4。

隧道监控量测项目及方法/仪器　　　　　　　　　　　　　　　　表 15-4

序号	量测项目		方法/仪器	备注
1	必测项目	洞内外观察	现场观测、地质罗盘等	
		周边位移	收敛计、全站仪或其他非接触量测仪器	
		拱顶下沉	水准仪、钢钢尺、全站仪或其他非接触量测仪器	
		地表下沉	水准仪、钢钢尺、全站仪	
		拱脚下沉	水准仪、钢钢尺、全站仪	
2	选测项目	钢架内力及外力	支柱压力计或其他测力计	
		围岩内部位移	单点/多点位移计	
		围岩压力	土压力盒	
		两层支护间压力	压力盒	
		锚杆轴力	钢筋计、锚杆测力计	
		支护、衬砌内应力	混凝土内应变计及表面解除法	
		围岩弹性波速度	声波仪及配套探头	
		爆破振动	测振仪及配套传感器	
		渗水压力、水流量	渗压计、流量计	
		地表下沉	水准测量方法，水准仪、钢钢尺等	
		地表水平位移	经纬仪、全站仪	

必测项目是施工过程中的经常性的量测项目，通过对洞内外观察、周边位移以及拱顶、地表、拱脚下沉观察、周边收敛，判断围岩稳定性。这类量测项目量测方法简单、量

测密度大、可靠性高，对监视围岩稳定、指导设计、施工有巨大作用。

选测量测项目是必测项目的拓展和补充。通过对围岩及支护结构受力、内力、应变，围岩内部位移等进行监测，深入掌握围岩的稳定状态与支护效果。选测量测项目多、测试元件埋设难度较大，费用较高，一般只对特殊地段、危险地段或有代表性的地段进行量测。多数选测量测项目竣工后可以长期观测。

本节对洞内外观察、变形量测两个部分进行详细介绍，其他如建（构）筑物监测、受力监测、隧道超前地质预报、隧道环境检测将在拓展阅读中介绍。

2. 洞内、外观察

（1）基本原理

参照地质调查、地质编录的方法，在隧道施工过程中对围岩开挖揭露的地质情况、地下水出露情况，对开挖影响范围内的地表及周边地段情况进行观察、描述，结合勘察资料，判别岩土的性状，对围岩进行分级，对岩土的稳定性进行定性评价。

（2）方法标准

1）《公路隧道施工技术规范》JTG/T 3660—2020；

2）《铁路隧道监控量测技术规程》Q/CR 9218—2015。

（3）仪器设备

地质罗盘、地质锤、相机、裂缝检测仪。

（4）检测步骤

1）洞内观察

① 开挖后没有支护的围岩观察

对开挖后没有支护的围岩进行观察，主要是了解开挖工作面下列工程地质和水文地质条件：

a. 岩质种类和分布状态，结构面位置的状态；

b. 岩石的颜色、成分、结构、构造；

c. 地层时代归属及产状；

d. 节理性质、组数、间距、规模、节理裂隙的发育程度和方向性，结构面状态特征，充填物的类型和产状等；

e. 断层的性质、产状、破碎带宽度、特征等；

f. 地下水类型、涌水量大小、涌水位置、涌水压力、湿度等；

g. 开挖工作面的稳定状态、有无剥落现象。

观察到的有关情况和现象，应详细记录，并绘制隧道开挖工作面及两侧素描图，要求每个断面至少绘制1张，同时进行数码成像。

② 已施工地段观察

对已施工地段的观察每天至少应进行一次，其目测内容如下：

a. 渗漏水情况（位置、状态、水量等）；

b. 喷层表面的观察以及裂缝状况（位置、种类、宽度、长度及发展）；

c. 喷射混凝土与围岩接触状况，是否产生裂隙或剥离，要特别注意喷射混凝土是否发生剪切破坏；

d. 有无锚杆脱落或垫板陷入围岩内部的现象；

e. 钢拱架有无被压屈、压弯现象；

f. 二次衬砌表面的观察以及裂缝状况（位置、种类、宽度、长度及发展）；

g. 是否有底鼓现象。

观察中如发现异常现象，要详细记录发现时间、距开挖工作面的距离等。

2）洞外观察

洞外观察是浅埋隧道和隧道洞口段特别重要的量测，主要目的是确认地表下沉对隧道及周边围岩稳定性和地上（构）建筑物的影响。主要内容包括：

① 地表面变异：开裂的分布等；

② 植被状况：树木的破损以及移动等；

③ 水系状况：涌水等的变化（量、污染等）。

每次隧道爆破后立即观察，按要求及时记录和整理。

（5）注意事项

1）进入隧道前询问现场施工作业情况。

2）进隧道必须佩戴安全帽、反光衣、口罩、照明设备等劳保用品，做好安全保护措施。

3）对隧道掌子面观察前应先察看掌子面围岩是否会出现掉块等不良现象。

3. 变形量测

要准确判断围岩和支护的稳定性，光靠人工观察是不够的，必须结合必要的变形量测。下面介绍几种主要的量测项目。

（1）周边位移

隧道施工过程中对周边位移的监测。通过观测监测点的相对位移变化情况，同时结合对回归曲线的分析，判断隧道岩层的稳定性，并指导二次衬砌的施工。

周边位移量测沿隧道纵向每5～50m布置一个量测断面。对于洞口段、浅埋地段、软弱地层段、大变形段，断面布置间距一般不大于2倍开挖洞径或20m。地质条件差或重要工程，应加密布设。周边收敛量测断面和拱顶下沉量测断面应布置在同一断面（桩号）。每个量测断面，一般布置两条水平测线。三台阶法开挖时，上台阶1条、下台阶1条；三台阶法开挖的隧道，单洞四车道隧道，需设3条测线，每台阶至少一条测线；侧壁导坑开挖、双侧壁导坑开挖时，在导坑内按同样的方法布设测线。测线应高出开挖底面不小于1.5m。周边位移量测如图15-15所示。

1）方法标准

①《公路隧道施工技术规范》JTG/T 3660—2020；

②《铁路隧道监控量测技术规程》Q/CR 9218—2015；

③《建筑变形测量规范》JGJ 8—2016；

④《工程测量标准》GB 50026—2020。

2）仪器设备

收敛计、全站仪。

收敛计的基本工作原理是利用机械传递位移的方法，将两个基准点间的相对位移转变为数显位移计的两次读数差，其结构示意如图15-16所示。

3）检测步骤

图 15-15　周边位移量测

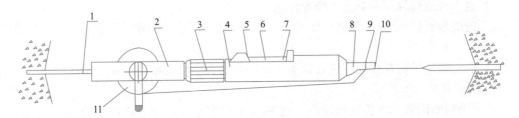

图 15-16　数显收敛计结构示意

1—钩；2—尺架；3—调节螺母；4—外壳；5—塑料盖；6—显示窗口；7—张力窗口；

8—联尺架；9—尺卡；10—尺孔销；11—带孔钢尺部件组成

① 观测准备

观测前应收集下列资料：

a. 工程名称及设计、施工和建设单位名称；

b. 隧道名称、掌子面里程、隧道地质资料；

c. 必要的设计图纸和施工记录。

② 监测断面布设的要求

a. 纵向布设

周边位移和拱顶下沉测点应布置在同一断面，周边位移测点原则上设置在起拱线与边墙。当隧道实际围岩分级情况较设计分级差 1 个等级及以上或隧道断面大于双车道隧道标准断面时，应结合施工方法调整周边位移监测断面间距（表 15-5）。

周边位移监测断面间距　　　　　　　　　　　　　　　　　表 15-5

围岩级别	拱顶下沉监测断面的间距（m）
Ⅴ～Ⅵ	5～10
Ⅳ	10～20
Ⅲ	20～30
Ⅰ～Ⅱ	30～50

注：大变形软岩段或者超浅埋软土层等特殊地段断面间距可适当缩小断面间距。

b. 横向布设

测点布置如图 15-17 所示，其中图 15-17（a）为隧道双侧壁导坑法测点布置示意；图 15-17（b）为隧道 CD（CRD）法测点布置示意；图 15-17（c）隧道台阶法测点布置示意。

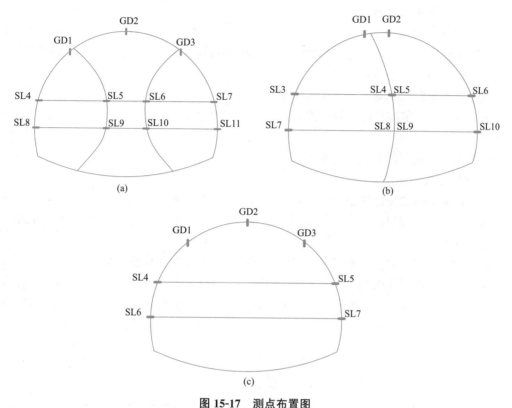

图 15-17　测点布置图

（a）隧道双侧壁导坑法测点布置示意；（b）隧道 CD（CRD）法测点布置示意；（c）隧道台阶法测点布置示意

③ 监测点埋设要求

a. 接触式量测法

周边位移量测是在隧道开挖毛洞的两侧埋设带挂钩的锚桩，测桩深度 30cm，钻孔直径 $\phi42$mm，用快凝水泥或早强锚固剂固定，测桩头需设保护罩。

b. 非接触式量测法

测点上按同样方法钻孔埋设测点，测点上贴激光反射片作为测点靶标。

不同开挖方法时，周边收敛量测测线数见表 15-6。

周边收敛量测测线数　　　　　　　　　　　表 15-6

地段 开挖方法	一般地段	特殊地段
全断面法	1～2 条水平测线	—
台阶法	每台阶设 1 条水平测线	每一台阶 1 条水平测线，2 条斜测线
分部开挖法	每分部 1～2 条水平测线	CD 或 CRD 法上部、双侧壁导坑法左右侧部，每一分部 1～2 条水平测线、其余分部一条测线

各测点应在避免爆破作业破坏测点的前提下，尽可能靠近工作面埋设，一般为 0.5～2m，并在下一次爆破循环前获得初始读数。初读数应在开挖后 12h 内读取，最迟不得超过 24h，而且在下一循环开挖前，必须完成初期变形值的读数。

④ 观测方法技术要求

a. 接触式量测法

周边位移接触式量测法是在两侧锚桩上，用精密收敛钢卷尺量测隧道两侧锚桩的相对距离，精度不小于 0.1mm。

周边收敛接触式观测方法技术要求如下：

观测点的初始值应连续观测三次，三次测量值差值应小于 ±0.5mm，取其平均值作为初始值；

每个测点读数误差不宜超过 0.1mm。

b. 非接触式量测法

非接触式量测法是使用全站仪法，在测点上贴激光反射片，利用计算三维坐标的方法进行观测。测量方法包括自由设站和固定设站两种，有条件时一般采用固定设站观测法。

（a）极坐标法

极坐标法：观测时在基准点 A 架设全站仪、在后视点 B 和监测点 P 架设棱镜，利用全站仪的测角功能测定夹角 β，用全站仪的测边功能测定边长 SAP。再按下式可计算出监测点 P 的坐标（x_P，y_P）。极坐标法观测示意如图 15-18 所示。

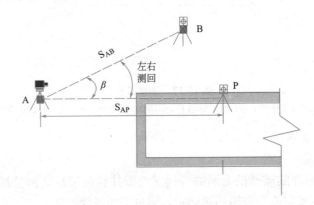

图 15-18　极坐标法观测示意

$$\alpha_{AP} = \alpha_{AB} + \beta = \arctan\frac{y_B - y_A}{x_B - x_A} + \beta$$

$$x_P = x_A + s_{AP} \cdot \cos\alpha_{AP}$$

$$y_P = y_A + s_{AP} \cdot \sin\alpha_{AP}$$

(15-8)

式中：α_{AP}——坐标方位角，单位（°）；

β——后视点与监测点夹角，单位（°）；

s_{AP}——全站仪到后视点的距离，单位（mm）；

x_P、y_P——监测点横、纵坐标，单位（mm）。

（b）小角度法

将工作基点 A 布置在隧道已施作好的区域，测量时仪器架于 A 点，监测 P 架设棱镜，后视点 B 为控制点，AB 连线为零基准线，使用全站仪或经纬仪精确测出 BAP 前后两次测量的角度，从而得到两次的角度变化量，并按下式计算偏离值。小角度法观测示意如图 15-19 所示。

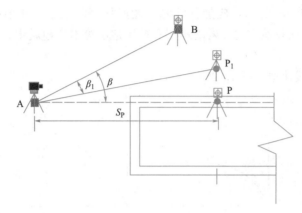

图 15-19　小角度法观测示意

$$L_P = \frac{a_P}{\rho} \cdot S_P \qquad (15\text{-}9)$$

式中：L_P——位移变化量（mm）；

　　　a_P——角度变化量（″）；

　　　S_P——测点距监测基点的距离（mm）；

　　　ρ——角度常数。

⑤ 观测频率

周边位移观测，应根据开挖后时间、与开挖面距离及变形速率等因素取大值进行确定。当变形速率突然变大、喷混凝土表面及地表有裂缝出现并持续发展、或者工序转换时，应加强监测。观测频率见表 15-7。

观测频率　　　　　　　　　　　　　　　　　　　　表 15-7

内容	监测频率			
按开挖后时间	1～15 天	16～30 天	31～90 天	大于 90 天
按与开挖面距离	＜2B	(2～5)B	(5～10)B	10≥B
按变形速率(mm/d)	≥1.0	0.5～1.0	0.1～0.5	＜0.1
监测频率	1～3 次/天	1 次/2 天	1～2 次/周	1～3 次/月

注：B 为隧道跨度。

4）计算分析

① 控制基准的要求

由于隧道施工的复杂性，施工应按极限位移值、位移速率、位移时态曲线控制基准综合进行管理。

a. 极限位移值

极限位移值，一般情况下，宜将隧道设计的预留变形量作为极限位移，而设计变形量应根据监测结果不断修正。

b. 位移速率

根据位移速率判断：速率大于 1mm/d 时，围岩处于急剧变形状态，应加强初期支护；速率变化在 0.2~1.0mm/d 时，应加强观测，做好加固的准备；速率小于 0.2mm/d 时，围岩达到基本稳定。在高地应力、岩溶地层和挤压地层等不良地质中，应根据具体情况制定判断标准。

c. 位移-时态曲线速率（图 15-20）

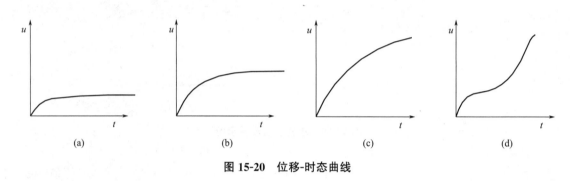

图 15-20 位移-时态曲线

（a）每次量测后应及时整理数据，绘制时态曲线。

（b）当位移速率很快变小，时态曲线很快平缓，如图 15-20（a）所示，表明围岩稳定性好，可适当减弱支护。

（c）当位移速率逐渐变小，即 $\dfrac{d^2u}{dt^2} < 0$，时态曲线趋于平缓，如图 15-20（b）所示，表明围岩变形趋于稳定，可正常施工。

（d）当位移速率不变，即 $\dfrac{d^2u}{dt^2} = 0$，时态曲线直线上升，如图 15-20（c）所示，表明围岩变形急剧增长，无稳定趋势，应及时加强支护，必要时暂停掘进。

（e）当位移速率逐步增大，即 $\dfrac{d^2u}{dt^2} > 0$，时态曲线出现反弯点，如图 15-20（d）所示，表明围岩已处于不稳定状态，应停止掘进，及时采取加固措施。

② 观测数据回归分析

每次观测完成后，计算当次变形值、变形速率；绘制变形时态曲线图、空间变形散点图；采用 Peck 公式进行对监测数据进行回归分析，以预测该测点可能出现的最大变形值；与管理基准值对比；评估围岩稳定性。Peck 公式见公式（15-10）～公式（15-12）。

$$S(X) = S_{\max \exp}\left(-\frac{X^2}{2i^2_{\max}}\right) \tag{15-10}$$

$$S\frac{V_1}{\sqrt{2\pi i}_{\max}} \tag{15-11}$$

$$i = \frac{H}{\sqrt{2\pi}\tan\left(45° - \dfrac{\varphi}{2}\right)} \tag{15-12}$$

式中：$S(X)$——距隧道中线 X 处的沉降值（mm）；

　　　S_{max}——隧道中线处最大沉降值；

　　　V_1——地下工程单位长度地层损失（X^2/m）；

　　　i——沉降曲线变曲点；

　　　H——隧道埋深。

③ 观测数据应用

a. 位移管理等级

结合现场量测数据，可按表 15-8 进行量测管理和指导施工。

位移量测数据管理等级　　　　　　　　　　　　　　表 15-8

管理等级	管理位移值	施工状态
Ⅲ	$U < U_n/3$	可以正常施工
Ⅱ	$U_n/3 \leqslant U \leqslant 2U_n/3$	应加强支护
Ⅰ	$U > 2U_n/3$	应采取特殊的措施

注：U—实测位移值；U_n—最大允许位移值。

（a）当量测位移 U 小于 $U_n/3$ 时，表明围岩稳定，可以正常施工。

（b）当量测位移 U 大于 $U_n/3$ 并小于 $2U_n/3$ 时，表明围岩变形偏大，应密切注意围岩动向，可采取一定的加强措施，如加密、加长锚杆等措施。

（c）当量测位移 U 大于 $2U_n/3$ 时，表明围岩变形很大，应先停止掘进，并采取特殊的加固措施，如超前支护、注浆加固等。

（d）实测最大位移值或预测最大位移值不大于 $2U_n/3$ 时，可认为初期支护达到基本稳定。

b. 二次衬砌的施作条件

一般情况下，二次衬砌的施作应在满足下列要求时进行：

（a）各测试项目的位移速率明显收敛，围岩基本稳定。

（b）已产生的各项位移已达预计总位移量的 $80\% \sim 90\%$。

（c）周边位移速率小于 $0.1 \sim 0.2mm/d$，或拱顶下沉速率小于 $0.07 \sim 0.15mm/d$。

从安全考虑，周边位移速率与拱顶下沉速度不少于 7d 的平均值，总位移值可由回归分析计算取得。

c. 安全性评价

根据监控量测分析结果，对工程安全性进行评价。评价应按照前文监控量测控制基准值中的三个工程位移管理等级进行，采用表 15-9 相应的应对措施，工程安全性评价流程如图 15-21 所示。

工程安全性评价分级及相应应对措施　　　　　　　　　表 15-9

管理等级	应对措施
Ⅲ	正常施工
Ⅱ	综合评价设计施工措施,加强监控量测,必要时采取相应工程对策
Ⅰ	暂停施工,采取相应工程对策

5）注意事项

① 进入隧道前询问现场施工作业情况。

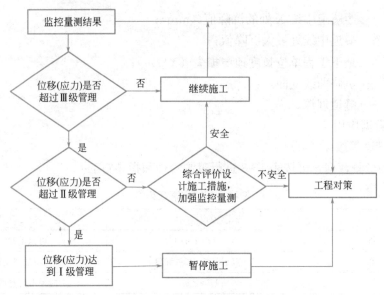

图 15-21　工程安全性评价流程

② 进入现场人员必须佩戴安全帽、反光衣、口罩、照明设备等劳保用品。

③ 检测作业时注意安全，以免发生意外。

（2）拱顶下沉

隧道拱顶下沉量测是了解隧道拱顶下沉变化情况。

隧道围岩开挖初喷后，在测点位置垂直向上钻孔，孔深 300mm、孔径 42mm。用锚固剂将带挂钩的测桩锚在钻孔内，挂钩向下外露。挂钩可用 $\phi8$ 钢筋，弯成圆形或三角形，并用红色油漆做好标记。记录测点埋设桩号、测点编号和埋设时间。

用水准仪量测拱顶下沉时，需另外埋设稳定的观测基点，基点埋设时间应在测点埋设之前完成。基点应选择通视条件好、地基稳定不变形、监测期间不被扰动和破坏的坚硬岩石或构造物上，一般是在距被测断面以外 20m 远的距离。基点应打孔埋设测桩。孔深 100～200mm、孔径 38～42mm。测桩钢筋直径为 18～22mm，竖向埋设，上端露头小于 50mm，外露头磨圆。记录测点埋设时间。洞内基点可设在已完成的稳定的衬砌边墙或基础上。

每次量测时在后方基点立塔尺或铟钢尺，读取基点（后视）读数，再将钢卷尺或（塔尺）吊挂在拱顶挂钩上，在钢卷尺或（塔尺）基本不摆动的状态下通过精密水准仪测取（前视）读数。每次测取读数填入记录表，多个拱顶测点尽可能使用同一基点，并一站完成。

1）方法标准

①《公路隧道施工技术规范》JTG/T 3660—2020；

②《铁路隧道监控量测技术规程》Q/CR 9218—2015；

③《建筑变形测量规范》JGJ 8—2016；

④《工程测量标准》GB 50026—2020。

2）仪器设备

水准仪、铟钢尺、全站仪。

3）检测步骤

① 观测准备

观测前应收集下列资料：

a. 工程名称及设计、施工和建设单位名称；

b. 隧道名称、掌子面里程、隧道地质资料；

c. 必要的设计图纸和施工记录。

② 现场观测

a. 监测断面布设的要求

（a）纵向布设

周边位移和拱顶下沉测点应布置在同一断面，拱顶下沉测点原则上设置在拱顶轴线附近。当隧道实际围岩分级情况较设计分级差 1 个等级及以上或隧道断面大于双车道隧道标准断面时，应结合施工方法调整断面间距（表 15-10）。

拱顶下沉监测断面间距　　　　　　　　　　　　　　　　　　表 15-10

围岩级别	拱顶下沉监测断面的间距(m)
V～VI	5～10
IV	10～20
III	20～30
I～II	30～50

注：大变形软岩段或者超浅埋软土层等特殊地段断面间距可适当缩小断面间距。

（b）横向布设

埋设在拱部围岩或者支护结构表面上。每个断面上应布置 1～3 个测点，三车道大断面隧道设置 2～3 个测点，分部开挖法每部拱部设置 1 个测点。其测点布置如图 15-22 所示。

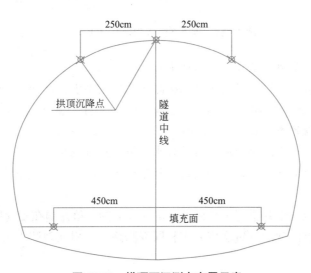

图 15-22　拱顶下沉测点布置示意

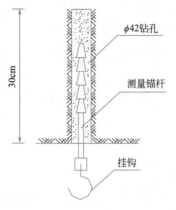

图 15-23　拱顶下沉测点埋设示意

b. 监测点埋设要求（图 15-23）

（a）接触式量测法

拱顶下沉量测是在隧道开挖毛洞的拱顶埋设带挂钩的锚桩，测桩深度 30cm，钻孔直径 ϕ42mm，用快凝水泥或早强锚固剂固定，测桩头需设保护罩。

（b）非接触式量测法

拱顶按同样方法钻孔埋设测点，测点上贴激光反射片作为测点靶标。

c. 观测方法技术要求

（a）接触式量测法

拱顶下沉接触式量测法是在锚桩上吊挂钢钢尺，用精密水准仪量测隧道拱顶绝对下沉量，精度不小于 0.1mm。其观测示意如图 15-24 所示。

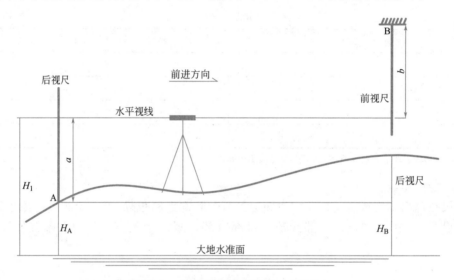

图 15-24　拱顶下沉观测示意（水准仪）

拱顶下沉接触式观测方法技术要求如下：

观测点的初始值应连续观测三次，三次高程之差应小于 ±1.0mm，取其平均值作为初始值；

每个测点读数误差不宜超过 0.1mm；

观测点与基准点应组成闭合环或者符合水准路线进行观测；

不在水准路线上的观测点，一个测站不宜超过 3 个，超过时应重读后视点读数，以作核对。

对精密水准仪应每个月进行 i 角检查，确保仪器的 i 角控制在 10 秒以内；

对同一个监测点的观测，每次应要求相同观测路线、相同观测人员，同一台仪器进行观测。

解算见公式（15-13）～公式（15-15）。

计算公式：
$$\Delta H_i = H_{i,j+1} - H_{i,j} \tag{15-13}$$

$$H_{i,j} = H_{bm} + \left(\sum h_{\text{后}i,j} - \sum h_{\text{前}i,j} \right) \tag{15-14}$$

$$H_i = \sum \Delta H_i \tag{15-15}$$

式中：ΔH_i——各监测点本次变化量；

$\quad$ H_{bm}——基准点高程；

$\quad$ $H_{i,j}$——第 i 号监测点第 j 次观测高程；

$\quad$ $h_{\text{后}i,j}$——第 i 号监测点第 j 次观测时后视观测读数；

$\quad$ $h_{\text{前}i,j}$——第 i 号监测点第 j 次观测时前视观测读数；

$\quad$ H_i——各监测点累计变化量。

（b）非接触式量测法

非接触式量测法是使用全站仪法，在测点上贴激光反射片，利用三角高程的方法进行观测。测量方法包括自由设站和固定设站两种，有条件时一般采用固定设站方法。

a）固定设站观测法

其观测示意如图 15-25 所示。

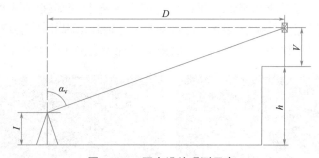

图 15-25　固定设站观测示意

观测后用以下公式解算：$h = D \cdot \arctan\alpha_V + \dfrac{1-K}{2R}D^2 + I - v$ （15-16）

式中：D——三角高程测量两端点的水平距离（mm）；

$\quad$ h——三角高程测量边两端点的高差（m）；

$\quad$ α_V——垂直角；

$\quad$ K——为大气垂直折光系数；

$\quad$ R——地球平均曲率半径（m）；

$\quad$ I——仪器高（m）；

$\quad$ v——觇牌高（m）。

b）自由设站观测法

其观测示意如图 15-26 所示。

观测后用以下公式解算：

$$h_{12} = (D_2 \cdot \arctan\alpha_2 - D_1 \cdot \arctan\alpha_1) + \left(\frac{D_2^2 - D_1^2}{2R} \right) - \left(\frac{D_2^2}{2R}K_2 - \frac{D_1^2}{2R}K_1 \right) - (v_2 - v_1)$$

$$\tag{15-17}$$

式中：h_{12}——后视与前视之间的高差（m）；

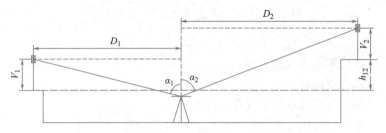

图 15-26　自由设站观测示意

　　α_1、α_2——后视、前视垂直角；

　　D_1、D_2——后视、前视水平距离（m）；

　　K_1、K_2——后视、前视大气垂直折光系数；

　　　　R——地球曲率半径（m）；

　　v_1、v_2——后视、前视觇牌高（m）。

　　d. 观测频率

　　拱顶下沉观测，应根据开挖后时间、与开挖面距离及变形速率等因素取大值进行确定。当变形速率突然变大、喷射混凝土表面及地表有裂缝出现并持续发展，或者工序转换时，应加强监测。观测频率见前表 15-7。拱顶下沉现场观测工作如图 15-27 所示。

图 15-27　拱顶下沉现场观测工作

　　4）计算分析

　　计算分析同周边位移变形量测的计算过程。

　　（3）地表下沉

　　通过观测监测点的垂直变化情况，判断隧道岩层的稳定性和周边建筑（构）物安全性。

　　1）方法标准

　　①《公路隧道施工技术规范》JTG/T 3660—2020；

　　②《铁路隧道监控量测技术规程》Q/CR 9218—2015；

　　③《建筑变形测量规范》JGJ 8—2016；

　　④《工程测量标准》GB 50026—2020。

2）仪器设备

水准仪、钢钢尺、全站仪。

3）检测步骤

① 观测准备

观测前应收集下列资料：

工程名称及设计、施工和建设单位名称；

隧道名称、掌子面里程、隧道地质资料；

必要的设计图纸和施工记录。

② 现场观测

a. 监测断面布设的要求

地表下沉量测的测点应布设在由设计确定的特别重要的施工地段，一般为洞口段、浅埋段（$H_0 \leqslant 2B$），包括地表有建（构）筑物地段。对施工中地表发生塌陷并经修补过的地段以及预先探测到地下存在构筑物或空洞的施工地段，测点应尽量接近构筑物或空洞上方。基准点应设置在开挖影响范围外。

（a）纵向布设

隧道地表沉降测点应在隧道开挖前布设，地表沉降测点和隧道内测点宜布置在同一断面里程。一般条件下，地表沉降测点纵向间距应按表 15-11 要求布置。

地表下沉量测纵向间距　　　　　　　　　　　　　　　表 15-11

埋置深度 H	地表沉降量测断面的间距(m)
$2B < H_0 < 2.5B$	$20 \sim 50$
$B < H_0 \leqslant 2B$	$10 \sim 20$
$H_0 \leqslant B$	$5 \sim 10$

注：H_0 为隧道埋深，B 为隧道开挖断面宽度。

（b）横向布设

地表下沉监测范围横向应延伸至隧道中线两侧 $1 \sim 2 (B/2 + H + H_0)$（B 为隧道开挖断面宽度，H 为隧道开挖高度，H_0 为隧道埋深）。测点间距为 $2 \sim 5m$，并应根据地质条件和环境条件进行调整。其测点布置如图 15-28 所示。

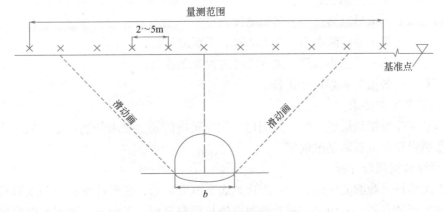

图 15-28　地表下沉测点布置

b. 监测点埋设要求

观测点埋设前，应采用测量放线的方法对观测点进行准确定位，然后再进行埋设；测点采用 $\phi 22$ 螺纹钢，深入坡体 $60\sim80cm$，外露 $5cm$，加入砂土埋填密实，周围用水泥浇筑加固，表面磨平后在表面打眼作标记。

③ 观测频率

开挖面距量测断面前后 $<2B$ 时，$1\sim2$ 次/天；开挖面距量测断面前后 $<5B$ 时，1 次/$2\sim3$ 天；开挖面距量测断面前后 $>5B$ 时，$1\sim2$ 次/周。

地表沉降现场观测工作图如图 15-29 所示。

图 15-29　地表沉降现场观测工作图

4）计算分析

① 水准测量解算公式如下：

计算公式：

$$\Delta H_i = H_{i,j+1} - H_{i,j} \tag{15-18}$$

$$H_{i,j} = H_{\text{bm}} + \left(\sum h_{\text{后}i,j} - \sum h_{\text{前}i,j}\right) \tag{15-19}$$

$$H_i = \sum \Delta H_i \tag{15-20}$$

式中：ΔH_i——各监测点本次变化量；

H_{bm}——基准点高程；

$H_{i,j}$——第 i 号监测点第 j 次观测读数；

$h_{\text{后}i,j}$——第 i 号监测点第 j 次观测时后视观测读数；

$h_{\text{前}i,j}$——第 i 号监测点第 j 次观测时前视观测读数；

H_i——各监测点累计变化量。

② 控制基准的要求

控制基准应根据地层稳定性、周围建（构）筑物的安全要求分别确定，取最小值；或者可以参照拱顶下沉管理基准确定。

③ 观测数据回归分析

地表沉降每次观测完成后，计算当次地表下沉变形值、变形速率；绘制变形时态曲线图、空间变形散点图；采用公式对监测数据进行回归分析，以预测该测点可能出现的最大地表下沉变形值；与管理基准值对比；评估围岩稳定性。

> 5）注意事项
> ① 进入现场人员必须佩戴安全帽、反光衣，并做好安全保护措施。
> ② 检测作业时注意安全，以免发生意外。

4. 建（构）筑物监测

18. 建（构）筑物监测

5. 受力监测

19. 受力监测

6. 隧道超前地质预报

20. 隧道超前地质预报

7. 隧道环境检测

21. 隧道环境检测

第四节 运营隧道技术状况评定

1. 基本知识

隧道建成通车后应加强养护，保障其安全运营。为做好隧道的养护，应对其进行定期检查，掌握隧道的结构现状及其损坏情况，并根据检查结果对隧道技术状况进行评定。

公路隧道技术状况评定应包括隧道土建结构、机电设施、其他工程设施技术状况评定和总体技术状况评定，如图 15-30 所示。公路隧道技术状况评定应采用分层综合评定与隧道单项控制指标相结合的方法，先对隧道各检测项目进行评定，然后对隧道土建结构、机电设施和其他工程设施分别进行评定，最后进行隧道总体技术状况评定。

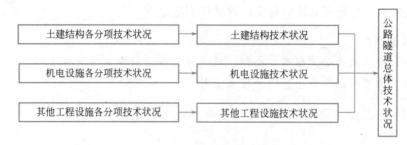

图 15-30　公路隧道技术状况评定

公路隧道总体技术状况评定应分为 1 类、2 类、3 类、4 类和 5 类，公路隧道总体技术状况评定类别见表 15-12。

公路隧道总体技术状况评定类别　　　　　　　　　　　　　　表 15-12

技术状况评定类别	评定类别描述		养护对策
	土建结构	机电设施	
1 类	完好状态。无异常情况，或异常情况轻微，对交通安全无影响	机电设施完好率高，运行正常	正常养护
2 类	轻微破损。存在轻微破损，现阶段趋于稳定，对交通安全不会有影响	机电设施完好率较高，运行基本正常，部分易耗部件或损坏部件需要更换	应对结构破损部位进行监测或检查，必要时实施保养维修；机电设施进行正常养护，应对关键设备及时修复
3 类	中等破损。存在破坏，发展缓慢，可能会影响行人、行车安全	机电设施尚能运行，部分设备、部件和软件需要更换或改造	应对结构破损部位进行重点监测，并对局部实施保养维修；机电设施需进行专项工程
4 类	严重破损。存在较严重破坏，发展较快，已影响行人、行车安全	机电设施完好率较低，相关设施需要全面改造	应尽快实施结构病害处治措施；对机电设施应进行专项工程，并应及时实施交通管制
5 类	危险状态。存在严重破坏，发展迅速，已危及行人、行车安全	—	应及时关闭隧道，实施病害处治，特殊情况需进行局部重建或改建

2. 土建结构

（1）一般规定

土建结构的养护工作应包括日常巡查、清洁、结构检查与技术状况评定、保养维修和病害处治等内容。本节重点介绍土建结构技术状况评定。

（2）方法标准

《公路隧道养护技术规范》JTG H12—2015。

（3）仪器设备

卷尺、游标卡尺、水准仪、激光断面仪、带刻度的放大镜、宽度测定尺、测针、裂缝测宽和测深仪、回弹仪、超声波仪、地质雷达、PH 试验纸、温度计、摩擦系数测定仪、平整度仪等、手电筒、隧道结构病害展布记录纸、记录本、照相机或摄像机、可移动台架、升降台车等。近年来，可以连续摄像、扫描的隧道检测车也已经在使用，取得了较好的效果（图 15-31）。

图 15-31　公路隧道综合检测车

（4）检测步骤

1）检查准备

检查前应收集下列资料：

① 工程名称、工程概况；

② 必要的设计图纸、监测资料和施工资料。

2）现场检查内容

① 经常性检查

经常检查的结论以定性判断为主，对各个检查项目的判定结果分为情况正常、一般异常、严重异常三种情况。

当经常检查中发现隧道存在一般异常情况时，应进行监视、观测或做进一步检查；当经常检查中发现隧道存在严重异常情况，应采取措施进行处置，若对其产生原因及详细情况不明时，还应做定期检查或专项检查。

经常性检查内容和判定标准（一般异常、严重异常）见表 15-13。

经常性检查内容和判定标准　　　　　　　　　　　　表 15-13

项目名称	检查内容	判定描述	
		一般异常	严重异常
洞口	边（仰）坡有无危石、积水、积雪；洞口有无挂冰；边沟有无淤塞；构造物有无开裂、倾斜、沉陷等	存在落石、积水、积雪隐患；洞口局部挂冰；构造物局部开裂、倾斜、沉陷，有妨碍交通的可能	坡顶落石、积水漫流或积雪崩塌；洞口挂冰掉落路面；构造物因开裂、倾斜或沉陷而致剥落或失稳；边沟淤塞，已妨碍交通
洞门	结构开裂、倾斜、沉陷、错台、起层、剥落；渗漏水（挂冰）	侧墙出现起层、剥落；存在渗漏水或结冰，尚未妨碍交通	拱部及其附近部位出现剥落；存在喷水或挂冰等，已妨碍交通
衬砌	结构裂缝、错台、起层、剥落	衬砌起层，且侧壁出现剥落状况，尚未妨碍交通，将来可能构成危险	衬砌起层，且拱部出现剥落状况，已妨碍交通
	渗漏水	存在渗漏水，尚未妨碍交通	大面积渗漏水，已妨碍交通
	挂冰、冰柱	存在结冰现象，尚未妨碍交通	拱部挂冰，形成冰柱，已妨碍交通

项目名称	检查内容	判定描述	
		一般异常	严重异常
路面	落物、油污；滞水或结冰；路面拱起、坑槽、开裂、错台等	存在落物、滞水、结冰、裂缝等，尚未妨碍交通	拱部落物，存在大面积路面滞水、结冰或裂缝，路面拱起、坑槽、开裂、错台，已妨碍交通
检修道	结构破损；盖板缺损；栏杆变形、损坏	栏杆变形、损坏；道板缺损；结构破损，尚未妨碍交通	栏杆局部毁坏或侵入建筑限界；道路结构破损，已妨碍交通
排水设施	缺损、堵塞、积水、结冰	存在缺损、积水或结冰，尚未妨碍交通	沟管堵塞，积水漫流，结冰，设施缺损严重，已妨碍交通
吊顶及各种预埋件	变形、缺损、漏水（挂冰）	存在缺损、漏水，尚未妨碍交通	缺损严重，或从吊顶板漏水严重，已妨碍交通
内装饰	脏污、变形、缺损	存在缺损，尚未妨碍交通	缺损严重，已妨碍交通
标志、标线轮廓标	是否完好	存在脏污、部分缺失，可能会影响交通安全	基本缺失或严重缺失，影响行车安全

② 定期检查

由于隧道衬砌结构类型、洞门形式、内装形式的不同，不同的隧道，定期检查的重点及内容也会有差异。定期检查内容见表 15-14。

定期检查内容　　　　　　　　　　　　　　　表 15-14

项目名称	检查内容
洞口	山体滑坡、岩石崩塌的征兆及其发展趋势；边坡、碎落台、护坡道的缺口、冲沟、潜流涌水、沉陷、塌落等及其发展趋势
	护坡、挡土墙的裂缝、断缝、倾斜、鼓肚、滑动、下沉的位置、范围及其程度，有无表面风化、泄水孔堵塞、墙后积水、地基错台、空隙等现象及其程度
洞门	墙身裂缝的位置、宽度、长度、范围或程度
	结构倾斜、沉陷、断裂范围、变位量、发展趋势
	洞门与洞身连接处环向裂缝开展情况、外倾趋势
	混凝土起层、剥落的范围和深度，钢筋有无外露、受到锈蚀
	墙背填料流失范围和程度
衬砌	衬砌裂缝的位置、宽度、长度、范围或程度，墙身施工缝开裂宽度、错位量
	衬砌表层起层、剥落的范围和深度
路面	路面拱起、沉陷、错台、开裂、溜滑的范围和程度；路面积水、结冰等范围和程度
检修道	检修道毁坏、盖板缺损的位置和状况；栏杆变形、锈蚀、缺损等的位置和状况
排水系统	结构缺损程度，中央窨井盖、边沟盖板等完好程度，沟管开裂漏水状况；排水沟（管）、积水井等淤积堵塞、沉沙、滞水、结冰等状况
顶棚及各种预埋件	顶棚板变形、缺损的位置和程度；吊杆等预埋件是否完好、有无锈蚀、脱落等危及安全的现象及其程度；漏水（挂冰）范围及程度

续表

项目名称	检查内容
内装饰	表面脏污、缺损的范围和程度；装饰板变形、缺损的范围和程度等
标志、标线、轮廓标	外观缺损、表面脏污状况，连接件牢固状况、光度是否满足要求等

（5）计算分析

1）技术状况评定标准

隧道洞口、洞门、衬砌结构、衬砌渗漏水、路面、检修道、洞内排水设施、顶棚及预埋件、内装饰交通标志、标线等各分项技术状况评定标准应按表15-15～表15-24进行。

隧道洞口技术状况评定标准 表 15-15

状况值	技术状况描述
0	完好，无破坏现象
1	山体及岩体、挡土墙、护坡等有轻微裂缝产生，排水设施存在轻微破坏
2	山体及岩体裂缝发育，存在滑坡、崩塌的初步迹象，坡面树木或电线杆轻微倾斜，挡土墙、护坡等产生开裂、变形，土石零星掉落，排水设施存在一定裂损、阻塞
3	山体及岩体严重开裂，坡面树木或电线杆明显倾斜，挡土墙、护坡等产生严重开裂、明显的永久变形，墙角或坡面有土石堆积，排水设施完全堵塞、破坏，排水功能失效
4	山体及岩体有明显而严重的滑动、崩塌现象，挡土墙、护坡断裂、外倾失稳、部分倒塌，坡面树木或电线杆倾倒等

隧道洞门技术状况评定标准 表 15-16

状况值	技术状况描述
0	完好，无破坏现象
1	墙身存在轻微的开裂、起层、剥落
2	墙身结构局部开裂，墙身轻微倾斜、沉陷或错台，壁面轻微渗水，尚未妨害交通
3	墙身结构严重开裂、错台；边墙出现起层、剥落，混凝土块可能掉落或已有掉落；钢筋外露，受到锈蚀，墙身有明显倾斜、沉陷或错台趋势，壁面严重渗水（挂冰），将会妨碍交通
4	洞门结构大范围开裂、砌体断裂、混凝土块可能掉落或已有掉落；墙身出现部分倾倒、垮塌，存在喷水或大面积挂冰等，已妨碍交通

衬砌破损技术状况评定标准 表 15-17

状况值	技术状况描述	
	外荷载作用所致	材料劣化所致
0	结构无裂损、变形和背后空洞	材料无劣化
1	出现变形、位移、沉降和裂缝，但无发展或已停止发展	存在材料劣化，钢筋表面局部腐蚀，衬砌无起层、剥落，对断面强度几乎无影响
2	出现变形、位移、沉降和裂缝，发展缓慢，边墙衬砌背后存在空隙，有扩大的可能性	材料劣化明显，钢筋表面全部生锈、腐蚀，断面强度有所下降，结构物功能可能受到损害

状况值	技术状况描述	
	外荷载作用所致	材料劣化所致
3	出现变形、位移、沉降，裂缝密集，出现剪切性裂缝，发展速度较快；边墙处衬砌压裂，导致起层、剥落，边墙混凝土有可能掉下；拱部背面存在大的空洞，上部落石可能掉落至拱背；衬砌结构侵入内轮廓界限	材料劣化严重，钢筋断面因腐蚀而明显减小，断面强度有相当程度的下降结构物功能受到损害；边墙混凝土起层、剥落、混凝土块可能掉落或已有掉落
4	衬砌结构发生明显的永久变形，裂缝密集，出现剪切性裂缝，裂缝深度贯穿衬砌混凝土，并且发展快速；由于拱顶裂缝密集，衬砌开裂，导致起层、剥落，混凝土块可能掉下；衬砌拱部背面存在大的空洞，且衬砌有效厚度很薄，空腔上部可能掉落至拱背；衬砌结构侵入内轮廓界限	材料劣化非常严重，断面强度明显下降，结构物功能损害明显；由于拱部材料劣化，导致混凝土起层、剥落，混凝土块可能掉落或已有掉落

衬砌渗漏水技术状况评定标准　　　　　　　　　　表 15-18

状况值	技术状况描述
0	无渗漏水
1	衬砌表面存在浸渗，对行车无影响
2	衬砌拱部有滴漏，侧墙有小股涌流，路面有浸渗但无积水，拱部、边墙因渗水少量挂冰，边墙脚积冰；不久可能会影响行车安全
3	拱部有涌流、侧墙有喷射水流，路面积水，沙土流出，拱部衬砌因渗水形成较大挂冰、胀裂，或涌水积冰至路面边缘，影响行车安全
4	拱部有喷射水流，侧墙存在严重影响行车安全的涌水，地下水从检查井涌出，路面积水严重，伴有严重的沙土流出和衬砌挂冰，严重影响行车安全

隧道路面技术状况评定标准　　　　　　　　　　表 15-19

状况值	技术状况描述
0	路面完好
1	路面有浸湿、轻微裂缝、落物等，引起使用者轻微不舒适感
2	路面有局部的沉陷、隆起、坑洞、表面剥落、露骨、破损、裂缝，轻微积水，引起使用者明显的不舒适感，可能会影响行车安全
3	路面出现较大面积的沉陷、隆起、坑洞、表面剥落、露骨、破损、裂缝，积水严重等，影响行车安全；抗滑系数过低引起车辆打滑
4	路面大面积的明显沉陷、隆起、坑洞，路面板严重错台、断裂，表面剥落、露骨、破损、裂缝，出现漫水、结冰或堆冰，严重影响交通安全，可能导致交通意外事故

检修道技术状况评定标准　　　　　　　　　　表 15-20

状况值	技术状况描述	
	定性描述	定量描述
0	护栏、路缘石及检修道面板均完好	—
1	护栏变形，路缘石或检修道面板少量缺角、缺损，金属有局部锈蚀，尚未影响其使用功能	护栏、面板、路缘石损坏长度≤10%，缺失长度≤3%

状况值	技术状况描述	
	定性描述	定量描述
2	护栏变形损坏，螺栓松动、扭曲。金属表面锈蚀，部分路缘石或检修道面板缺损、开裂，部分功能丧失，可能会影响行人和交通安全	护栏、面板、路缘石损坏长度>10％且≤20％，缺失长度>3％且≤10％
3	护栏倒伏、严重损坏，侵入界限。路缘石或检修道面板缺损开裂或缺失严重，原有功能丧失，影响行人和交通安全	护栏、面板、路缘石损坏长度>20％，缺失长度>10％

洞内排水设施技术状况评定标准　　　　　　　　　　表 15-21

状况值	技术状况描述
0	设施完好，排水功能正常
1	结构有轻微破损，但排水功能正常
2	轻微淤积，结构有破损，暴雨季出现溢水，可能会影响交通安全
3	严重淤积，结构较严重破损，溢水造成路面局部积水、结冰，影响行车安全
4	完全阻塞，结构严重破损，溢水造成路面积水漫流、大面积结冰，严重影响行车安全

顶棚及预埋件技术状况评定标准　　　　　　　　　　表 15-22

状况值	技术状况描述
0	顶棚完好
1	存在轻微变形、破损、浸水，尚未妨碍交通
2	顶棚破损、开裂，滴水，吊杆等预埋件锈蚀，尚未影响交通安全
3	顶棚存在较严重的变形、破损，出现涌流、挂冰，吊杆等预埋件严重锈蚀，可能影响交通安全
4	顶棚严重破损、开裂甚至掉落，出现喷涌水、严重挂冰，各种预埋件和悬吊件严重锈蚀或断裂，各种桥架和挂件出现严重变形或脱落，严重影响行车安全

内装饰技术状况评定标准　　　　　　　　　　表 15-23

状况值	技术状况描述	
	定性描述	定量描述
0	内装饰完好	—
1	个别内装饰板或瓷砖变形、破损，不影响交通	损坏率≤10％
2	部分内装饰板或瓷砖变形、破损、脱落，对交通安全有影响	损坏率>10％，且≤20％
3	大面积内装饰板或瓷砖变形、破损、脱落，严重影响行车安全	损坏率>20％

交通标志、标线技术状况评定标准 表 15-24

状况值	技术状况描述	
	定性描述	定量描述
0	完好	—
1	存在脏污、不完整，尚未妨碍交通	损坏率≤10%
2	存在脏污、部分脱落、缺失，可能会影响交通安全	损坏率>10%，且≤20%
3	大部分存在脏污、脱落、缺失，影响行车安全	损坏率>20%

2）状况值计算

土建结构评分按下式计算：

$$JGCI = 100 \cdot \left[1 - \frac{1}{4} \sum_{i=1}^{n} \left(JGCI_i \times \frac{w_i}{\sum_{i=1}^{n} w_i} \right) \right] \tag{15-20}$$

式中：$JGCI_i$——分项状况值；

w_i——分项权重。

分项状况值 $JGCI_i$ 计算公式为：

$$JGCI_i = \max(JGCI_{i,j}) \tag{15-21}$$

式中：$JGCI_{i,j}$——各分项检查段落状况值；

j——检查段落号，按实际分段数量取值。

3）取值表（表 15-25 和表 15-26）

土建结构各分项权重 表 15-25

分项		分项权重 w_i	分项	分项权 w_i
洞口		15	检修道	2
洞门		5	排水设施	6
衬砌	结构破损	40	顶棚及预埋件	10
	渗漏水		内装	2
路面		15	交通标志、标线	5

土建结构技术状况等级界限值 表 15-26

技术状况评分	土建结构技术状况评定分类				
	1类	2类	3类	4类	5类
$JGCI$	≥85	≥70，<85	≥55，<70	≥40，<55	<40

4）隧道技术状况评定

对隧道存在的病害及其他异常状况进行检查记录、拍照，并对隧道技术状况和功能状态进行评价。

（6）注意事项

土建结构技术状况评定时，当洞口、洞门、衬砌、路面和吊顶及预埋件的技术状况评定状况值达到 3 或 4 时，对应土建结构技术状况应直接评为 4 类或 5 类。

在公路隧道技术状况评价中，有下列情况之一时，隧道土建技术状况评定应评为 5 类隧道：

1）隧道洞口边仰坡不稳定，出现严重的边坡滑动、落石等现象。

2）隧道洞门结构大范围开裂、砌体断裂、脱落现象严重，可能危及行车道内的通行安全。

3）隧道拱部衬砌出现大范围开裂、结构性裂缝深度贯穿衬砌混凝土。

4）隧道衬砌结构发生明显的永久变形，且有危及结构安全和行车安全的趋势。

5）地下水大规模涌流、喷射，路面出现涌泥沙或大面积严重积水等威胁交通安全的现象。

6）隧道路面发生严重隆起，路面板严重错台、断裂，严重影响行车安全。

7）隧道洞顶各种预埋件和悬吊件严重锈蚀或断裂，各种桥架和挂件出现严重变形或脱落。

3. 机电设施

机电设施的养护应包括日常巡查、清洁维护、机电检修与评定、专项工程等内容。

（1）日常巡查，是指在巡视车上或通过步行目测以及其他信息化手段对机电设施外观和运行状态进行的一般巡视检查，并对检查结果及时记录。

（2）清洁维护，是指对隧道机电设施外观的日常清洁，以经常保持机电设施外观的干净整洁。

（3）机电检修与评定，是指通过检查工作发现机电设施完好情况，系统掌握和评定机电设施技术状况，确定相应的养护对策或措施。机电检修工作主要内容包括经常检修、定期检修和应急检修。

1）经常检修，是指通过步行目测或使用简单工具，对设施仪表读数、运转状态或损坏情况进行的检查并对检查结果定性判断，对破损零部件应及时进行维修更换。

2）定期检修，是指通过检测仪器对机电设施运转状态和性能进行的全面检查、标定和维修。

3）应急检修，是指公路隧道内或相关机电设施发生异常事件、重大事故或自然灾害后对机电设施进行的检查和维修。

（4）专项工程，是指对机电设施进行的集中性、系统性维修，使其满足原有技术标准。专项工程可根据设备运行状态启动。

4. 其他工程设施

其他工程设施养护应包括日常巡查、清洁维护、检查评定、保养维修等内容。

（1）日常巡查应包括日常巡查中发现、记录、报告或处理明显异常。

（2）清洁维护应包括电缆沟与设备洞室的清理、洞口联络通道内垃圾清扫、洞口限高门架与洞口环保景观设施脏污清除、附属房屋设施的清洁维护。

（3）检查评定应包括发现其他工程设施的异常，掌握并判定其技术状况，确定相应的养护对策或措施。

（4）保养维修包括其他工程设施的结构破损修复、环保景观设施的恢复及附属房屋的保养。

思考题 🔍

1. 公路隧道的特点有哪些？
2. 简述公路隧道基本组成。
3. 公路隧道的分类及相应的划分标准？
4. 公路隧道试验检测的主要内容有哪些？
5. 简述锚杆锚固质量的评定标准。
6. 隧道支护锚杆验收试验采用何种方法？在何种情况下应终止加载？
7. 简述如何采用极坐标法测量隧道断面尺寸？
8. 采用回弹法及超声-回弹综合法检测混凝土强度有何区别？
9. 地质雷达法检测混凝土衬砌质量选用主机应满足何种要求？
10. 隧道监控量测内容有哪些？
11. 隧道地表沉降断面布设要求？
12. 位移量测数据管理等级？
13. 隧道土建结构技术状况评定主要仪器有哪些？
14. 隧道土建结构技术状况评定现场检查内容有哪些？
15. 隧道土建结构技术状况评定状况值如何计算？

第十六章

Chapter **16**

交通安全设施检测技术

▶▶

知识目标

1. 了解交通安全设施分类、定义、作用与功能，设置的基本原则；

2. 掌握交通标志、交通标线、波形梁钢护栏、突起路标、隔离栅、防眩板、轮廓标等检测指标的试验检测方法；

3. 掌握交通安全设施施工安装质量检测方法。

能力目标

1. 具备常用交通安全设施产品及施工安装质量的试验检测能力；

2. 能对常用交通安全设施产品及施工安装质量的试验检测进行计算、分析、评价并出具报告。

素质目标

安全发展、科学严谨、精益求精、数据说话。

思维导图

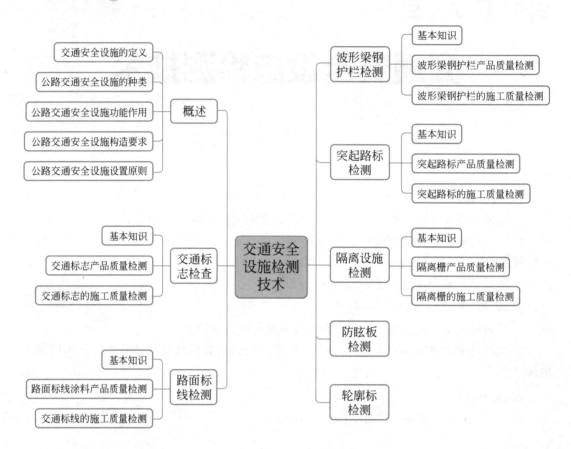

第一节 概述

　　公路建设的快速发展和交通安全意识的不断提高，使交通安全设施日益成为被关注的话题。交通安全设施作为公路交通的重要内容，对保障道路交通运输能力、提高社会经济效益、预防交通事故、减少安全危害，起着极其重要的作用。

　　道路交通安全设施的种类很多，除大家耳熟能详的道路交通标志、标线和护栏之外，还有各式各样的隔离设施、防眩设施、视线诱导设施以及其他交通安全设施，如里程碑、百米桩、示警标注、道口标注、公路界碑、防落网、锥形交通路标、公路防撞桶、减速垫、安全岛、平曲线反光镜等。道路交通安全形势目前十分严峻。

　　造成道路交通事故的原因很多，也很复杂，涉及人、车、路、环境、管理等诸多因素。道路交通安全设施的有效使用，一直被国际社会普遍认为是低成本改造道路安全状况、预防和减少道路交通事故的最有效的手段。我国对道路交通安全设施的认识和重视程度也在不断提高。交通运输部从 2004 年开始，在全国实施以"消除隐患、珍视生命"为主题的公路安全保障工程，对国省干线公路上的急弯、陡坡、视距不良路段开展综合整治，改造和完善相关的各种交通安全设施，为行车安全创造条件。

1. 交通安全设施的定义

交通安全设施，是指为维护交通秩序，确保交通安全，充分发挥道路交通的功能，依照规定在道路沿线设置的交通信号灯、交通标志和标线、防撞护栏和隔离栅等交通硬件设施的总称。

2. 公路交通安全设施的种类

按照《公路交通安全设施设计规范》JTG D81—2017，公路交通安全设施包括交通标志、交通标线（含突起路标、立面标记等）、护栏和栏杆、视线诱导设施（含轮廓标、合流诱导标、线形诱导标、隧道轮廓带、示警桩、示警墩、道口标注等）、隔离栅、防落网、防眩设施、避险车道和其他交通安全设施（含防风栅、防雪栅、积雪标杆、限高架、减速丘和凸面镜）等。常见的反光膜、路面标线涂料、防腐涂料这三种产品是制造交通安全设施的原材料，而不属于交通安全设施。

3. 公路交通安全设施功能作用

公路交通安全设施主要起安全防护和服务诱导作用，通过科学、合理地设置交通安全设施，最大限度地保障公路使用者的人身和财产安全，为公路使用者提供诱导服务，使其安全、快速、舒适地到达目的地。

4. 公路交通安全设施构造要求

在满足安全和使用功能的条件下，应积极推广使用可靠的新技术、新材料、新工艺、新产品。

5. 公路交通安全设施设置原则

公路交通安全设施应结合路网与公路条件、地形条件、交通条件、环境条件进行总体设计。同一条公路采用的交通安全设施设置原则和设计方案宜保持一致。交通安全设施之间、交通安全设施与公路主体工程和其他设施之间互相协调、配合使用。

第二节　交通标志检测

1. 基本知识

（1）道路交通标志的功能与作用

道路交通标志是以颜色、形状、字符、图形等向道路使用者传递信息，用于管理交通的设施。结合道路及交通情况设置交通标志，向道路使用者提供准确及时的信息和引导，使之可以顺利快捷地抵达目的地，促进交通畅通和行车安全。

交通标志一般设置在路侧或道路上方，其主要作用有：

1）调节交通流量，疏导交通。可以根据道路的交通情况，实行单向通行，定时通行，限制某些车辆通行等，对各种车辆的流量、流向起着调节、疏导和控制作用，可以提高道路通行效率。

2）预示道路状况。预示道路某一地段的地理状况，警告人们注意危险，提前做好思想准备，以防交通事故的发生。

3）为人们指路导向。明确表示道路所达目的地，各相交道路的去向，沿途名胜古迹的位置和距离等。

4）规范交通行为。交通标志也是作为驾驶员和行人守法以及交通民警执法的依据。

（2）道路交通标志的构成

道路交通标志一般由标志底板、标志面、立柱、紧固件、基础等几部分组成。各部分所用材料均需满足一定的要求。而且，在同一块标志板上，标志底板和标志面所采用的各种材料应具有相容性，防止因电化作用、不同的热膨胀系数或其他化学反应等造成标志板的锈蚀或损坏。

1）交通标志底板

标志底板可用铝合金板、铝合金挤压型材、薄钢板、合成树脂类板材等材料制作。大型标志的板面结构宜采用挤压成型的铝合金板拼装而成。挤压成型标志底板板面宽度以设计为准。挤压成型板材应尽量使用最大尺寸，减少接缝，以保持板面的平整度。

2）标志面材料

标志面可用逆反射材料、油漆、油墨、粘结剂及边缘填隙料等材料制造，目前较为广泛的是反光膜。反光膜是由透明薄膜、粘结剂、高折射率微珠、反射层等材料组成。反光膜按其不同的逆反射原理，可分为玻璃珠型和微棱镜型两类。反光膜按其不同的结构，可分为透镜埋入型、密封胶囊型和微棱镜型三类。

由于不同种类的反光膜的反光性能存在差异，选择反光膜应综合考虑：①标志背景环境影响大、行驶速度快、交通量大的道路宜选用逆反射性能好的材料；②警告禁令指示标志等图形标志宜选用逆反射性能好的材料；③曲线路段及平面交叉，宜选用大观测角度下仍具有良好逆反射性能的材料；④门架标志，悬臂标志和车行道上方附着式标志宜选用逆反射性能好的材料；⑤四级及四级以下公路、交通量很小的其他道路可选用工程级逆反射材料；⑥指路标志字膜的逆反射性能宜高于底膜的逆反射性能，一般情况下，字膜和底膜材料的使用年限宜一致。

3）立柱、紧固件与基础

交通标志立柱可选用 H 型钢、槽钢、钢管及钢筋混凝土管等材料制作，钢管应进行防腐处理，钢管顶端应加柱帽。钢制立柱、横梁、法兰盘及各种连接件，可采用热浸镀锌的防腐方式。各种标志立柱的断面尺寸、连接方式、基础大小等，应根据设置地点的风力、板面大小及支撑方式由计算确定。标志板和立柱的连接应根据板面大小、拼接方式选用多种方法。各种标志立柱的埋设深度取决于板面承受外力的大小及地基的承载力一般应浇筑混凝土基础。立柱的金属预埋件应进行防腐处理。

（3）道路交通标志的分类

基于不同特点和关注角度，道路交通标志有不同的分类方法。交通标志按作用分类，分为主标志和辅助标志两大类。主标志分为警告车辆、行人注意道路交通的警告标志；禁止或限制车辆、行人交通行为的禁令标志；指示车辆、行人应遵循的指示标志；传递道路方向、地点、距离信息的指路标志；提供旅游景点方向、距离的旅游区标志；告知道路作业区通行的道路作业区标志；告知路外设施、安全行驶信息以及其他信息的告示标志共七类标志。辅助标志是附设在主标志下，对其进行辅助说明的标志。

交通标志按显示位置分类，分为路侧和车行道上方两种，对应的支撑结构形式为柱式（分为单柱式和多柱式）、路侧附着式、悬臂式（分为单悬臂式和双悬臂式）、门架式、车行道上方附着式。

交通标志按光学特性分类，分为逆反射式、照明式和发光式三种，其中照明式又分为内部照明式和外部照明式。

交通标志按版面内容显示方式分类，分为静态标志和可变信息标志。

交通标志按设置的时效分类，分为永久性标志和临时性标志。

（4）道路交通标志的设置原则

道路交通标志的设置应综合考虑，合理布局，防止出现信息不足或过载的现象。信息应连续，重要的信息宜重复显示。一般情况下交通标志应设置在道路行进方向右侧或车行道上方，也可根据具体情况设置在左侧，或左右两侧同时设置。

同一地点需要设置两个以上标志时，可安装在一个支撑结构（支撑）上，但最多不应超过四个。分开设置的标志，应先满足禁令、指示和警告标志的设置空间。

原则上要避免不同种类的标志并设。解除限制速度标志、解除禁止超车标志、优先道路标志、会车先行标志、会车让行标志、停车让行标志、减速让行标志应单独设置。如条件受限制无法单独设置时，一个支撑结构（支撑）上最多不应超过两种标志。标志板在一个支撑结构（支撑）上并设时，应按禁令、指示、警告的顺序，先上后下、先左后右的排列。警告标志不宜多设。同一地点需要设置两个以上警告标志时，原则上只设置其中最需要的一个。

2. 交通标志产品质量检测

（1）道路交通标志产品的检验方法

道路交通标志产品的检验方法主要依据标准为《道路交通标志板及支撑件》GB/T 23827—2021。

（2）检测项目及仪器设备

道路交通标志产品检测项目及所用仪器设备详见表 16-1。

道路交通标志产品检测项目及所用仪器设备　　　　　　　　表 16-1

序号	检测项目	检测仪器设备	测量参数
1	结构尺寸	直尺、卷尺、卡尺、板厚千分尺、塞尺、角尺	长度、角度
2	外观质量	直尺、塞尺	标志板字符、图形、缺陷检查、板面不平度、板面拼接、支撑件表面质量
3	材料力学性能	万能试验机	力学
4	色度性能	色度计	照度、亮度
5	光度性能	逆反射系数仪	照度、亮度
6	抗冲击性能	漆膜冲击器、温度计	质量、高度、温度
7	标志板面与标志底板的附着性能	附着性能测试仪	反光膜被剥离的长度
8	标志板面油墨与反光膜的附着性能	粘结带压滚机、调墨刀	油墨附着牢度

（3）样品

道路交通标志产品抽样时对每批产品进行随机抽样或依据《公路交通安全设施质量检验抽样方法》JT/T 495—2014进行抽样检测。

测试准备包括试样的制备和测试环境条件的保证两方面的内容。

试样的制备有两种方式，一是可以通过随机抽取标志生产厂商制作的标志板及支撑件，或从其中截取相应尺寸作为试样；二是随机抽取生产厂商使用的原材料，将反光膜及黑膜粘贴到标志底板上，制成标志板试样。

为了保证测试环境条件，要求试样测试前，应在温度（23±2）℃、相对湿度50%±10%的环境中放置24h，然后进行各种测试工作，同时，一般的测试工作宜在温度（23±2）℃、相对湿度50%±10%的环境中进行。

（4）试验程序

1）结构尺寸

结构组成采用目测的方式，外形尺寸、铆接间距、板厚、外径、壁厚等采用精度和量程满足要求的直尺、卷尺、游标卡尺、板厚千分尺、壁厚千分尺等量具测量。

2）外观质量

外观质量包括标志板字符、图形、缺陷检查、板面不平度、板面拼接、支撑件表面质量五部分内容。

用目测方法检查标志板字符、图形是否符合《道路交通标志和标线 第2部分：道路交通标志》GB 5768.2—2022对字符、图形的规定。

逆反射性能不均匀缺陷检查，是在夜间黑暗空旷的环境中，距离标志板面10m处，以汽车前照灯远光为光源，垂直照射标志板面的条件下进行的。如果在此条件下，通过目测能辨别出标志板面同种材料、同一颜色、不同区域的逆反射性能有明显差异，则认为存在逆反射性能不均匀。而其余缺陷是在白天环境照度大于150lx的条件下，通过目测或用四倍放大镜来进行检查。

板面不平度是将标志板面朝上自由放置于一平台上，将钢直尺和塞尺测量板面任意处与直尺之间的最大间隙。

板面拼接是在白天环境照度大于150lx的条件下，目测检查面膜拼接方向并用直尺测量检查搭接宽度或平接间隙。

支撑件表面质量是在白天环境照度大于150lx的条件下目测检查支撑件。

3）钢构件防腐层质量

钢构件防腐层质量参照《公路交通工程钢构件防腐技术条件》GB/T 18226—2015规定的方法来进行测试。使用的设备主要包括磁性测厚仪、电涡流测厚仪等。

磁性测厚仪用于磁性基体以上涂层厚度的测量。对于镀锌构件，由于存在锌铁合金层，该设备存在一定的测量误差，当需要对镀锌层厚度进行仲裁检验时，不能采用该方法，而应采用六次甲基四胺法。

电涡流测厚仪用于测量非磁性金属基体上的涂层厚度。超声波测厚仪用来测试标志构件的总厚度，使用该设备时应注意根据不同的材质进行声速设置，同时在仪器测头和被测构件间加入适量的耦合剂，以免产生测量误差。

4）材料力学性能

金属材料按《金属材料 拉伸试验 第1部分：室温试验方法》GB/T 228.1—2021、焊接接头强度按《金属材料焊缝破坏性试验 横向拉伸试验》GB/T 2651—2023、铆钉强度按《铝及铝合金铆钉用线材和棒材剪切与铆接试验方法》GB/T 3250—2017、铝及铝合金板和带材按《一般工业用铝及铝合金板、带材 第1部分：一般要求》GB/T 3880.1—2023、螺栓、螺钉和螺柱按《紧固件机械性能 螺栓、螺钉和螺柱》GB/T 3098.1—2010、螺母按《紧固件机械性能 螺母》GB/T 3098.2—2015、铝及铝合金挤压型材按《一般工业用铝及铝合金挤压型材》GB/T 6892—2015。其余材料按有关标准的要求试验。

其中对于金属材料，材料性能测试所测试的量值主要有屈服强度、伸长率、抗拉强度等。屈服强度是当金属材料呈现屈服现象时，在试验期间达到塑性变形发生而力不增加的应力点，应区分上屈服强度和下屈服强度，如图 16-1 所示。上屈服强度是试样发生屈服应力首次下降前的最高应力，而下屈服强度是在屈服瞬间，不计初始瞬时效应时的最低应力。

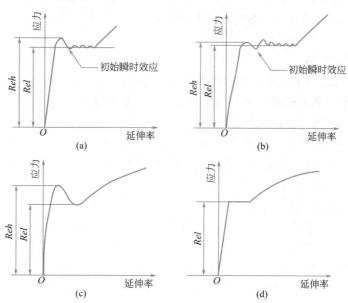

图 16-1 不同类型曲线上的上屈服强度与下屈服强度

金属材料力学性能测试结果应按相关产品标准的要求进行修约，如未规定具体要求，应按如下要求进行修约。强度性能值修约至 1MPa；屈服点延伸率修约至 0.1%；其他延伸率和断后伸长率修约至 0.5%；断面收缩率修约至 1%。

对于玻璃钢材料，测试拉伸强度、压缩强度、弯曲强度、冲击强度四项材料力学性能指标，并依次分别按《纤维增强塑料拉伸性能试验方法》GB/T 1447—2005、《纤维增强塑料压缩性能试验方法》GB/T 1448—2005、《纤维增强塑料弯曲性能试验方法》GB/T 1449—2005、《纤维增强塑料简支梁式冲击韧性试验方法》GB/T 1451—2005 的规定实施。

5）标志板面色度性能

测试标志板面色度性能时，需制作 150mm×150mm 的单色标志板面试样，或直接在需进行测试的标志板面上，按《道路交通反光膜》GB/T 18833—2012 的方法使用色彩色差计进行试验，获取色品坐标和亮度因数值。

6）反光型标志板面光度性能

制作 150mm×150mm 的单色标志板面试样，或直接在需进行测试的标志板面上，按照《道路交通反光膜》GB/T 18833—2012 的方法进行试验，读取逆反射系数值。

7）标志板抗冲击性能

将 150mm×150mm 的试样标志板面朝上，或直接在需进行测试的标志板面上，按照《道路交通反光膜》GB/T 18833—2012 的方法进行试验。

8）标志板面与标志底板的附着性能

裁取 200mm×25mm 的反光膜及黑膜，将反光膜及黑膜粘贴到标志底板上制成附着性能试样，标志底板尺寸为 200mm×50mm，按照《道路交通反光膜》GB/T 18833—2012 的方法进行试验。

9）标志板面油墨与反光膜的附着性能

该项试验是用丝网印刷的方法，将不同颜色的油墨分别印刷在面积不小于 200mm×300mm 的标志板面反光膜上，按《油墨附着力检验方法》CB/T 13217—2023 中的方法进行试验。

（5）结果判定规则

交通标志产品的各项试验，其检测频率是：每项试验应至少检测三次（宜在不同试样上进行），取其平均值为检测结果。结果判定应符合如下规定：

1）检测数据全部符合标准要求，则判定该批产品合格。

2）检测数据有一项不符合标准要求，抽取双倍数量的产品对该项指标进行复检。若复检合格，则判定该批产品合格；若复检不合格，则判定该批产品不合格。

3. 交通标志的施工质量检测

（1）目的与适用范围

本方法适用于交通标志工程现场抽样检测，用于检验交通标志工程质量是否符合设计及相关规范要求。主要测量指标包括：标志板外形尺寸、标志底板厚度、标志板字体及尺寸、标志面反光膜逆反射系数、标志板下缘至路面净空高度、标志立柱内边缘距土路肩边缘线距离、立柱竖直度、基础顶面平整度、标志基础尺寸、标志金属构件防腐涂层厚度。

（2）检测依据

1）《公路工程质量检验评定标准 第一册 土建工程》JTG F80/1—2017；

2）《公路工程竣（交）工验收办法实施细则》（交公路发〔2010〕65 号）；

3）《道路交通反光膜》GB/T 18833—2012；

4）《道路交通标志板及支撑件》GB/T 23827—2021；

5）《磁性基体上非磁性覆盖层 覆盖层厚度测量 磁性法》GB/T 4956—2003。

（3）仪器设备

1）试验用测试设备的技术性能应符合相关标准的规定。试验用仪器设备应定期进行检定或校准，其技术性能应符合相关规范标准的要求。

2）试验前应对测试仪器设备的状态进行核查，确保试验的顺利进行。

3）仪器设备的量程应满足试验要求。

4）交通标志检测设备技术要求见表 16-2。

交通标志检测设备技术要求　　　　　　　　　　　　表 16-2

序号	仪表名称	常用测量范围	精度
1	钢卷尺	0～5m	1mm
2	万能角尺	0～320°	2′
3	数显游标卡尺	0～150mm	—
4	钢直尺	0～1m	1mm
5	靠尺	2m	—
6	涂层测厚仪	0～1250μm	—
7	板厚千分尺	0～25mm	0.01mm
8	激光测距仪	0～40m	—
9	深度尺	0～25mm	0.01mm

（4）抽样规定

交通标志工程质量验收检测，抽查不少于工程量总数的 10%。

（5）基本要求

1）交通标志各指标测试分试验准备、现场实施和试验结果分析三个阶段进行。

① 试验准备阶段工作内容应包括：

a. 资料准备。应收集的资料包括：设计图纸以及检测地点车流量状况。

b. 方案编制。根据标志牌类型、所在位置、现场车流量状况，制定测试方案等。

c. 测试筹备。在确认测试方案后，进行试验人员组织和试验仪器设备的筹备工作。

② 现场实施阶段工作内容应包括：

a. 现场准备。包括现场交通围闭，高空工程检测车的准备等。

b. 现场测试。按照试验方案进行试验，记录各测点测值和相关信息。

③ 试验结果分析阶段工作内容应包括：

a. 数据分析。对原始测试数据进行分析处理。

b. 报告编制。根据测试数据对比分析，对试验结果进行评定，形成交通标志试验检测报告。

2）试验环境

① 试验不宜在强风、大雾、雨天、潮湿天气进行。

② 试验应在气温平稳的时段进行，当气温较低或较高时，应根据仪器设备正常工作的温度范围，确定是否试验。

（6）检测方法

1）标志板外形尺寸

① 矩形标志板，用钢卷尺测量矩形标志板的长度和宽度上、中、下三次，计算其平均值。

② 圆形标志板，用钢卷尺测量标志板互相垂直的两个方向直径，计算平均值。

③ 三角形标志板，标志板的边长用钢卷尺测量，量取的是三条边延长线交点的长度，用万能角度尺测量标志板的内角。

2）标志底板厚度

标志底板厚度，可使用板厚千分尺超声波测厚仪进行测量。在距标志板边缘约 20mm 处取点测量，测量三个点，每个测点间隔大于 10cm，所得结果计算平均值。

3）标志板字体及尺寸

①目测检查标志汉字、数字、英文的字体，是否符合《道路交通标志和标线 第 2 部分：道路交通标志》GB 5768.2—2022 相关规定。

②标志字符尺寸使用钢直尺进行测量，应符合规定字体，基本字高不小于设计要求。

4）标志面反光膜逆反射系数

使用手持式逆反射系数测量仪，测量前应先清洁反光膜表面，然后使用相同级别的标准板校准，设置观测角和入射角，仪器测试角度一般选择 0°，测试时应保持方向的一致性。每块板每种颜色各测 3 个点，取平均值作为测试结果。

5）标志板下缘距路面净空高度

测量交通标志下缘距路面或桥面净空高度：以标志板左、右两端下缘为基点，将激光测距仪与基点紧贴，测量出两基点到路面或桥面的竖直距离，如图 16-2 所示。取两点中的较小值为净空高度结果。

6）标志板内缘距路边缘距离

在路侧的标志板内缘挂一个铅垂线，在垂线相对于地面静止时，用钢直尺测出垂头与路边缘的垂直距离即为结果，如图 16-3 所示。每处测量 3 次，取平均值。

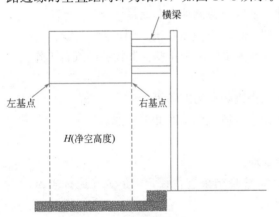

图 16-2　净空高度示意

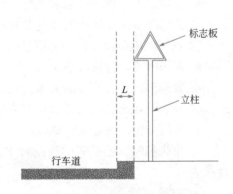

图 16-3　标志板内缘距路边缘距离示意

L——标志板内缘路边缘路距离

7）标志立柱竖直度

每个立柱测量两个方向的竖直度（图 16-4）：在立柱上、中、下三处使用工程检测尺或铅锤测量立柱横向和纵向各三尺，最后取三尺的最大值作为竖直度结果。

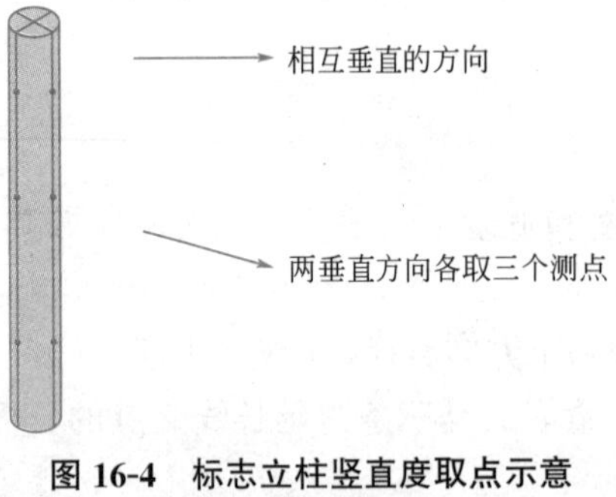

图 16-4　标志立柱竖直度取点示意

8）基础顶面平整度

将基础顶面清扫干净，紧贴表面拉对角线，线应采用没有弹性的棉线等，目测三米直尺底面与路表面之间的间隙情况，确定最大间隙的位置。用深度尺在最大间隙位置测试直尺上顶面距地面的深度，该深度减去尺高即为测试点的最大间隙的高度。以"mm"计，准确至0.5mm。以对角线 2 次测值的平均值为最终结果。

9）标志基础尺寸

使用钢卷尺分别测量标志基础平面尺寸的长度、宽度。基础混凝土表面应平整，修饰光洁，不应有蜂窝麻面。标志基础深度等隐蔽工程，可以查验施工监理记录，经监理核实签字的记录可以作为检测原始记录收录。

10）标志金属构件防腐涂层厚度

使用磁性涂层测厚仪。在标志立柱（横梁）表面抽取 10 个点并进行测试，第 1 个点和第 10 个点距离立柱（横梁）两端各为 20cm，其余 8 个点在第 1 点和第 10 点之间按均匀间隔抽取。取平均值为结果。

（7）数据分析与结果评定

1）数据处理

① 标志板外形尺寸平均值可用下式计算：

$$X = (A_1 + A_2 + \cdots\cdots A_n)/n \qquad (16\text{-}1)$$

② 标志底板厚度可按下式计算：

$$\delta = (A_1 + A_2 + \cdots\cdots A_n)/n \qquad (16\text{-}2)$$

③ 标志面反光膜逆反射系数可按下式计算：

$$R' = (A_1 + A_2 + \cdots\cdots A_n)/n \qquad (16\text{-}3)$$

④ 标志板下缘距路面或桥面净空高度：净空高度较小值 H 即为结果。

⑤ 标志板内缘距路边缘距离 L 可按下式计算：

$$L = (A_1 + A_2 + \cdots\cdots A_n)/n \qquad (16\text{-}4)$$

⑥ 立柱竖直度：两垂直方向均取最大值为结果。

⑦ 标志金属构件防腐涂层厚度按下式计算：

$$\delta e = (A_1 + A_2 + A_3 + \cdots\cdots A_n)/n \qquad (16\text{-}5)$$

式中：$A_1 \cdots A_2 \cdots A_3 \cdots A_n$ 为测点单点。

2）结果评定

结果评定详见表 16-3。

结果评定表　　　　　　　　　　　　　　　　　　　　　表 16-3

项目	检查项目	规定值或允许偏差
1	标志板外形尺寸 X（mm）	±5。当边长尺寸大于 1.2m 时允许偏差为边长的 ±0.5%；三角形内角应为 60°±5°
2	标志底板厚度 δ（mm）	符合设计要求
3	标志板字体及尺寸	应符合规定字体，基本字高不小于设计值
4	标志板下缘至路面或桥面净空高度 H（mm）	0，+100
5	标志板内缘距路边缘距离 L（mm）	≥250
6	立柱竖直度（mm/m）	3

项目	检查项目	规定值或允许偏差
7	标志金属构件镀层厚度 δe（μm）	符合设计要求
8	标志基础尺寸（mm）	-50，$+100$

（8）试验记录与试验报告

1）试验记录

试验记录的主要内容应包括：

a. 试验单位信息。

b. 试验仪器设备信息。

c. 设备外观状况，运行状况。

d. 各测点测试数值。

2）试验报告

交通标志检测试验报告的主要内容应包括：

a. 试验基本信息及试验目的。

b. 试验依据，包括试验所依据的标准规范、规程、设计资料等。

c. 仪器设备。

d. 试验内容与方法。

e. 试验数据分析。

f. 试验结果评定。

g. 试验结论与建议。

（9）常见问题

1）标志板物理性能试验前没有按规定要求进行养护或养护条件不符合规定要求。

2）标志板下缘距路面净空高度检测将测试结果平均值作为最终结果。

3）检测记录中未记录测试的具体桩号位置或单项试验的具体部位。

第三节　路面标线检测

1. 基本知识

（1）道路交通标线的起源和发展

道路交通标线诞生于 1924 年，美国加利福尼亚州在 99 号国家公路上进行了分道线试验，结果行车秩序井然，交通事故锐减。其后，美国各州普遍采用公路分道线办法，世界各国也相继推广此法，并将其纳入交通立法之中。随着道路的拓宽，交通管理部门不仅在道路中央施画标线，隔离对向交通，也在同向施画道路交通标线对同向交通加以隔离，从而保障同方向行驶车辆安全，这对道路交通标线的作用和功能进行了细化和丰富；随后，标线由最初的单实线逐渐补充了虚线和双实线，标线颜色也从单纯白色变为现在的白、黄、红、橙和蓝等颜色。

《道路交通标志和标线》系列标准中，充分考虑了我国道路交通及道路交通标线设置的特点，借鉴了国外的先进技术和经验，结合了道路交通标线材料、工艺和结构类型的最新发展，在此基础上，以道路交通标线的设计、管理及道路使用者为主要对象，对道路交通标线的形状、尺寸、图形符号、材料、结构及设计等作了一系列的规定。

（2）道路交通标线的作用和功能

道路交通标线是一种方便、简单、实用、经济的道路交通安全设施，人们亲切地称其为道路交通安全的生命线。它是由施画或安装于道路上的各种线条、箭头、文字、图案及立面标记、实体标记、突起路标和轮廓标等所构成的交通设施，它的作用是向道路使用者传递有关道路交通的规则、警告、指引等信息，可以与标志配合使用，也可以单独使用。具体地讲，道路交通标线主要具有以下四个方面的作用和功能。

1）分离交通

通过在道路上施划的道路交通标线，可实现车辆与行人分离，机动车与非机动车分离，不同种类车辆的分离，不同行驶方向车辆的分离，不同行驶速度车辆的分离，从而保证车辆、行人各行其道，提高道路通行能力和减少交通事故。

2）渠化平交路口交通

在平交路口施划的道路交通标线，可渠化平交路口交通，充分利用空间和时间，引导车辆和行人各行其道，减少交通阻塞，保障交通畅通。

3）指示和预告前方路况

交通标线可以将前方路况的特点与信息及时指示和预告给交通参与者，当道路交通标线与道路交通标志或交通信号配合使用时，不仅可以提高交通参与者的注意力，而且可以起到指引方向的作用，保障交通安全。

4）执法和守法依据

道路交通标线使交通参与者的交通行为规范化，它不仅是交通参与者的守法依据，而且也是管理部门对交通违章、违法行为和交通事故进行处理的法律依据。

2. 路面标线涂料产品质量检测

（1）路面标线涂料的检测设备

路面标线涂料检测项目及所用仪器设备见表16-4。

路面标线涂料检测项目及所用仪器设备　　　　　　　表 16-4

检测项目	所用仪器设备	测量参数
容器中状态	调刀	—
黏度	涂-4黏度计、斯托默黏度计	黏度
密度	金属比重瓶、天平、游标卡尺	密度、质量、长度
施工性能和涂膜外观	湿膜涂布器	—
热稳定性	电热鼓风干燥箱、斯托默黏度计	温度、黏度
不粘胎干燥时间	不粘胎时间测定仪、电子秒表	时间
遮盖率	色彩色差计	亮度因数、色品坐标

检测项目	所用仪器设备	测量参数
色度性能	色彩色差计	亮度因数、色品坐标
耐磨性	漆膜磨耗仪	质量
耐水性	量杯、烧杯、电子秒表	时间
耐碱性	量杯、烧杯、电子秒表	时间
附着性	漆膜附着力测定器	—
柔韧性	漆膜柔韧性测定仪	—
固体含量	天平、电热鼓风干燥箱	质量、温度
冻融稳定性	高低温湿热试验箱、秒表	温度、时间
早期耐水性	高低温湿热试验箱、秒表	温度、湿度、时间
软化点	软化点测定仪、温度计	温度
热熔状态	电炉	温度
抗压强度	万能材料试验机	力、长度
玻璃珠含量	天平、电热鼓风干燥箱、恒温水浴箱	质量、温度
流动度	流动度测定杯	温度、时间
涂层低温抗裂性	高低温湿热试验箱、秒表	温度、时间

（2）路面标线涂料检测方法

1）试样状态调节和试验的温湿度

按《涂料试样状态调节和试验的温湿度》GB/T 9278—2008 中的标准环境条件规定，路面标线涂料的试样状态调节和试验的温湿度为温度（23±2）℃，相对湿度（50±5）%。

2）取样

按《色漆、清漆和色漆与清漆用原材料取样》GB/T 3186—2006 中的规定进行取样，液态样品混合均匀后取样，为减少溶剂挥发或产生交联反应，操作应尽快进行；固态样品混合均匀后按四分法取样。取两份试样，一份密封储存备查，另一份用于试验。

3）溶剂型、双组份、水性路面标线涂料试验方法

① 容器中状态

按《色漆、清漆和色漆与清漆用原材料取样》GB/T 3186—2006 用调刀检查有无结皮、结块，是否易于搅匀。

② 黏度

按《涂料黏度的测定 斯托默黏度计法》GB/T 9269—2009 进行。其中溶剂普通型路面标线涂料的黏度按《涂料粘度测定法》GB/T 1723—1993 涂-4 黏度计法进行。

③ 密度

按《色漆和清漆密度的测定 比重瓶法》GB/T 6750—2007 使用金属比重瓶（质量/体积杯）进行测定。

④ 施工性能与涂膜制备

按《色漆、清漆和色漆与清漆用原材料取样》GB/T 3186—2006 取样后，按《漆膜一

般制备法》GB/T 1727—2021 制备涂膜，可分别用喷涂、刮涂等方法在水泥石棉板上进行涂布，考察其施工性能。

⑤ 热稳定性

按《涂料黏度的测定 斯托默黏度计法》GB/T 9269—2009 测定样品的黏度。取 400mL 已测黏度的样品放在加盖的小铁桶内，然后将铁桶放置在烘箱内升温至 60℃，在（60±2）℃条件下恒温 3h，然后取出，放置冷却至 25℃，并按《涂料黏度的测定斯托默 黏度计法》GB/T 9269—2009 重新测其黏度。

⑥ 涂膜外观

用 300μm 的漆膜涂布器将试料涂布于水泥石棉板上，制成约 50mm×100mm 的涂膜，然后放置 24h，在自然光下观察涂膜是否有皱纹、泛花、起泡、开裂现象，用手指试验有无黏着性。并与同样处理的标准样板比较，涂膜的颜色和外观差异不大。

⑦ 不粘胎干燥时间

不粘胎时间测定仪如图 16-5 所示。轮子外边装有合成橡胶的平滑轮胎，轮的中心有轴，其两端为手柄，仪器总质量为（15.8±0.2）kg，该轮为两侧均质。

用 300μm 的涂膜涂布器将试料涂布于水泥石棉板（200mm×150mm×5mm）上，涂成与水泥石棉板的短边平行，在长边中心处成一条 80mm 宽的带状涂膜，如图 16-6 所示。涂后，立刻按下秒表，普通型 10min 时开始测试，反光型 5min 时开始测试。

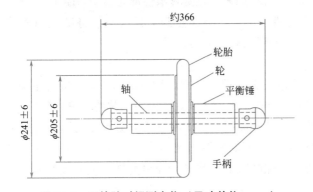

图 16-5　不粘胎时间测定仪（尺寸单位：mm）

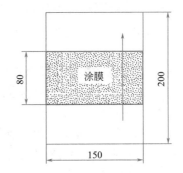

图 16-6　测定仪滚动方向（尺寸单位：mm）

把测定仪自试板的短边一端中心处向另一端滚动 1s，立刻用肉眼观察测定仪的轮胎有无粘试料，若有粘试料，立刻用丙酮或甲乙酮湿润过的棉布擦净轮胎，此后每 30s 重复一次试验，直至轮胎不粘试料时，停止秒表计时，该时间即为该试样的不粘胎时间。滚动仪器时，应两手轻轻持柄，避免仪器自重以外的任何力加于涂膜上。滚动方向如图 16-6 所示。

⑧ 遮盖率

将原样品用 300μm 的漆膜涂布器涂布在遮盖率测试纸上，沿长边方向在中央涂约 80mm×200mm 的涂膜，并使涂面与遮盖率测试纸的白面和黑面呈直角相交，相交处在遮盖率测试纸的中间，涂面向上放置 24h，然后在涂面上任意取三点用 D_{65} 光源、45°/0°色度计测定遮盖率测试纸白面上和黑面上涂膜的亮度因数，取其平均值。按公式（16-6）计算其遮盖率：

$$X = \frac{B}{C} \tag{16-6}$$

式中：X——遮盖率（反射对比率）；

B——黑面上涂膜亮度因数平均值；

C——白面上涂膜亮度因数平均值。

⑨ 色度性能

用 $300\mu m$ 的涂膜涂布器将试料涂布于水泥石棉板（$200mm \times 150mm \times 5mm$）上，涂成与水泥石棉板的短边平行，在长边中心处成一条 80mm 宽的带状涂膜。涂面向上放置 24h 后，在涂面上任取三点，用 D_{65} 光源 $45°/0°$ 色度计测定其色品坐标和亮度因数。

⑩ 耐磨性

按《色漆和清漆 耐磨性的测定 旋转橡胶砂轮法》GB/T 1768—2006 进行。以直径 100mm、厚 3mm、中心开有 9mm 孔径的玻璃板为底板，将涂料刷涂或喷涂于清洁干燥的底板上，涂布的第一道漆膜干燥 2h 后，刷涂或喷涂第二道涂膜，最后一道涂膜涂布后，干燥 24h 进行耐磨性能测试。使用漆膜耐磨仪，载重 1000g，橡胶砂轮转数达到 200 转后，测试试板的磨损量。

⑪ 耐水性

用 $300\mu m$ 的漆膜涂布器将试料涂布于水泥石棉板上，制成约 $50mm \times 100mm$ 的涂膜，然后放置 24h。试板用不封边的水泥石棉板，试验按《漆膜耐水性测定法》GB/T 1733—1993 进行。在玻璃水槽中加入蒸馏水或去离子水，在 $(23\pm2)℃$ 条件下，将试板面积的 2/3 浸泡于温度 $(23\pm2)℃$ 的水中 24h 后，观察其有无异常现象。

⑫ 耐碱性

用 $300\mu m$ 的漆膜涂布器将试料涂布于水泥石棉板上，制成约 $50mm \times 100mm$ 的涂膜，然后放置 24h。试板用不封边的水泥石棉板，试验按《建筑涂料涂层耐碱性的测定》GB/T 9265—2009 进行。在 $(23\pm2)℃$ 条件下，将试板面积的 2/3 浸泡于的氢氧化钙饱和溶液中 24h 后，观察其有无异常现象。氢氧化钙饱和溶液的配制方法是在 $(23\pm2)℃$ 条件下，以 100mL 蒸馏水中加入 0.12g 氢氧化钙的比例配制碱溶液并进行充分搅拌，该溶液的 pH 值应达到 12～13。

⑬ 附着性

按《漆膜划圈试验》GB/T 1720—2020 进行。在漆膜划圈试验仪上进行圆滚线划痕，按圆滚线划痕范围内的漆膜完整程度评定，以级表示。

⑭ 柔韧性

按《漆膜、腻子膜柔韧性测定法》GB/T 1731—2020 进行。使用漆膜柔韧性测定仪测定漆膜的柔韧性，首先在马口铁板上制备漆膜得到试板，然后将试板在不同直径的轴棒上弯曲，以未观察到漆膜有网纹、裂纹及剥落现象的最小轴棒直径表示漆膜的柔韧性。

⑮ 固体含量

按《色漆、清漆和塑料 不挥发物含量的测定》GB/T 1725—2007 进行。取 2～5g 试样，置于已称重的培养皿中，使试样均匀地流布于容器的底部，按 GB/T 1725—2007 中规定的各种漆类焙烘温度，将盛有试样的表面皿放入已调节到规定温度的鼓风恒温烘箱内，焙烘一段时间后，取出放入干燥器中冷却至室温后，称重，然后再放入烘箱内焙烘

30min，取出放入干燥器中冷却至室温后，称重，至前后两次称重的质量差不大于 0.01g 为止，然后计算试样固体含量。

4）热熔型路面标线涂料试验方法

① 热熔状态

除应遵照每个试验的特定要求外，在熔融试样时，应将一定量的试样放在金属容器内，在搅拌状态下熔融，使上下完全均匀一致，且无气泡。

② 密度

将熔融试样注在制样器 1（图 16-7）的模腔（约 20mm×20mm×20mm）中，冷却至室温。用稍加热的刮刀削掉端头表面的突出部分，用 100 号砂纸将各面磨平。放置 24h 后用游标卡尺测量（精确至 0.1mm），作为试块。

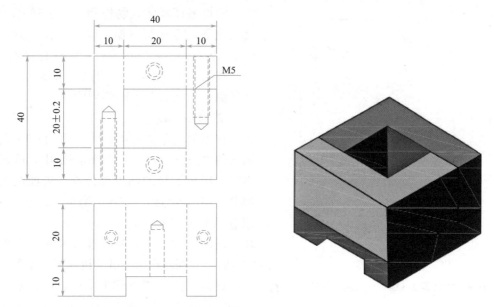

图 16-7 制样器 1（单位为 mm、材料：钢材）

将 3 块试块称量准确至 0.05g，按下式求出密度：

$$D = \frac{W}{V} \tag{16-7}$$

式中：D——密度（g/cm³）；

W——试块质量（g）；

V——体积（cm³）。

③ 软化点

按《色漆和清漆用漆基 软化点的测定 第 1 部分：环球法》GB/T 9284.1—2015 进行测定。

④ 涂膜外观

将热熔涂料刮板器放在水泥石棉板（约 300mm×150mm×1.6mm）的中心部位；立即将准备好的试料倒入热熔涂料刮板器中；平移刮板器刮成厚约 1.5～2.0mm 的与短边平行的涂层，试板放置 1h 后，在自然光下目测应无皱纹、斑点、起泡、裂纹、剥离。同时与用同样方法制备的标准涂膜相比，其颜色及手感粘附性应与标准版差异不大。

⑤ 不粘胎干燥时间

将热熔涂料刮板器放在水泥石棉板（约 300mm×150mm×1.6mm）的中心部位；立即将准备好的试料倒入热熔涂料刮板器中；平移刮板器刮成厚约 1.5～2.0mm 的与短边平行的涂层，涂后，立刻按下秒表，3min 时开始测试，把测定仪自试板的短边一端中心处向另一端滚动 1s，立刻用肉眼观察测定仪的轮胎有无粘试料，若有粘试料，立刻用丙酮或甲乙酮湿润过的棉布擦净轮胎，此后每 30s 重复一次试验，直至轮胎不粘试料时，停止秒表计时，该时间即为该试样的不粘胎时间。滚动仪器时，应两手轻轻持柄，避免仪器自重以外的任何力加于涂膜上。

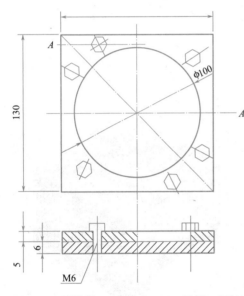

图 16-8　制样器 2（单位为 mm、材料：钢材）

⑥ 色度性能

将熔融试样注入制样器 2（图 16-8）中，使其流平，冷却至室温，取出工作试片（约 60mm×60mm×5mm）。涂面向上放置 24h 后，在涂面上任取三点，用 D_{65} 光源 45°/0°色度计测定其色品坐标和亮度因数。

⑦ 抗压强度

将熔融试样注在制样器 1（图 16-7）的模腔（约 20mm×20mm×20mm）中，冷却至室温。用稍加热的刮刀削掉端头表面的突出部分，用 100 号砂纸将各面磨平。放置 24h 后用游标卡尺测量（精确至 0.1mm），作为试块。制备试块三个，在标准试验条件下放置 24h 后，分别放在压力试验机球形支座的基板上，调整试块位置及球形支座，使试块与压片的中心线在同一垂线上，并使试块面与加压面保持平行；启动压力机，以 30mm/min 的速度加载，直至试块破裂（或压下试块高度 20%时）为止。

按公式（16-8）计算抗压强度：

$$R_t = \frac{P}{A} \tag{16-8}$$

式中：R_t——抗压强度（MPa）；

　　　P——破裂时的荷载（或压下试块高度 20%时）（N）；

　　　A——加压前断面面积（mm²）。

试验后取其平均值。

突起型热熔路面标线涂料在（50±2）℃时的抗压强度试验，将试块在（50±2）℃烘箱内恒温 4h 后，立即分别从烘箱内取出按前述方法测试抗压强度。

⑧ 耐磨性

首先在制样器 2（图 16-8）的模腔涂上一薄层甘油，待干后，将熔融试样注入内腔，使其流平（如不能流平，可将试模先预热），并趁热软时在中心处开一直径约为 7mm 的试孔。

同一试样应制成三块试板，将试板放置在玻璃板上，在标准试验条件下放置 24h 后，按《色漆和清漆耐磨性的测定 旋转橡胶砂轮法》GB/T 1768—2006 进行试验，试验后取其平均值。

⑨ 耐水性

将熔融试样注入制样器 3（图 16-9）中，使其流平，冷却至室温，取出工作试片（约 60mm×60mm×5mm）。试验按《漆膜耐水性测定法》GB/T 1733—1993 进行。

⑩ 流动度

先将流动度测定杯（图 16-10）加热至 200℃左右，并保持 1h；将热熔涂料加入热熔杯中，放置加热炉上在搅拌状态下加热至 180～200℃进行熔融，直至涂料熔融为呈施工状态，并使其上下完全均匀一致，且无气泡；将熔融后的涂料，立即倒满预热后的流动度测定杯中，打开流出口并同时按动秒表计时；待料流完时立即记下流完的时间；重复三次试验，取其流完的时间的平均值即为流动度。

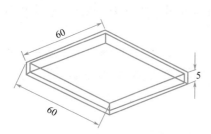

图 16-9　制样器 3（单位为 mm，
材料为钢板）

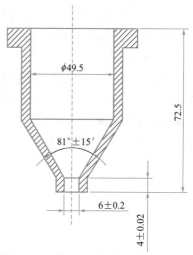

图 16-10　流动度测定杯（单位为 mm，
材料为铝、铜）

⑪ 涂层低温抗裂性

将热熔涂料刮板器放在水泥石棉板（约 300mm×150mm×1.6mm）的中心部位；立即将准备好的试料倒入热熔涂料刮板器中；平移刮板器刮成厚 1.5～2.0mm 的与短边平行的涂层，试板放置 1h 后，用五倍放大镜观其是否有裂纹，如有裂纹应重新制板；将制备好的试板平放于温度为（－10±2）℃低温箱内并保持 4h，取出后在室温下放置 4h 为一个循环，连续做三个循环；取出后用五倍放大镜观其应无裂纹。

⑫ 加热稳定性

将热熔涂料加入热熔杯中，放置加热炉上在搅拌状态下加热至 200～220℃，并在搅拌状态下保持 4h；观其是否有明显泛黄、焦化、结块等现象。

3. 交通标线的施工质量检测

（1）目的与适用范围

本方法适用于标线工程现场抽样检测，用于检验交通标线工程质量或正常使用期间质量是否符合设计及相关规范要求。主要测量指标包括：标线线段长度、标线宽度、标线厚度、标线横向偏位、标线纵向间距、反光标线逆反射亮度系数、抗滑标线抗滑值。

（2）检测依据

1）《公路工程质量检验评定标准 第一册 土建工程》JTG F80/1—2017；

2）《公路工程竣（交）工验收办法实施细则》（交公路发〔2010〕65 号）；

3）《新划路面标线初始逆反射亮度系数及测试方法》GB/T 21383—2008；

4）《道路交通标线质量要求和检测方法》GB/T 16311—2009；

5）《道路预成形标线带》GB/T 24717—2009。

（3）仪器设备

1）所需仪器包括：标线逆反射亮度系数测试仪、标线测厚仪、钢直尺、钢卷尺、摆式摩擦系数测试仪。

2）试验前应对测试仪器设备的状态进行核查，确保能够正常使用。

（4）抽样方法

1）正常使用期间路面标线现场检测抽样

正常使用期间路面标线现场检测抽样参照《道路交通标线质量要求和检测方法》GB/T 16311—2009。

① 车道纵向实线及间断线检测，测量范围小于等于 10km 时，以整个测量范围为一个检测单位，在标线的起点、中间及终点位置，选取 3 个 100m 为核查区域，再从每个核查区域随机连续选取 10 个测点进行测试。测量范围大于 10km 时，取每个 10km 为一个检测单位，分别选取核查区域和测试点。

② 图形、字符和人行横道线检测，以每 1500m² 标线面积为一个检测单位，从每个检测单位中选取 3 个有代表性的图形、字符为核查区域，再从核查区域中随机选取 5 个测试点。

2）新划 14d 以内的标线逆反射亮度系数现场检测抽样

新划 14d 以内的标线逆反射亮度系数现场检测抽样参照《新划路面标线初始逆反射亮度系数及测试方法》GB/T 21383—2008。

① 300m 测量范围，沿标线长度，随机选取一个 100m 的核查区域，每个核查区域内，约 5m 选取一测试点进行测试，共抽取 20 个测试点。

② 300m～10km 测量范围，当测量范围小于 1km 时，沿标线长度，随机选取两个 100m 的核查区域。测量范围在 1～10km，沿标线长度，在标线起点、中间及终点，各选取 100m 核查区域。每个核查区域内，约 5m 选取一测试点进行测试，共抽取 20 个测试点。

③ 大于 10km 测量范围，沿标线长度，在标线起点、终点及每 5km 处选取 100m 核查区域。每个核查区域内，约 5m 选取一测试点进行测试，共抽取 20 个测试点。

④ 图形与字符。每个图形作为一个核查区域，选取 3 个测试点；字符高度大于 2.4m，选取 6 个测试点，字符高度小于 2.4m，选取 3 个测试点；人行横道线随机选取 3 段作为核查区域，每段选取 6 个测试点。取平均值作为测试结果。

3）交通标线工程施工质量检验现场检测抽样

交通标线施工质量检验现场检测抽样参照《公路工程质量检验评定标准 第一册 土建

工程》JTG F80/1—2017。

① 标线线段长度：使用尺量，每 1km 测 3 处，每处测 3 个线段。

② 标线宽度：使用尺量，每 1km 测 3 处，每处测 3 点。

③ 标线厚度：使用标线厚度测量仪，每 1km 测 3 处，每处测 6 点。

④ 标线横向偏位：使用尺量，每 1km 测 3 处，每处测 3 点。

⑤ 标线纵向间距：使用尺量，每 1km 测 3 处，每处测 3 个线段。

⑥ 标线逆反射亮度系数：使用标线逆反射测试仪，每 1km 测 3 处，每处测 9 点。

⑦ 抗滑标线抗滑值：使用摆式摩擦系数测试仪，每 1km 测 3 处。

4）交通标线交（竣）工验收现场检测抽样

交通标线交（竣）工验收现场检测抽样参照《公路工程竣（交）工验收办法实施细则》（交公路发〔2010〕65 号）。

① 标线逆反射亮度系数，每公里抽检不少于 1 处，每处测不少于 5 点。

② 标线厚度检测，每公里抽检不少于 1 处，每处测不少于 5 点。

（5）检测方法

本节适用于非雨夜反光标线现场测试。

1）交通标线外观质量

① 观察标线表面是否有大面积污染。

② 观察标线线形是否流畅圆滑，是否与道路线形相协调，不允许出现设计要求以外的弯折。

③ 观察反光标线玻璃珠是否撒布均匀，附着牢固，反光均匀。

④ 观察标线表面是否出现网状裂缝、断裂裂缝、起泡现象等缺陷。

2）标线线段长度、标线线段宽度、标线纵向间距

使用钢卷尺或钢直尺检测，包括纵向标线、横向标线如中心虚线、车道分界线等各种标线。按标线长度、宽度和分界虚线空档长度分别进行测试。检测时，尺具边缘与被测物体平行，贴紧被测标线，进行读数，读数时视线与刻度垂直。

3）标线厚度

仪器调零后，将标线测厚仪底座放于标线边缘的路面上，仪器方向与标线纵向方向垂直，仪器探头位于标线上方。轻压仪器探头，接触至标线表面，仪器显示数据为标线厚度。

4）标线逆反射亮度系数

标线逆反射亮度系数测试仪调零及校准后，在干燥状态下，清除标线表面浮珠和灰尘，入射角 88.76°，观测角 1.05°，沿行车方向平放仪器至标线表面进行测试并读数。

5）抗滑标线抗滑性能

使用摆式摩擦系数测试仪，测试步骤按照《道路预成形标线带》GB/T 24717—2009附录 B 进行。

（6）结果评定

1）正常使用期间标线外形尺寸、逆反射亮度系数、厚度等指标要求及允许误差参考《道路交通标线质量要求和检测方法》GB/T 16311—2009。

2）新划 14d 以内的标线逆反射亮度系数指标要求参考《新划路面标线初始逆反射亮

度系数及测试方法》GB/T 21383—2008。

3）交通标线工程质量检验评定，参考《公路工程质量检验评定标准 第一册 土建工程》JTG F80/1—2017。

（7）试验记录与试验报告

参照第二节"（8）试验记录与试验报告"。

（8）常见问题

1）路面标线涂料的试样状态调节和试验的温湿度不符合规定要求。

2）涂料抗压强度试验机的校准力值未覆盖试验力值。

3）涂料抗压强度试验时未核查加载速率；试样未进行对中。

4）标线逆反射亮度系数试验时未按仪器操作规程进行调零及标定。

第四节　波形梁钢护栏检测

1. 基本知识

（1）公路安全护栏的功能

公路安全护栏是一种纵向吸能结构，通过自体变形或车辆爬高来吸收碰撞能量，从而改变车辆行驶方向，阻止车辆越出路外或进入对向车道，最大限度地减少对乘员的伤害。

公路安全护栏应实现以下功能：

1）阻止车辆越出路外或穿越中央分隔带至对向车道；

2）防止车辆从护栏板下钻出或将护栏板冲断；

3）护栏应能使车辆恢复到正常行驶方向；

4）发生碰撞时，对乘客的损伤程度最小；

5）能诱导驾驶员的视线。

要实现上述功能，则需要护栏既要有相当高的力学强度和刚度来抵挡车辆的冲撞力，又要使其刚度不要太大，以免使乘客受到严重的伤害。

（2）公路安全护栏的分类

公路安全护栏按其在公路中的纵向位置设置，可分为设置于路基上的路基护栏和设置于桥梁上的桥梁护栏；按其在公路中的横向位置，可分为路侧护栏和中央分隔带护栏；根据碰撞后的变形程度，可分为刚性护栏、半刚性护栏和柔性护栏。

其中，桥梁护栏包括纵向有效构件和纵向非有效构件两部分。纵向有效构件是桥梁护栏中能有效地阻挡失控车辆越出桥外的纵向受力构件。根据其承受碰撞载荷的大小，可分为主要纵向有效构件（如主要横梁）和次要纵向有效构件（如次要横梁）。纵向非有效构件是桥梁护栏中不考虑承受车辆碰撞载荷的纵向非受力构件。

路侧护栏是设置于公路路侧建筑界限以内的护栏，以防止失控车辆越出路外或碰撞路侧构造物和其他设施。中央分隔带护栏是设置于公路中央分隔带内的护栏，以防止失控车辆穿越中央分隔带闯入对向车道，并保护中央分隔带内的构造物。

刚性护栏是一种基本不变形的护栏结构。混凝土护栏是其主要代表形式，由一定形状的混凝土块相互连接而组成墙式结构，通过失控车辆碰撞后爬高并转向来吸收碰撞能量。

半刚性护栏是一种连续的梁柱式护栏结构，具有一定的强度和刚度。波形梁护栏是其主要代表形式，由相互拼接的波纹状钢板和立柱构成连续梁柱结构，利用土基、立柱、波纹状钢板的变形来吸收碰撞能量，并迫使失控车辆改变方向。

柔性护栏是一种具有较大缓冲能力的韧性护栏结构。缆索护栏是其主要代表形式，由数根施加初拉力的缆索固定于端柱上而组成钢缆结构，主要依靠缆索的拉应力来抵抗车辆的碰撞荷载、吸收碰撞能量。缆索护栏主要包括端部结构、中间端部结构、中间立柱、托架、索端锚具等构件。端部结构是缆索护栏的起终点。锚固装置由三角形支架、底板和混凝土基础组成；中间端部结构是连续设置缆索护栏超过一定长度时所设置的中间延长锚固装置；中间立柱是设置于端部或中间深部之间用于固定立柱；托架是安装于立柱上支撑并固定级索的装置；索端锚具是固定于端部或中间端部用来锚定缆索的装置。

（3）波形梁钢护栏

波形梁钢护栏是目前用量最大的安全护栏形式，包括两波形梁钢护栏和三波形梁钢护栏，对应的产品标准分别是《波形梁钢护栏　第 1 部分：两波形梁钢护栏》GB/T 31439.1—2015 和《波形梁钢护栏　第 2 部分：三波形梁钢护栏》GB/T 31439.2—2015。在制定标准时考虑了以下基本原则：

1）尽量与现有国家或行业标准相一致；

2）尽量与《公路交通安全设施设计细则》相一致；

3）尽量考虑了减小收货方（国家或业主方）的风险；

4）技术先进性与可操作性兼顾原则。

2. 波形梁钢护栏产品质量检测

（1）外观质量

外观分为黑件和防腐涂层，主要方法：目测及手感检查，辅助必要的量具测量凹坑、凸起、压痕、擦伤等缺陷。

（2）外形尺寸与允许偏差

主要测量项目有波形梁板的展开宽度、定尺长度、板宽、基底金属厚度、螺孔尺寸等。用到的测量器具主要有游标卡尺、板厚千分尺、卷尺 、角尺、磁性测厚仪等。

主要方法有：

1）护栏波形梁板和立柱构件的长度用精度 A 级、分辨力 0.5mm 的 5m 钢卷尺沿纵向不同部位测量 3 次，取平均值作为测量结果。

2）波形梁板宽度及其他构件的尺寸精度 A 级、分辨力 0.5mm 的 1m 钢卷尺在不同部位测量 3 次，取平均值作为测量结果。

3）成型后波形梁板的展开宽度在板的 3 个不同部位用细钢丝分别测量板正反两面的轮廓长度，取 6 个数的算术平均值作为测量结果。

4）护栏立柱的直径用精度 0.02mm 的游标卡尺在立柱的上中下 3 个部位测量 3 次，取平均值作为测量结果。

5）护栏构件金属基板的厚度用精度 0.01mm 的板厚千分尺或螺旋测微计测量 3 次，取平均值作为测量结果。测量部位和次数有特殊规定的按特殊规定执行。

6）构件上孔的尺寸是指防腐处理前的尺寸，一般用精度 0.02mm 的游标卡尺测量，防腐处理后的测量，应减去防腐层的厚度。

7）防阻块的尺寸可用投影法将轮廓用细笔划在一张白纸上后，再测量有关尺寸和角度。

8）板的波高及其他参数，在一级平台（在工程现场可用不小于 10mm 厚的平整钢板）上用靠尺、钢板尺、万能角尺、游标卡尺、塞尺、刀口尺等量具、样板按常规方法进行。

9）波形梁板厚度。

① 防腐处理前的护栏板基底金属厚度用四点法（板两侧各 2 个点）测量，测量点应满足：切边钢带（包括连轧钢板）在距纵边不小于 25mm 处测量，不切边钢带（包括连轧钢板）在距纵边不小于 40mm 处测量。切边单轧钢板在距边部（纵边和横边）不小于 25mm 处测量，不切边单轧钢板的测量部位由供需双方协商。

② 防腐处理后的护栏板基底金属厚度用四点法（板两端各一个点，板两侧各一个点）测量，测量点应按照图 16-11 标示的位置选取，位置均在距边部 50mm 处。

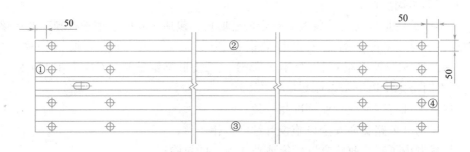

图 16-11　测量点位置（单位：mm）

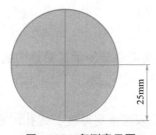

图 16-12　复测意示图

③ 防腐处理后的护栏板基底金属厚度如有且仅有一个测量点不符合最小厚度要求时，以测量点为中心划十字线，沿十字线方向距该测量点 25mm 处取四点对该项指标进行测量，四点中任意一点的复验结果仍然不合格时，则判定该护栏板基底金属厚度不合格；四点的复验结果均合格时，判定该护栏板基底金属厚度合格（图 16-12）。

（3）材料要求

1）力学

① 对于护栏供方提供的原材料及出厂检验证书等资料采用目测核对方法逐项核对。

② 对于基底金属材料的屈服强度、抗拉强度和断后伸长率按《金属材料 拉伸试验 第 1 部分：室温试验方法》GB/T 228.1—2021 规定的 B 法执行，应力速率控制为 15MPa/s。当无明显屈服点时，取规定塑性延伸强度 $R_{p0.2}$ 为参考屈服强度，并在试验报告中注明。

③ 对于基底金属材料的耐弯曲性能按《金属材料 弯曲试验方法》GB/T 232—2010 规定执行。

④ 对于基底金属材料的化学成分按《碳素钢和中低合金钢 多元素含量的测定 火花放电原子发射光谱法（常规法）》GB/T 4336—2016 的规定执行。

⑤ 对于拼接螺栓连接副的抗拉荷载试验按《波形梁钢护栏 第 1 部分：两波形梁钢护栏》GB/T 31439.1—2015 附录 A 执行。主要方法是用加工的专用夹具装配好试件夹持到

试验机上，试验机设定为恒位移控制，横梁位移速率为 3mm/min，对试件进行抗拉荷载试验。

⑥ 对于连接螺栓连接副的抗拉强度可按上述方法得到最大抗拉荷载后除以螺杆的标称面积为测量结果。

⑦ 其他紧固件的试验方法按相关标准的规定执行。

2）化学成分

化学成分主要测量五大元素 C、Mn、Si、S、P 的含量，使用的仪器设备是只读光谱分析仪，采用的方法是《碳素钢和中低合金钢 多元素含量的测定 火花放电原子发射光谱法（常规法）》GB/T 4336—2016。实际工程中还是用力学指标检验材料的性能。

（4）防腐层质量

防腐层质量按照《公路交通工程钢构件防腐技术条件》GB/T 18226—2015 执行。

1）金属单涂层厚度的测量细则

① 测点数量：波形梁板测 18 个点，三个断面，每断面 3 点，双面共 18 点；立柱、防阻块、托架测内外各 5 个点，共 10 个点；拼接螺栓、螺栓螺头、螺母外侧、垫圈平面部分处各测试 3 点，共 9 点。

② 测量结果：按部件取测点的算术平均值为构件涂层厚度的测量结果。

③ 结果判定。

a. 镀锌：

板及立柱平均≥84μm 为合格，取消了最低≥61μm，用均匀性限定最低厚度；螺栓平均≥49μm 为合格。

b. 镀铝：

板及立柱平均≥44μm 为合格；螺栓平均≥41μm 为合格。

c. 防阻块、托架、横隔梁、端头等其他构件与板和立柱相同。

2）双涂层厚度的测量细则

测点数量：同金属单涂层。

测量结果：同金属单涂层。

结果判定。

① 板及立柱内涂层平均镀锌层≥39μm 为合格；镀铝平均厚度≥23μm 为合格；锌铝合金（铝锌合金）平均厚度≥45μm 为合格；

② 螺栓内涂层平均镀锌层≥17μm 为合格；镀铝≥23μm 为合格；锌铝合金（铝锌合金）平均厚度≥35μm 为合格；

③ 外涂层：聚酯涂层≥76μm 为合格。内涂层为镀锌、镀铝涂层时，聚乙烯、聚氯乙烯涂层≥0.25mm 为合格；内涂层为锌铝合金（铝锌合金）涂层时，聚乙烯、聚氯乙烯涂层≥0.15mm 为合格。

3）锤击法测金属涂层附着性要点

① 打击间隔：4mm 的间隔平行打击 5 点（镀锌、镀铝）。

② 位置：打击点应离端部 10mm 以外，同一点不得打击两次。对于螺栓等小构件，在螺栓螺头、螺母外侧、垫圈平面部分处各打击 1 点。

③ 判定：不剥离，不凸起为合格。

4）聚酯涂层划格法测附着性要点（厚度小于 0.125mm）

① 工具：单刃切割刀具、宽 25mm 的胶粘带，如图 16-13 所示。

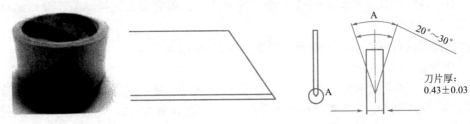

图 16-13 划格法用工具图（除标明的以外，其他尺寸以"mm"计）

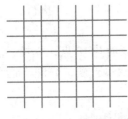

图 16-14 划网格

② 划网格：用单刃切割刀具间隔 2mm 划透涂层，如图 16-14 所示。

③ 用胶带粘贴后，至少进行 3 个不同位置的拉剥试验，如果 3 次结果不一致，在 3 个以上不同的位置重复上述试验，对于螺栓，测试位置在螺头部位，每个螺栓只测试一个位置。

④ 结果判定：附着等级分为 0、1、2、3、4、5 六个等级。0 级最好，详见表 16-5。

附着等级判定表   表 16-5

分级	说明	
0	切割边缘完全平滑，无一格脱落	—
1	在切口交叉处有少许涂层脱落，但交叉切割面积受影响不能明显大于 5%	
2	在切口交叉处和/或沿切口边缘有涂悬脱落、变影响的交叉切割面积明显大于 5%，但不能明显大 5%	
3	涂层沿切割边缘部分或全部以大碎片脱落，和/或在格子不同部位上部分或全部剥落，受影响的交叉切割面积明显大于 15%，但不能明显大于 35%	
4	涂层沿切割边缘大碎片剥落，和/或一些方格部分或全部出现脱落，受影响的交叉切割面积明显大于 35%，但不能明显大于 65%	
5	剥落的程度超过 4 级	—

3. 波形梁钢护栏的施工质量检测

（1）目的与适用范围

本方法适用于公路波形梁钢护栏工程现场抽样检测，用于检验波形梁钢护栏工程施工质量是否符合设计及相关规范要求。主要测量指标包括波形梁板外观质量、基底金属厚度、立柱壁厚、横梁中心高度、立柱中距、立柱竖直度、立柱外边缘距路肩边线距离、立柱埋置深度、螺栓终拧扭矩、防腐涂层厚度。

（2）检测依据

1）《公路工程质量检验评定标准 第一册 土建工程》JTG F80/1—2017；

2）《公路工程竣（交）工验收办法实施细则》（交公路发〔2010〕65 号）；

3）《波形梁钢护栏 第 1 部分：两波形梁钢护栏》GB/T 31439.1—2015；

4）《波形梁钢护栏 第 2 部分：三波形梁钢护栏》GB/T 31439.2—2015；

5）《磁性基体上非磁性覆盖层 覆盖层厚度测量 磁性法》GB/T 4956—2003。

（3）仪器设备

1）所需仪器包括：超声波测厚仪、镀（涂）层测厚仪、钢直尺、钢卷尺、垂线、钢质护栏立柱埋深冲击弹性波检测仪、扭力扳手。

2）试验前应对测试仪器设备的状态进行核查，确保能够正常使用。

（4）抽检频率

1）波形梁钢护栏工程交（竣）工验收检测，每公里抽检不少于 1 处，立柱埋入深度为每处抽查不少于 1 根，其他检测项目每处抽查不少于 5 点。

2）波形梁钢护栏工程施工质量检验，抽样频率按照《公路工程质量检验评定标准 第一册 土建工程》JTG F80/1—2017 的规定进行。

（5）检测方法

1）波形梁钢护栏外观质量

观察立柱顶部是否具有明显塌边、变形、开裂等现象；

观察护栏线形是否顺适且色泽一致，是否有明显起伏凹凸现象；

观察构件表面是否有漏镀、露铁、擦痕等缺陷。

2）波形梁板基底金属厚度

超声波测厚仪探头零点校准并设置材料声速后，在距板边缘 50mm 处取至少 5 个测点，量取板总厚度，同时用涂层测厚仪测量测点处板同侧涂层厚度，用波形梁板的总厚度减去板的涂层厚度，得到板基底金属厚度，取平均值作为测试结果。

3）立柱壁厚

超声波测厚仪探头零点校准并设置材料声速后，每处在立柱的三个方向的不同高度共取至少 5 个测点，同时用涂层测厚仪测量立柱同面涂层厚度，用总厚度减去立柱的涂层厚度，得到立柱壁厚，取平均值作为测试结果。

4）横梁中心高度

波形护栏横梁中心高度，是指护栏板宽度中点位置距离路面的垂直高度。将水平尺在横梁板半宽位置放置水平，用钢卷尺或钢直尺测量水平尺下边缘到路面的高度，即为横梁中心高度，注意卷尺需与水平尺垂直。

或者将水平尺在横梁板上端边缘位置放置水平，用钢卷尺或钢直尺测量水平尺下边缘到路面的横梁高度 H_0，注意卷尺需与水平尺垂直。再用钢卷尺测量同一位置波形梁板宽度 W，用水平尺高度减去波形梁板宽度的一半，即为横梁中心高度，即 $H = H_0 - W/2$。每处测量至少 5 个测点。

5）立柱中距

用钢卷尺测量相邻立柱外边缘间的距离 L，再分别测量两个立柱的直径 ϕ，最后计算

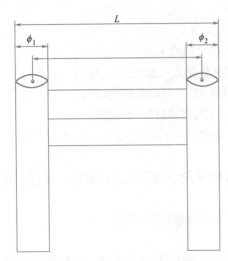

图 16-15　立柱中距测量示意

立柱中距为 $L-(\phi_1+\phi_2)/2$。立柱中距测量示意如图 16-15 所示。

6）立柱竖直度

依照标志立柱的竖直度测量方法，在立柱上、中、下三处使用工程检测尺或铅锤测量立柱横向和纵向各三尺，最后取三尺的平均值作为竖直度结果。

7）立柱外边缘距路肩边线的距离

用直尺或钢卷尺测量立柱外边缘到路肩边线的距离。

8）立柱埋置深度

使用钢质护栏立柱埋深冲击弹性波检测仪进行测试时，选择立柱端面（立柱上沿）未卷曲位置安装传感器，并用自动激振装置打击立柱端面获得立柱总长度，用钢直尺测量立柱露出长度，立柱总长度减去露出长度即为立柱埋入深度。每处选取一根立柱作为测试点，每次测量采集 5 组符合要求的波形用于后期数据解析。

使用开挖法检测时，使用钢卷尺或钢直尺测量立柱总长度，减去外露长度即为立柱埋入深度。

9）螺栓终拧扭矩

用扭力扳手平稳用力逐渐增加力矩（切忌冲击），当螺母或螺栓刚开始产生微小转动时它的瞬时扭矩值最大（因要克服静摩擦力），继续转动，扭矩值就会回落到短暂的稳定状态，这时的扭矩值即为检查所得的扭矩。

10）防腐涂层厚度

使用镀（涂）层测厚仪，仪器校准后，一般采用磁感应测量法，在波形梁板正面和背面各测 5 个点，立柱表面 3 个断面位置共测 9 个点，取平均值作为测试检测。

（6）结果评定

波形梁钢护栏工程质量检验评定参考《公路工程质量检验评定标准 第一册 土建工程》JTG F80/1—2017、《波形梁钢护栏 第 1 部分：两波形梁钢护栏》GB/T 31439.1—2015、《波形梁钢护栏 第 2 部分：三波形梁钢护栏》GB/T 31439.2—2015。

（7）试验记录与试验报告

参照第二节"（8）试验记录与试验报告"。

（8）常见问题

1）基底金属材料力学性能未按《金属材料 拉伸试验 第 1 部分：室温试验方法》GB 228.1—2021 要求加工规定尺寸的试样进行试验。

2）波形梁板基底金属厚度未记录总厚度及镀层厚度的检测数据。

3）采用钢质护栏立柱埋深冲击弹性波检测仪进行测试时，未考虑土质对该方法的适用性。

第五节　突起路标检测

1. 基本知识

突起路标，又称为道钉。是固定于路面上起标线作用的突起标记块，可在高速公路或其他道路上用来标记中心线、车道分界线、边缘线；也可用来标记弯道、进出口匝道、导流标线、道路变窄、路面障碍物等危险路段。一般配合路面标线使用，或以模拟路面标线的形式使用。

（1）突起路标的分类

按《突起路标》GB/T 24725—2009 中规定的产品分类如下。

按逆反射性能，突起路标分为逆反射型（简称 A 类）和非逆反射型（简称 B 类）两种，逆反射型突起路标按逆反射器类型又可分为 A1 类、A2 类、A3 类等；按基体材料分为塑料、钢化玻璃、金属等；按逆反射器分为微棱镜、定向透镜、全向透镜等；按位置分为车道分界线型和车道边缘线形；按颜色分为白、黄、红、绿、蓝等类型。

（2）突起路标的型号标记

突起路标型号标记如图 16-16 所示。

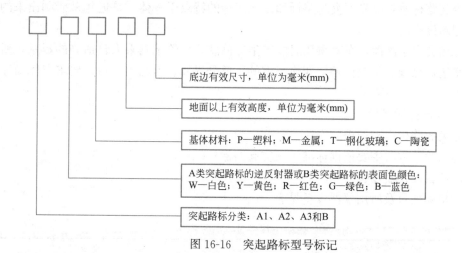

图 16-16　突起路标型号标记

【示例 1】A1 类白色塑料突起路标，地面以上有效高度 20mm，底边有效尺寸 150mm，其型号表示为 A1WP20-150。

【示例 2】B 类黄色陶瓷突起路标，地面以上有效高度 25mm，底边有效尺寸 100mm，其型号表示为 BYC25-100。

（3）突起路标的功能和作用

突起路标是固定于路面上，独立使用或配合标线使用，以形态、颜色、逆反射光等传递车道信息，指引车辆、行人顺利通行的交通安全设施。可以说，突起路标是一种固定于路面上起标线作用的突起标记块，可用来标记对向车行道分界线、同向车行道分界线、车行道边缘线等，也可用来标记弯道、进出口匝道、导流标线、道路变窄、路面障碍物等危险路段。

目前市场上的突起路标种类很多，性能各有千秋，功能各有侧重。道路尤其是高等级公路中，使用较多的是反光型突起路标。反光型突起路标包括基体和反射器。塑料基体的反光型突起路标，是最为常见的一种类型。因其不带销钉，所以不用在路面钻孔，直接使用环氧树脂胶等粘结于路面上即可。

铝合金基体的反光型突起路标基体带有销钉，安装时需先在路上钻孔，再涂胶（环氧树脂胶或沥青胶）粘结，安装较为牢固，不易脱落。反光型突起路标可单面反光，即只在面向行车方向装有反射器；也可双面反光，即在面向行车方向和其反方向均装有反射器。

夜间行车时，在汽车车灯的照射下，反光型突起路标的反射器产生逆反射光，将车辆前方的道路轮廓清晰地勾勒出来，令人心旷神怡。反光型突起路标的使用，给夜间道路交通带来安全和快捷，同时制造出美丽的景象，为驾乘人员带来舒适、愉悦的心情，所以在世界各国尤其是发达国家得到普遍和广泛的使用。

普通型突起路标没有反射器，在夜间不产生逆反射光。普通型突起路标可用陶瓷、金属、塑料等制作而成，因其没有反射器，较为耐磨，使用寿命较长，可独立作为标线使用。

发光型突起路标主要指主动发光的太阳能突起路标。太阳能突起路标利用太阳能为发光二极管（LED）提供能量，从而发出所需各种光线，提示和引导车辆安全通行。主要安装于弯道、多雾等特殊路段，以一定的频率闪烁发光，来引起驾乘人员的警觉和注意。

组合型突起路标兼具反光型突起路标和发光路标的特点于一体，是近年来研制出来的一种新型突起路标产品。

突起路标因突出于路面，车辆碾压时能产生振荡感，可给予驾乘人员适当的提示，所以广泛用于车道边缘线、不允许频繁变换车道的车道分界线、道路出入口、要求车辆减速慢行的路段等。

2. 突起路标产品质量检测

（1）道路突起路标产品的检验方法

突起路标的检验方法主要依据标准为《突起路标》GB/T 24725—2009。

（2）检测项目及仪器设备

突起路标检测项目及所用仪器设备见表 16-6。

突起路标检测项目及所用仪器设备 表 16-6

检测项目	所用仪器设备	检定参数
结构尺寸	直尺、卷尺、卡尺、板厚千分尺	长度、厚度
色度性能	色彩色差计	色度
逆反射性能	突起路标测量仪	示值误差
整体抗冲击性能	突起路标耐冲击性能测试仪	质量、高度
逆反射器抗冲击性能	突起路标耐冲击性能测试仪	质量、高度
抗压荷载	万能材料试验机	力
纵向弯曲强度	纵向弯曲强度测试仪	力

续表

检测项目	所用仪器设备	检定参数
耐磨损性能	耐磨损测试仪	质量
耐温度循环性能	高低温湿热试验箱	温度、湿度
破碎后状态	万能材料试验机	质量
金属反射膜附着性能	粘结剂	外观

（3）样品

1）测试前将样品放置在温度（23±2）℃、相对湿度（50±25）％的环境中进行状态调节 24h，然后进行各项测试。

2）每项性能测试取 3 个样品，3 个样品都符合要求，则判定该项性能合格。对于以量值表征的项目，取其算术平均值为测试结果。

3）一般的测试工作应在温度（23±2）℃、相对湿度（50±25）％的环境中进行。

（4）试验程序

1）外观质量

一般项目检查在白天环境照度大于 150lx 的条件下目测检验；对于逆反射器的均匀性，可在一个暗室通道中用手电筒和眼睛形成的近似逆反射条件目视检查。

2）结构尺寸

长度尺寸用分辨力不低于 0.02mm 的游标卡尺测量，坡度角用分辨力不低于 2′ 的万能角尺或标准角规测量，每个试样、每个参数测量 3 次，取算术平均值为测量结果。

3）色度性能

① 表面色：采用《标准照明体和几何条件》GB/T 3978—2008 中规定的标准 D_{65} 光源，在 45°/0° 的照明观测条件下，按《物体色的测量方法》GB/T 3979—2008 规定的方法测量突起路标基体的表面色，也可用符合上述光源和照明观测条件的色差仪在被测样品的顶部或其他平缓部位直接读取色品坐标和亮度因数。

② 逆反射色：采用《标准照明体和几何条件》GB/T 3978—2008 中规定的标准 A 光源，在 0°/0.2° 的照明观测条件下，按《逆反射材料色度性能测量方法 第 1 部分：逆反射体夜间色》JT/T 692.1—2022 规定执行。

4）逆反射性能

按《逆反射体光度性能测量方法》JT/T 690—2022 规定的比率法或直接发光强度法进行测量，发光强度系数测试示意如图 16-17 所示。

5）整体抗冲击性能

在坚固、平整的水平面上放置一厚度不小于 13mm、面积大于突起路标下表面的钢板，将突起路标置于钢板上，用质量为（1040±10）g 的实心钢球，从突起路标正上方 1m 的高度自由落下，冲击点为突起路标上表面的中心。

6）逆反射器抗冲击性能

① 试验仪器如下：

a. 电热鼓风烘箱：温度均匀度为 ±2℃。

b. 样品架：带有调节装置和紧固装置，调节装置用于将突起路标的逆反射面调整到水平位置，紧固装置用于将突起路标紧固在样品保持架上，防止冲击样品时发生位移。

c. 冲击锤头：头部为半径 6.4mm 的半球，总质量（190±2）g，形状如图 16-18 所示。

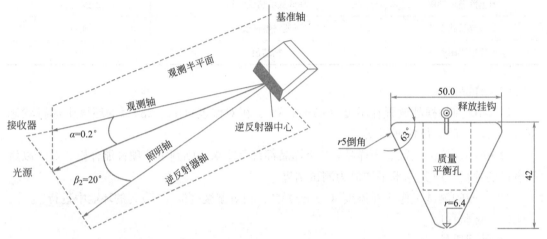

图 16-17　突起路标发光强度系数测试示意　　　　图 16-18　锤头示意（尺寸单位：mm）

② 试验准备：将样品架放置在诸如混凝土地板之类的坚固表面上，试验前先用一个被测突起路标对样品架进行预调整，使其方便地将该组被测样品的逆反射面保持在水平位置上，以减少后续试验过程中的调整时间。

③ 将样品放置在电热鼓风烘箱中，在 55℃ 的条件下保持 1h，将样品取出，迅速放置在样品架上。

④ 在样品保持高温的条件下，用上述冲击锤头，从 457mm 的高度自由落下，冲击样品逆反射面的中心部位。

⑤ 检查被测样品逆反射面的碎裂、剥落和分层状况，用游标卡尺测量裂纹的长度，并做相应记录（如果试验用电热鼓风烘箱容积足够大，可将样品预先固定在保持架上。同时放入烘箱在线测试）。

7）抗压荷载

① 测试前，将样品放置在（23±2）℃ 的条件下进行 4h 的状态调节。

② 在试验机下压平台中心上放置一个厚度为 13mm、比被测样品基底大的钢板，将样品基底放置在钢板中心上。

③ 在被测样品顶部放置一块厚度为 9.5mm、邵氏硬度为 60A、尺寸大于被测样品受压面积的弹性橡胶垫。

④ 另一块厚度为 13mm、比被测样品大的钢板放置在弹性橡胶垫上。

⑤ 调整钢板、被测样品、弹性垫，使被测样品置于试验机上下压头的轴线上，开启试验机，以 2.5mm/min 的速率对试验样品进行加载，直到样品破坏或样品产生明显变形（大于 3.3mm）为止，记录此时的最大力值为试验结果。

8）纵向弯曲强度

① 测试前，将样品放置在（23±2）℃ 的条件下进行 4h 的状态调节。

② 在试验机下压平台上放置两块截面为 12.7mm×25.4mm 的钢块，钢块的窄面一面朝下放在水平位置，钢块的长度要大于被测突起路标底面的宽度。

③ 在钢块的另一窄面上分别放置一块厚度为 3mm 的邵氏硬度 70A 的弹性橡胶片。

④ 将被测突起路标放置在这两个弹性片上，突起路标的迎车面底边与钢块窄面长边外沿平行且对齐。

⑤ 将一块厚度为 25mm、邵氏硬度 70A 的弹性橡胶片放置在被测突起路标的顶面上，该弹性垫上放置第三块同样尺寸的钢块，该钢块与其他两块保持平行，窄面朝下，第三块弹性垫要大于突起路标的上顶面。

⑥ 调整钢块、被测样品、弹性垫，使被测样品和第三块钢块与弹性垫置于试验机上下压头的轴线上，其余两钢块和弹性垫对称，如图 16-19 所示。

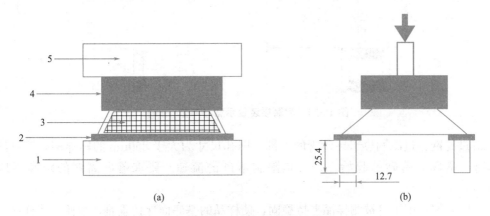

图 16-19　纵向弯曲强度测试示意（单位：mm）

（a）试验正视图；（b）试验侧视图

1—钢块；2—下弹性垫；3—被测突起路标；4—弹性垫；5—第三钢块

⑦ 开启试验机，以 5mm/min 的速率通过第三块钢块和弹性垫对试验样品进行加载，直到样品彻底断裂或突然卸荷为止，记录此时的力值为试验结果，单位精确到 N。

9）耐磨损性能

① 原理

本方法采用落砂法评价被测样品表面的耐磨损性能，适用于 A1 类、A2 类突起路标，A3 类可参照使用。

② 测试装置

a. 测试装置由垂直导砂管、校正漏斗、过滤网、样品架和砂子收集器组成，耐磨损装置示意如图 16-20 所示。

b. 导砂管：可采用内径不小于 150mm 内壁光滑的实壁塑料管组成，长度为 2850mm，导砂管的不垂直度不大于 0.2°。

c. 校正漏斗：校正漏斗的上口尺寸为 120mm×40mm，高度 100mm，四面坡角 45°。上口四边应平直、尖锐，保证落在口边上的砂子落入斗内时不改变方向。该漏斗的作用是保证直接落入口内的砂子不偏离地、尽可能垂直地冲击突起路标，而落到口外的砂子被偏离到斗外，不能冲击突起路标。校正漏斗应能上下、左右、前后移动，方便调整通过漏斗的砂量和均匀性。

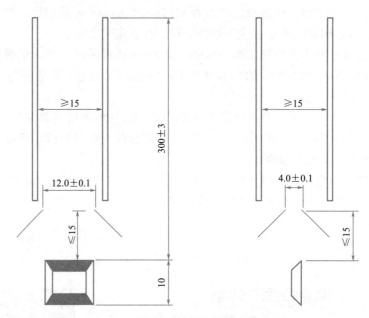

图 16-20　耐磨损装置示意（单位：cm）

d. 过滤网：过滤网位于导砂管的上部，网孔尺寸为大于 850um 的标准网。该过滤网的作用一是确立落砂的起始点，二是限制落砂的流速。要求落砂离网的距离不应大于 30mm。

e. 样品架：用于将被测样品夹持稳固，使样品的基底面保持垂直，方便地将样品与导砂管、校正漏斗对中，能自由调整被测样品的高度，使其上边沿与漏斗上口距离保持不大于 150mm，并能调整水平方向使样品逆反射面底边前沿与漏斗长边方向平行。样品架不应阻挡落砂的自由流动。

f. 收集器：可用 1 只 300mm×500mm 的搪瓷托盘，或其他容器。为了防止落入校正漏斗的砂子溅出或外部的砂子溅入，可用与漏斗下口相同的软布罩将漏斗下口空间封围。

③ 测试用砂

a. 试验用砂应使用二氧化硅含量极高的天然石英砂。

b. 这种石英砂的颗粒分布应该满足如下要求：在经过 10min 的连续摇筛之后，不超过总重的 10% 保留在 20 号筛（850um）上，不超过总重的 10% 漏过 30 号筛（600um）。

④ 试验环境

温度（23±2）℃，相对湿度（50±25）%。

⑤ 试验步骤

a. 将设备和被测样品安装调整到位，并保证导砂管上部至被测样品底面上边沿的距离为（3±0.03）m。

b. 取足够的试验用砂，以 0.4～1.0kg/min 的速度均匀落入导砂管上部的过滤网上，注意观察落砂冲击样品的均匀性和部位，并经常按照测试装置校准方法校准试验装置的均匀性。

c. 收集通过校正漏斗的砂子并称重，称重的砂子包括撞击到样品及样品架上溅射到外部的砂子，但不含没有通过漏斗的部分。当发现收集的砂量不满足（2.5±0.05）kg 要求时，应按测试装置校准方法对试验装置进行校准。

d. 取下被测样品，用软布清洁后，测量被冲击逆反射面的发光强度系数。

e. 将用过的试验砂弃掉，试验用砂每个试验只用 1 次，不应重复使用。

⑥ 测试装置校准

落砂应均匀地通过校正漏斗，其均匀性通过在漏斗下突起路标的位置和高度上放置至少 10 个口径约为 10mm 的小瓶来验证。当足够的砂子下落通过漏斗时，至少有 1 个小瓶收集到至少 5g 的砂子，收集最少的小瓶中砂子质量至少达到收集最多的小瓶中砂子质量的 75％ 为测试合格。在确定装置的流动稳定性之后，视需要通过调整漏斗的上下位置和总用砂量来校准其均匀性和通过漏斗的砂量。

⑦ 测试装置的修正

当被测突起路标底边大于 100mm 时应对整个装置进行修正，假设被测突起路标底边为（100 + X）mm，则修正内容如下：

a. 校正漏斗的上口长边为（120＋X）mm；

b. 导砂管的内径应至少为（150＋X）mm；

c. 通过校正漏斗的试验砂的质量应为（2.5 ＋0.0208X）kg，允许偏差±2％；

d. 通过漏斗落砂的流速应保持在（0.4＋X/300）～（1＋X/120）kg/min。

10）耐温度循环

将样品放置在 60℃ 的高温箱中保持 4h，接着将样品转移到 −7℃ 的低温箱中保持 4h，如此为一个循环。共试验 3 个循环后，将样品取出，即刻检查样品的破裂、反射体剥离基体、耐磨层分层情况。

11）碎裂后状态

将样品放置在压力机上加荷，加荷速度为 50～60kN/min，直至样品破裂，将所有碎块收集后放入孔径为 30mm 的标准筛中，均匀摇动 1min 后，检查筛中残留物形状，用分辨力 0.5mm 钢直尺测量残留碎块的最大尺寸。

12）金属反射膜附着性能

① 试验用具

A3 类突起路标金属反射膜附着性能测试主要试验用具如下：

a. 抗剪切强度 15MPa～20MPa 的双组份环氧树脂或丙烯酸酯粘结剂适量。

b. 长 50mm、宽 20mm、厚 0.5～1.0mm 的铁片，在试验前用 100 号砂纸将待粘结的一面打磨粗糙，用无水乙醇清洁表面，并晾干。

② 试验程序

金属反射膜附着性能测试试验程序如下：

a. 按制造商使用说明配制好粘结剂，在规定时间内，将粘结剂涂抹在 A3 类突起路标下部的金属反射膜上，涂抹面积为长 20mm、宽 10mm，涂抹位置在突起路标下部金属反射膜区中间部位，长度方向与突起路标下部环向一致；对于在金属反射膜外涂敷保护漆的突起路标，应将保护漆层除去，再在金属膜上涂粘结剂。

b. 将准备好的金属片放在粘结剂的中间沿环向与突起路标加压粘好，在标准环境下静置 48h。

c.将金属片与突起路标撕开，检查金属反射膜有无剥落、凸起等现象。

3. 突起路标的施工质量检测

（1）目的及范围

本方法适用于公路突起路标工程现场抽样检测，用于检验突起路标工程施工质量是否符合设计及相关规范要求。主要测量指标包括外观质量、突起路标安装角度、安装间距、横向偏位。

测试突起路标的安装质量是否符合要求。

（2）检测依据

《公路工程质量检验评定标准 第一册 土建工程》JTG F80/1—2017。

（3）仪器设备

1）所需仪器包括：卷尺、角度尺；

2）试验前应对测试仪器设备的状态进行核查，确保能够正常使用。

（4）抽检频率

突起路标工程质量检验，抽样频率按照《公路工程质量检验评定标准 第一册 土建工程》JTG F80/1—2017 的规定进行。

（5）检测方法

1）安装角度

将角度尺一边与路面行进方向平行，一边垂直于突起路标的反射面，其夹角 θ 即为突起路标安装角度。安装角度示意如图 16-21 所示。

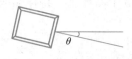

路面行车方向

图 16-21　安装角度示意

2）安装间距

用钢卷尺测量两个相邻突起路标中心点间的间距 L，L 为安装间距。安装间距示意如图 16-22 所示。

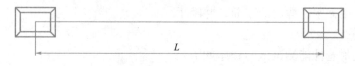

L

图 16-22　安装间距示意

3）横向偏位

用钢卷尺测量突起路标垂直于路面边缘线切线的距离 L，L 为突起路标横向偏位。横向偏位测试示意如图 16-23 所示。

（6）试验记录与试验报告

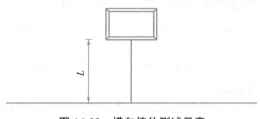

图 16-23　横向偏位测试示意

参照第二节"（8）试验记录与试验报告"。

（7）常见问题

1）试样状态调节和试验的温湿度不符合规定要求。

2）抗压荷载加载速率未核查。

3）逆反射器抗冲击性能烘箱未校准工作温度。

4）耐磨损性能试验用砂不满足规定要求。

第六节 隔离设施检测

1. 基本知识

隔离设施是对汽车专用公路进行隔离封闭的人工构造物的统称。其作用是阻止无关人员及牲畜进入、穿越高速公路及汽车专用一级公路，防止非法侵占公路用地现象的发生。隔离设施可有效地排除横向干扰，避免由此产生的交通延误或交通事故，从而保障车辆快速舒适、安全地运行。

（1）隔离设施的分类

隔离设施主要指设置于公路路基两侧用地界线边缘上的隔离栅以及设置于上跨公路主线的分离式立交桥或人行天桥两侧的防护网。隔离栅一般分为金属网型、刺钢丝和常青绿篱三大类。常青绿篱在南方地区与刺钢丝隔离栅配合使用，具有降噪、美化路容和节约投资的功效。金属网隔离栅按网片形式又可分为钢板网、编织网、电焊网等形式。隔离栅按立柱断面形式可分为直缝焊接钢管立柱、型钢立柱、Y 型钢立柱及混凝土立柱等。隔离栅按防腐形式可分为热浸镀锌、热浸镀铝、浸（涂）塑隔离栅。

（2）隔离设施设置原则

1）为保证公路高速、舒适、安全、经济运行，防止横向干扰、减少延误，高速公路和其他认为有必要的路段，尤其是高速公路沿线两侧原则上均应设置隔离栅。

2）高速公路、一级公路凡符合下列条件之一的路段，可不设隔离栅：

① 公路路侧紧靠河流、水渠、池塘、湖泊等天然屏障认为将来不用担心有人、畜进入或非法侵占公路用地的路段。

② 公路路侧有高度大于 1.5m 的挡土墙或砌石陡坝等人、畜难以进入的路段。

③ 桥梁、隧道等构造物的两侧，除桥头或洞口需与路基上隔离栅连接封死外的路段。

3）隔离栅一般沿公路用地界线以内 20～50cm 处设置。

4）隔离栅在遇桥梁、通道时，应朝桥头锥坡或端墙施工围死，不应留可让人、畜钻入的空隙。

5）隔离栅与涵洞相交时，如沟渠较窄，隔离栅可直接跨过；沟渠较宽，隔离栅难以跨越时，可采取桥梁、通道的处理方法。

6）由于地形的原因，隔离栅前后不能连续设置时，就以该处作为隔离栅的端部，并处理端头的围封。

7）在地形起伏较大，隔离栅不易施工的路段，可根据需要把隔离栅设计成阶梯的形式。

8）隔离栅宜根据管理养护的需要在适当地点设置开口。凡开口处均应设门，以便控制。

（3）隔离栅的构造

隔离栅组成及各构件如图 16-24 所示。

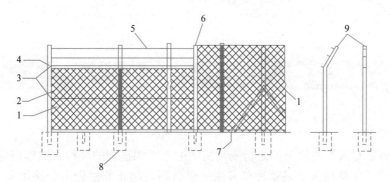

图 16-24　隔离栅组成及各构件

1—网片；2—斜撑；3—张力钢丝；4—端脚立柱或门柱；5—刺钢丝；
6—中间立柱；7—锚定钢筋；8—混凝土基础；9—延伸臂

1）网片的构造及尺寸

隔离栅的网片一般有焊接网、刺钢丝网、钢板网、编织网和钢板网。

2）立柱、斜撑的构造及尺寸

钢板网、电焊网及编织网立柱、斜撑可采用直缝焊接钢管、等边槽钢、等边内卷边槽钢、Y 型钢及其他断面形状钢。刺钢丝网立柱、斜撑可采用等边槽钢、等边内卷边槽钢、Y 型钢及其他断面形状钢、混凝土柱等。直缝焊接钢管的规格和尺寸（防腐处理前）、冷弯等边槽钢的规格和尺寸（防腐处理前）、冷弯内卷边槽钢的规格和尺寸（防腐处理前）、Y 型钢的规格和尺寸（防腐处理前）、混凝土立柱的规格和尺寸应符合隔离栅技术条件的规定。

3）门的规格和尺寸（防腐处理前）

门的规格和尺寸（防腐处理前）应符合隔离栅技术条件的规定：门宽大于 1.2m 的门柱也可采用混凝土立柱，其断面尺寸为 125mm×125mm，配筋直径不小于 8mm。

4）连接件

隔离栅的连接件主要有挂钩、螺栓、螺母、垫片、抱箍、条形钢片、上横框、下横框、竖框等，通过这些连接件将网片与立柱、立柱与斜撑连接及固定网片。

5）隔离栅可直接挂在型钢立柱上冲压而成的挂钩上或混凝土立柱中预埋的钢筋弯钩上，挂钩的距离要与网片格大小相匹配，挂钩的大小要能满足固定网片的要求。

6）通过螺栓、螺母、垫片、抱箍、条形钢片等连接附件将网片与立柱、立柱与斜撑连接。条形钢片用于网片端头与立柱的连接，其厚度不小于 4mm，抱箍用于钢管立柱与网片的连接，针对钢管的外径进行设计。上横框、下横框、竖框用于网片固定，其宽度不小于 40mm，厚度不小于 15mm，横框、竖框与网片之间用直径为 6mm 的铁铆钉固定。立柱与斜撑及网框用 M8 螺栓连接。斜撑如采用锚钉钢筋固定，则其直径不应小于 20mm。门柱与门通过连接件用 M16 螺栓连接。

7）张力钢丝

将编织网串连成整体需用二根张力钢丝，底部一根靠近地面，顶部一根靠近网边。张力钢丝用直径不小于 3.5mm 的低碳钢丝。

8）延伸臂

延伸臂用于挂刺钢丝或与网片规格相同的金属网，延伸臂可以垂直或与立柱成 40°～45°的角。延伸臂的长为 250～350mm，延伸臂可由立柱直接折弯，也可另外设计，通过焊接或用 M8 螺栓与立柱连接。

2. 隔离栅产品质量检测

（1）试验环境条件

除特殊规定外，隔离栅应在此条件下进行试验：试验环境温度：(23 ± 5)℃；试验环境相对湿度：(50 ± 10)％。

（2）试剂

1）固体试剂：六次甲基四胺（化学纯）、氢氧化钠（化学纯）、硫酸铜（化学纯）、氯化钠（化学纯）。

2）液体试剂：盐酸（化学纯）、硫酸（化学纯）。

（3）试验仪器和设备

1）万能材料试验机：等级不低于 1 级。

2）钢构件镀锌层附着性能测定仪：应符合《钢构件镀锌层附着性能测定仪》JJG（交通）082—2007 的相关规定。

3）磁性测厚仪：分辨率不低于 $1\mu m$。

4）试验平台：等级不低于 1 级。

5）天平：感量要求精确到 0.001g。

6）钢卷尺：等级不低于 2 级。

7）其他长度、角度计量器具：等级不低于 1 级。

（4）外观质量

在正常光线下，目测直接观察。

（5）结构尺寸

1）焊接网隔离栅网片结构尺寸

结构尺寸的试验方法按表 16-7 的规定执行。

结构尺寸的试验方法   表 16-7

序号	项目	试验方法
1	钢丝直径	用分辨率不低于 0.02mm 的游标卡尺在网面的上、中、下三个部位的横丝和纵丝上进行量取，每根钢丝量取两个相互垂直方向的钢丝直径，分别计算横丝钢丝直径和纵丝钢丝直径的平均值
2	网面长度	用分辨率不低于 1mm 的钢卷尺在网面的左、中、右三个部位各量取一个网面长度，计算平均值
3	网面宽度	用分辨率不低于 1mm 的钢卷尺在网面的上、中、下三个部位各量取一个网面宽度，计算平均值
4	网孔纵向长度	用分辨率不低于 0.5mm 的量尺在网面的上、中、下三个部位各量取一个网孔的纵向长度，计算平均值
5	网孔横向宽度	用分辨率不低于 0.5mm 的量尺在网面的左、中、右三个部位各量取一个网孔的横向宽度，计算平均值

注：此表为单一网面结构尺寸的试验方法。

2）刺钢丝网隔离栅网片结构尺寸

结构尺寸的试验方法按表 16-8 的规定执行。

结构尺寸的试验方法   表 16-8

序号	项目	试验方法
1	钢丝直径	用分辨率不低于 0.02mm 的游标卡尺在三段 1m 长刺钢丝的股线和刺线上量取，每段刺钢丝量取两根股线和两根刺线钢丝，每根钢丝量取两个相互垂直方向的钢丝直径，分别计算股线钢丝直径和刺线钢丝直径的平均值
2	刺距	用分辨率不低于 0.5mm 的量尺在三段 1m 长刺钢丝上各量取一个刺距，计算平均值
3	刺长	用分辨率不低于 0.5mm 的量尺在三段 1m 长的钢丝上各量取一个刺节的两个刺长，计算平均值
4	捻数	目测
5	刺线缠绕股线圈数	目测
6	每结刺数	目测
7	捆重	用分辨率不低于 0.2kg 的衡器对刺钢丝称重三次，计算平均值
8	每捆接头数	目测

3）编织网隔离栅网片结构尺寸

结构尺寸的试验方法按表 16-9 的规定执行。

结构尺寸的试验方法 表 16-9

序号	项目	试验方法
1	钢丝直径	用分辨率不低于 0.02mm 的游标卡尺在网面的左、中、右三个部位的三根钢丝上进行量取，每根钢丝量取两个相互垂直方向的钢丝直径，计算平均值
2	网面长度	用分辨率不低于 1mm 的钢卷尺在网面的左、中、右三个部位各量取 1 个，计算平均值 网面长度，计算平均值
3	网面宽度	用分辨率不低于 1mm 的钢卷尺在网面的上、中、下三个部位各量取一个网面宽度，计算平均值
4	网孔纵向对角线长度	用分辨率不低于 0.5mm 量尺在网面的上、中、下三个部位各量取一个网孔纵向对角线长度、计算平均值
5	网孔横向对角线宽度	用分辨率不低于 0.5mm 量尺在网面的左、中、右三个部位各量取一个网孔横向对角线宽度，计算平均值

注：此表为单一网面的结构尺寸试验方法。

4）钢板网隔离栅网片结构尺寸

结构尺寸的试验方法按表 16-10 的规定执行。

结构尺寸的试验方法 表 16-10

序号	项目	试验方法
1	钢板厚度	用分辨率不低于 0.01 mm 的板厚千分尺在网面的上、中、下三个部位各量取一个钢板厚度，计算平均值
2	丝梗宽度	用分辨率不低于 0.02mm 的游标卡尺在网面的上、中、下三个部位各量取一个丝梗宽度，计算平均值
3	网面长度	用分辨率不低于 1mm 的钢卷尺在网面的左、中、右三个部位各量取一个网面长度，计算平均值
4	网面宽度	用分辨率不低于 1mm 的钢卷尺在网面的上、中、下三个部位各量取一个网面宽度，计算平均值
5	网面长短差	用分辨率不低于 1mm 钢卷尺在网面上量取网面长度的最大值和最小值并计算差值，每张网面量取三次，取最大值
6	网孔短节距	用分辨率不低于 0.5mm 的量尺在网面的上、中、下三个部位各量取一个网孔短节距，计算平均值
7	网面平整度	用分辨率不低于 0.5mm 的量尺对 TB 方向平整度和 TL 方向两边、中间的平整度分别进行量取（所测得的值应减去钢板厚度），每张网面各量取三次，分别取最大值

注：此表为单一网面结构尺寸的试验方法。

5）立柱结构尺寸

结构尺寸的试验方法按表 16-11 的规定执行。

结构尺寸的试验方法 表 16-11

类别	项目	试验方法
直焊缝钢管燕尾柱	钢管外径	用分辨率不低于 0.02mm 的游标卡尺在立柱的上、中、下三个部位进行量取，每个部位量取 2 个相互垂直方向的直径，计算平均值
	钢管壁厚	用分辨率不低于 0.01mm 的壁厚千分尺在立柱的无焊缝部位量取 3 个壁厚，计算平均值
	定尺长度	用分辨率不低于 1mm 的钢卷尺量取立柱的定尺长度，每根立柱量取 1 次
	弯曲度	将立柱水平放于工作台上，用刀口尺和塞尺在最大弯曲处量取，每根立柱量取 3 次，取最大值
型钢立柱	型钢边长	用分辨率不低于 0.02mm 的游标卡尺在立柱的上、中、下三个部位进行量取，每个部位量取 2 个边长，计算平均值
	型钢壁厚	用分辨率不低于 0.01mm 的壁厚千分尺在立柱的非自由边上量取 3 个壁厚，计算平均值
	定尺长度	用分辨率不低于 1mm 的钢卷尺量取立柱的定尺长度，每根立柱量取 1 次
	弯曲度	将试样水平放于工作台上，用刀口尺和塞尺在最大弯曲处量取，每根立柱量取 3 次，取最大值
混凝土立柱	截面尺寸	用分辨率不低于 0.5mm 的量尺在立柱的上、中、下三个部位进行量取，每个部位量取 2 个相互垂直方向的边长，计算平均值
	定尺长度	用分辨率不低于 1mm 的钢卷尺量取立柱的定尺长度，每根立柱量取 1 次

注：此表为单一立柱结构尺寸的试验方法。

（6）原材料力学性能

按《金属材料拉伸试验 第 1 部分：室温试验方法》GB/T 228.1—2021 的规定执行。

（7）焊点抗拉力

焊点抗拉力测试装置如图 16-25 所示。在网上任取三个焊点，按图示进行拉伸，拉伸试验机拉伸速度为 5mm/min，拉断时的拉力值计算平均值。

（8）防腐层质量

按《隔离栅 第 1 部分：通则》GB/T 26941.1—2011 中 5.4.2 的规定执行。

3. 隔离栅的施工质量检测

（1）目的与适用范围

本方法适用于公路隔离栅和防落物网工程现场抽样检测。主要测量指标包括高度、刺铁丝中心垂度、立柱中距、立柱竖直度、立柱埋入深度。

（2）检测依据

《公路工程质量检验评定标准 第一册 土建工程》JTG F80/1—2017。

（3）仪器设备

1）所需仪器包括：钢直尺、钢卷尺、垂线。

2）试验前应对测试仪器设备的状态进行核查，确保能够正常使用。

（4）抽检频率

隔离栅和防落物网工程质量检验抽样频率按照《公路工程质量检验评定标准 第一册

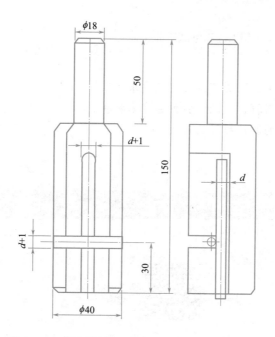

图 16-25　焊点抗拉力测试装置（尺寸单位：mm)

土建工程》JTG F80/1—2017。

（5）检测方法

1）隔离栅和防落物网外观质量

观察隔离栅和防落物网金属构件的镀锌层是否均匀完整、颜色一致；

观察混凝土立柱表面是否有裂缝、蜂窝、麻面等缺陷。

2）高度

用钢卷尺测量隔离栅或防落物网顶端到路面的距离，所得数据即为隔离栅或防落物网的高度。

3）刺铁丝中心垂度

目测刺铁丝网横向筋下挠最严重的钢丝，用垂线拉出其未下挠前的平行位置，用直尺测试其下挠的垂直距离，以"mm"计，准确至 0.5mm。

4）立柱中距

用卷尺测量隔离栅或防落物网两根立柱中点间的距离，所得数据即为隔离栅或防落物网立柱中距。

5）立柱竖直度

参考交通标志立柱竖直度检测方法。

6）立柱埋入深度

参考波形梁钢护栏立柱埋入深度检测方法进行检测。

（6）结果评定

隔离栅和防落物网工程质量检验评定，参考《公路工程质量检验评定标准　第一册　土建工程》JTG F80/1—2017。

（7）记录与报告

参照第二节"（8）试验记录与试验报告"。

（8）常见问题

1）焊点抗拉力测试装置不满足规范要求。

2）焊点抗拉力用拉伸试验机拉伸速度未核查。

3）未记录详细的测试桩号及位置。

第七节　防眩板检测

22. 防眩板检测

第八节　轮廓标检测

23. 轮廓标检测

思考题

1. 交通安全设施的构成？

2. 交通安全设施的设置原则及功能作用？

3. 交通标志的作用及构成？

4. 交通标志外观质量如何检测？

5. 交通标志施工质量检测项目有哪些？

6. 交通标线作用及功能有哪些？

7. 简述反光标线逆反射亮度系数检测步骤。

8. 护栏的作用是什么？

9. 波形梁钢护栏防腐性能指标有哪些？如何检测？

10. 波形梁钢护栏施工质量检测项目有哪些？波形梁板基底金属厚度如何检测？

11. 突起路标的作用是什么？

12. 突起路标光度性能如何检测?
13. 简述突起路标施工质量安装质量、安装间距、横向偏位检测步骤。
14. 隔离设施的构造组成及作用?
15. 隔离栅施工质量检测项目有哪些?简述其检测步骤。
16. 防眩板的作用?
17. 防眩板的抗风荷载如何检测?
18. 防眩板施工质量检测项目有哪些?简述其检测步骤。
19. 简述轮廓标施工质量安装角度、反射器中心高度检测步骤。

第十七章

边坡工程监测技术

Chapter **17**

知识目标

1. 了解边坡的定义及其监测项目内容；
2. 熟悉边坡监测方法及步骤；
3. 掌握边坡监测方案编写方法；
4. 掌握监测点埋设方法及其注意事项；
5. 掌握边坡监测现场量测的方法及数据处理。

能力目标

1. 能进行边坡监测点布设及现场量测，数据处理及反馈，自动化监测与比对测量；
2. 具备边坡监测数据分析处理、出具报告的能力。

素质目标

安全风险意识、科学严谨、认真细致、数据说话。

思维导图

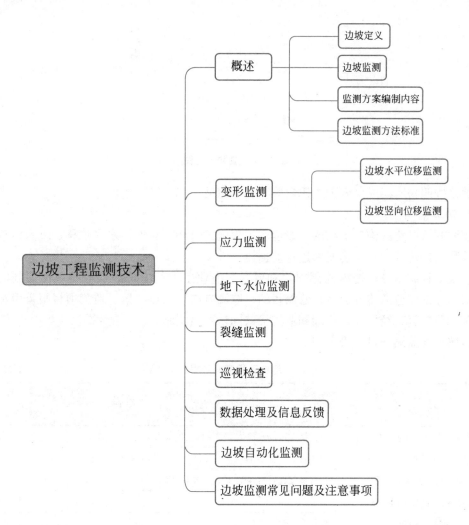

第一节　概述

1. 边坡定义

所谓"边坡"一般指自然斜坡、河流水岸坡、台塬边、崩滑流堆积体以及人工边坡（交通道路、露天采矿、建筑场地与基础工程等所形成）等坡体形态的总称。主要由坡顶、坡面、坡脚及下部一定范围内的坡体组成（图 17-1）。

高边坡的定义对于土质边坡高度大于 20m、小于 100m 的边坡或者岩质边坡高度大于 30m、小于 100m。

按照坡高可分为：低边坡、高边坡、特高边坡；按照边坡成因可分为：人工边坡、自

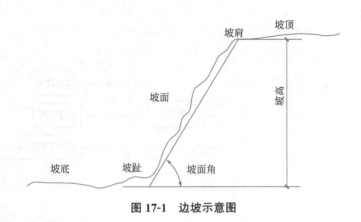

图 17-1　边坡示意图

然边坡；按照物质组成可分为土质边坡、岩质边坡、二无结构边坡等。

2. 边坡监测

边坡有重要建（构）筑物的一级边坡工程施工时必须对坡顶水平位移、垂直位移、地表裂缝和坡顶建（构）筑物变形进行监测。

边坡工程应由设计提出监测项目和要求，由业主委托有资质的监测单位编制监测方案，监测方案应包括监测项目、监测目的、监测方法、测点布置、监测项目报警值和信息反馈制度等内容，经设计、监理和业主等共同认可后实施。

边坡工程监测项目见表 17-1。

边坡工程监测项目　　　　　　　　　　　　　　　　表 17-1

测试项目	测点布置位置	边坡工程安全等级		
		一级	二级	三级
坡顶水平位移和垂直位移	支护结构顶部或预估支护结构变形最大处	应测	应测	应测
地表裂缝	墙顶背后 1.0H（岩质）～1.5H（土质）范围内	应测	应测	选测
坡顶建（构）筑物变形	边坡坡顶建筑物基础、墙面和整体倾斜	应测	应测	选测
降雨、洪水与时间关系	—	应测	应测	选测
锚杆（索）拉力	外锚头或锚杆主筋	应测	选测	可不测
支护结构变形	主要受力构件	应测	选测	可不测
支护结构应力	应力最大处	选测	选测	可不测
地下水、渗水与降雨关系	出水点	应测	选测	可不测

注：1. 在边坡坍滑区内有重要建（构）筑物，破坏后果严重时，应加强对支护结构的应力监测；
　　2. H 为边坡高度（m）。

3. 监测方案编制内容

（1）工程概况；（2）监测目的和依据；（3）监测内容和项目；（4）基准点、工作基点和监测点布设和保护；（5）监测方法及精度，仪器设备；（6）监测期限、监测频率和监测报警值；（7）数据处理、分析和信息反馈；（8）监测成果或监测报告的主要内容；（9）监测报警和异常情况下的监测措施；（10）监测项目和组织架构及人员配备；（11）监测工作的质量安全措施及其他相关内容；（12）附图、附表。

4. 边坡监测方法标准

（1）《建筑边坡工程技术规范》GB 50330—2013；

（2）《工程测量标准》GB 50026—2020；

（3）《建筑变形测量规范》JGJ 8—2016；

（4）《基坑工程自动化监测技术规范》DBJ/T 15—185—2020。

第二节　变形监测

边坡变形监测包括坡顶水平位移、竖向位移，坡顶建（构）筑物变形。

1. 边坡水平位移监测

（1）水平位移监测根据现场条件选用小角法、极坐标法或前方交会法等方法。水平位移监测观测等级不宜低于三等。

仪器设备要求：

1）经纬仪的精度要求：一测回水平方向角度中误差不大于 $2''$，水平读数最小值小于 $1''$，测距精度达到 2mm＋2ppm 以上；测量工作温度－20～＋50℃。

2）全站仪的精度要求：一测回水平方向角度中误差应不大于 $2''$，测距精度达到 2mm＋2ppm 以上；测量工作温度－20～＋50℃。

（2）水平控制（网）点的布设

基准点应选在变形影响区域之外稳固的位置；每个工程不少于 3 个基准点；大型工程项目，水平位移基准点应采用带有强制归心装置的观测墩，工作基点应选在比较稳定且方便使用的位置；对于通视条件好的小型工程，可不设工作基点，可在基准点的上直接测量位移监测点。

基准点可在场地外围不受施工影响的稳固处（浅埋式）布设。

（3）平面控制（网）点的观测

水平位移基准（网）点观测采用交会法、极坐标法进行测量，监测过程中需定期复测或校核。水平位移基准网观测参照《建筑变形测量规范》JGJ 8—2016 中的测量主要技术要求，水平位移监测基准网的主要技术指标参见表 17-2。

水平位移监测基准网的主要技术要求　　　　　　　　　　表 17-2

等级	一测回水平方向标准（″）	边长（m）	测距中误差（″）
一等	≤0.5	≤300	≤(1mm＋1ppm)
二等	≤1.0	≤500	≤(1mm＋2ppm)
三等	≤2.0	≤800	≤(2mm＋2ppm)
四等	≤2.0	≤1000	≤(2mm＋2ppm)

（4）基准点的稳定性检查

基准网在施工过程中宜 1 月复测 1 次。当发现基准点有可能变动时，应立即进行复测。当监测中多数监测点监测成果出现异常，或受到地震、洪水、爆破等外界影响时，应立即进行复测，复测后，应对基准点的稳定性进行分析。

位移基准点的测量可采用全站仪边角测量、边角后方交会以及卫星导航定位测量等方法。

基准点首期测量及复测后，应进行数据处理，获得各期基准点的平面坐标，对两期及以上的变形测量，应根据测量结果对基准点的稳定性进行检验分析。

当水平位移观测、边坡监测设置了不少于 3 个位移基准点，以通过比较平差后基准点的坐标值对基准点的稳定性进行分析判断。对于大型边坡设置的基准点数多于 4 个，宜通过统计检验的方法进行稳定性分析，找出变动显著的基准点。

对于不稳定的基准点的处理，应进行现场勘察分析，若确认其不宜继续作为基准点，应予以舍弃，并应及时补充布设新基准点。

检查分析与不稳定基准点有关的各期变形测量成果，应剔除不稳定基准点的影响后，重新进行数据处理，处理结果及时反馈，并在监测报告中说明。

（5）坡顶、建筑物水平位移监测点布设

坡顶水平位移监测点：在边坡上埋设工作基点和监测点时，先布设工作基点，在建立好工作基点后，将仪器架设在工作基点上，沿边坡边布设水平位移监测点，监测点位置选择在通视处，要避开排水沟，不影响施工，且便于保护。

边坡水平位移监测点及竖向位移监测点共用，其埋设于边坡坡顶、边坡平台。

建筑物水平位移监测点：应选在建筑的墙角、柱基及一些重要位置，标志可采用墙上标志，具体形式及其埋设应根据现场条件和观测要求确定，一侧墙体的监测点不宜少于 3个点。

（6）水平位移的技术要求和观测方法

1）采用小角法观测时，可按下述步骤进行：

① 在边坡监测区域一定距离以外布设测站点 A，可用工作基点作为测站点，如图 17-2 所示。

② 沿边坡边线延伸设置视准线，视准线应垂直于所测位移方向。水平位移监测点 P 应尽量与视准线在一条直线上，监测点 P 偏离视准线的偏角不应超过 30′。

③ 沿视准线方向在边坡监测范围外选定一个控制点 B。测量测站点与各监测点的距离，测站点与监测点之间的距离宜符合表 17-2 的规定。

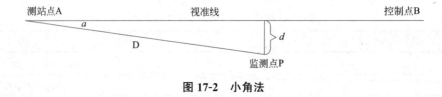

图 17-2　小角法

④ 观测前，应检查测站点 A 控制点 B 和监测点 P 的完整性，定期复核测站点和控制点的稳定性。

⑤ 将仪器架设在测站点 A，用测回法观测∠BAP（α），观测回数应根据监测的精度要求和仪器、距离等因素确定，且不应少于 1 测回。

⑥ 对监测数据进行初步分析，发现异常数据及时处理，必要时应进行复测。

2）采用极坐标观测时，可按下述步骤进行：

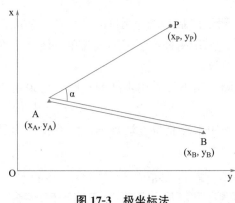

图 17-3　极坐标法

① 在边坡外相对稳定的区域布设测站点 A，另选定一个控制点 B，构建极坐标系，各监测点 P 位于极轴的逆时针方向，如图 17-3 所示。测定测站点 A 与各监测点 P 的距离，测站点与监测点的距离宜符合表 17-2 的规定。

② 观测前，应检查测站点 A、控制点 B 和观测标志 P 的完整性，定期复核测站点和控制点的稳定性。

③ 将仪器架设在已知测站点 A，用测回法测量各监测点的观测角∠BAP，并测定测站点与监测点的距离，按每周期计算监测点坐标值，再以坐标差计算水平位移，或直接由两周期观测方向值之差解算坐标变化量确定水平位移。

④ 用极坐标法进行水平位移监测时，测站点应采用有强制对中装置的观测墩或其他固定照准标志，变形监测点可埋设安置反光镜或觇牌的强制杆。

⑤ 对监测数据进行初步分析，发现异常数据及时处理，必要时应进行复测。

3）采用前方交会法进行位移观测时，可按下述步骤进行：

① 在合适位置布设测站点和监测点，所选基线应与监测点组成最佳构形，交会角宜在 60°～120°之间。

② 分别将仪器架设在已知点 A、B 两站，观测测点 P，得到两个角的角度值，如图 17-4 所示。

③ 根据 A、B 两点的坐标和∠BAP、∠ABP 计算得到测点 P 的坐标，按每周期计算监测点坐标值，再以坐标差计算水平位移，或直接由两周期观测方向值之差解算坐标变化量确定水平位移。

④ 当采用边角交会时，应在 2 个测站上测定各监测点的水平角和水平距离；当仅采用测角或测边交会时，应至少在 3 个测站点上测定各监测点的水平角或水平距离。必要时应进行复测。

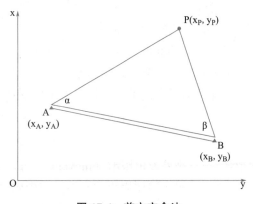

图 17-4　前方交会法

⑤ 对监测数据进行初步分析，发现异常数据及时处理，必要时应进行复测。

（7）水平位移监测应提交下列图表：

1）监测点位置图；

2）监测成果表；

3）水平位移曲线图。

2. 边坡竖向位移监测

（1）高程控制网

1）高程控制基准点的布设

在场地外围不受施工影响的稳固处，布设三个测量控制点作为测量的基准点；基准点在场地外围不受施工影响的稳固处（浅埋式）布设。采用高程控制网形式为单一闭合水准路线，监测过程中基准点需定期（1个月）复测或校核。

2）对于三等或四等竖向位移观测的基准点观测，当不便采用水准测量时，可采用三角高程测量方法。

3）竖向位移监测基准网，应布设成环形网并采用水准测量方法观测，主要技术详见表17-3。

垂直位移监测网的主要技术要求（单位：mm）　　　　表 17-3

等级	相邻基准点的高程中误差	两次读数所测高差之差限差	往返较差及附合或环线闭合差限差	检测已测测段高差之差限差
一等	0.15	0.5	$0.3\sqrt{n}$	$0.45\sqrt{n}$
二等	0.5	0.7	$1.0\sqrt{n}$	$1.5\sqrt{n}$
三等	1.5	3.0	$3.0\sqrt{n}$	$4.5\sqrt{n}$
四等	3.0	5.0	$6.0\sqrt{n}$	$8.5\sqrt{n}$

注："n"表示测站数

4）工作基点：为便于观测，在边坡附近相对稳定的地方布置多个工作基点（数量根据现场情况）。

（2）基准点稳定性分析

竖向位移基准点复测后，对所有基准点应分别按两两组合，计算本期平差后的高差数与上期平差后高差数据之间的差值。

当计算的所有高差差值均不大于按下列公式计算的限差时，认为所有基准点稳定：

$$\delta = 2\sqrt{2}\sigma_h \tag{17-1}$$

$$\sigma_h = \sqrt{n}\mu \tag{17-2}$$

式中：δ——高差差值限差（mm）；

μ——对应精度等级的测站高差中误差（mm）；

n——两个基准点之间的观测测站数。

当有差值超过限差时，应通过分析判断找出不稳定的点。

对于不稳定的基准点的处理，应进行现场勘察分析，若确认其不宜继续作为基准点，应予以舍弃，并应及时补充布设新基准点。

检查分析与不稳定基准点有关的各期变形测量成果，应剔除不稳定基准点的影响后，重新进行数据处理，处理结果及时反馈，并在监测报告中说明。

（3）坡顶、建筑物竖向位移监测点的布设

边坡竖向位移监测点与水平位移监测点一体化布设，测点均有明显标志。

（4）坡顶建筑竖向位移监测点的布置：

1）建筑四角、沿外墙每 10～15m 处或每隔 2～3 根柱的柱基或柱子上，且每侧外墙不应少于 3 个监测点；

2）不同地基或基础的分界处；

3）不同结构的分界处；

4）变形缝、抗震缝或严重开裂处的两侧；

5）新、旧建筑或高、低建筑交接处的两侧；

6）高耸构筑物基础轴线的对称部位，每一构筑物不应少于 4 点。

（5）周边管线监测点的布置：

1）应根据管线修建年份、类型、材质、尺寸、接口形式及现状等情况，综合确定监测点布置和埋设方法，应对重要的、距离边坡近的、抗变形能力差的管线进行重点监测；

2）监测点宜布置在管线的节点、转折点、变坡点、变径点等特征点和变形曲率较大的部位，监测点水平间距宜为 15～25m，并宜向边坡边缘以外延伸 1～3 倍的边坡开挖深度；

3）供水、煤气、供热等压力管线设置直接监测点，也可利用报警井、阀门、抽气口以及检查井等管线设备作为监测点，在无法埋设直接监测点的部位，可设置间接监测点。

（6）竖向位移观测方法

1）三角高程测量

① 根据工程现场实际条件，各竖向位移点高程亦可采用电子全站仪进行三角高程测量。工作基点（固定观测墩）高程采用水准测量或采用自由设站法进行复核，可减小仪器高度的测量误差；竖向位移点采用激光反射片或小棱镜，可减小架设棱镜架产生的目标高度测量误差；并定期采用电子水准仪进行复核测量加以校正，可进一步减小其累积误差。

② 采用仪器：电子全站仪。

③ 技术要求：按照《建筑变形测量规范》JGJ 8—2016 测量的相关技术要求施测。各项主要技术要求见表 17-4、表 17-5。

三角高程观测距离观测要求（单位：mm）　　　　　　　　表 17-4

全站仪测距标称精度	一测回读数间较差限差	测回间较差限差
1mm＋1ppm	3	4.0
2mm＋2ppm	5	7.0

三角高程观测竖向角观测要求　　　　　　　　表 17-5

全站仪测角标称精度	测回数		两次照准目标读数差限差（″）	竖向角测回差限差（″）	指标差较差限差（″）
	三等	四等			
0.5″	2	1	1.5	3	3
1″	4	2	4	5	5
2″	—	4	6	7	7

2）水准测量方法

竖向位移监测点观测宜采用水准测量，对于三等或四等竖向位移基准点监测，当现场无法用水准测量时，建议用三角高程测量方法，但测量等级小于三等。

① 每次竖向位移观测前均应对基准点进行联测检校，确定其点稳定后方可进行观测。基准点联测及竖向位移点观测均应组结成附合或闭合水准路线。

② 采用仪器：用电子水准仪或者精密自动安平水准仪配合铟钢尺进行观测。仪器标称精度应满足要求。

③ 按《建筑变形测量规范》JGJ 8—2016 中的技术要求施测，各项主要技术要求见表 17-6、表 17-7。

数字水准仪观测要求　　　　　　　　　　　　　　　　　表 17-6

等级	视线长度(m)	前后视距差(m)	前后视距差累积(m)	视线高度(m)	重复测量次数(次)
一等	≥4 且≤30	≤1.0	≤3.0	≥0.65	≥3
二等	≥3 且≤50	≤1.5	≤5.0	≥0.55	≥2
三等	≥3 且≤75	≤2.0	≤6.0	≥0.45	≥2
四等	≥3 且≤100	≤3.0	≤10.0	≥0.35	≥2

数字水准仪观测限差要求（mm）　　　　　　　　　　　　表 17-7

等级	两次读数所测高差之差限差	往返较差及附合或环线闭合差限差	单程双侧站所测高差较差	检测已测测段高差之差限差
一等	0.5	$0.3\sqrt{n}$	$0.2\sqrt{n}$	$0.45\sqrt{n}$
二等	0.7	$1.0\sqrt{n}$	$0.7\sqrt{n}$	$1.5\sqrt{n}$
三等	3.0	$3.0\sqrt{n}$	$2.0\sqrt{n}$	$4.5\sqrt{n}$
四等	5.0	$6.0\sqrt{n}$	$4.0\sqrt{n}$	$8.5\sqrt{n}$

注："n" 表示测站数。

（7）数据处理

1）按水准路线测量时，计算每千米水准测量高差偶然中误差，绝对值不应超过相应等级每千米高差全中误差 1/2。

2）水准测量后，计算每千米水准测量高差全中误差，绝对值不应超过相应等级的规定。

（8）数据图表提交

1）监测点布设图；

2）监测成果表；

3）竖向位移曲线图。

（9）建筑物倾斜布设及测量方法

1）监测点布设在建筑角点、变形缝两侧的承重柱或墙上；

2）监测点应沿主体顶部、底部上下对应布设，上、下点应在同一竖直线上；

3）由基础的差异沉降推算建筑倾斜时，监测点按（4）布设。

建筑倾斜监测方法：投点法、水平角观测法、前方交会法、垂准法、倾斜仪法和差异沉降法，根据现场条件和要求具体选用。

投点法宜采用全站仪或经纬仪；底部观测点宜安装水平尺读数，全站仪或经纬仪应瞄准上部观测点标志，将上部观测点投影到底部，通过水平尺读数直接量取偏移量，正倒镜各观测一次取平均值，根据上、下点高度并计算倾斜度。

采用水平角法时，应设定向点，测站点及定向点应采用强制对中装置的观测墩。

垂准法适用建筑内部具有通视条件，在下部安装激光垂准仪，在顶部上安装收靶，由收靶直接读取顶部水平位移量及方向，计算倾斜量。

相对沉降量间接确定建筑倾斜时，用水准测量或静力水准测量等方法通过测定差异沉降计算倾斜值和倾向方向。

第三节　应力监测

锚杆（索）应力监测：

（1）锚杆（索）拉力采用测力计进行监测。测力计的量程不宜小于设计拉力值的 1.5 倍。量测精度不宜低于 $0.5\%F \cdot S$，分辨率不宜低于 $0.2\%F \cdot S$，并应满足温度、水密性和稳定性要求。条件允许时，可采用附带温度传感器的测力计。测力计应采用相匹配的二次读数设备进行数据采集。

（2）锚杆内力监测点选择在受力较大且有代表性的位置，每层锚杆的内力监测点应为该层锚杆总数的 $1\% \sim 3\%$，且不少于 3 个。

（3）现场测量

1）测力计与承压构件混凝土受力面间应有足够的刚度，应待承压构件混凝土与锚杆（索）的锚固段混凝土的强度达到设计要求后，方可进行锚杆（索）安装、张拉和锁定。

2）测力计的安装：

① 测力计安装前读取基准值；

② 安装表面垂直锚杆（索）轴线，测力计受力方向与锚杆（索）轴线重合；

③ 测力计安装在工作锚和垫板之间；

④ 测力计、电缆、集线箱应设置保护装置。

3）测力计的引出电缆均需接地保护，并应编号。条件允许时，相邻多个监测元件可接入同一集线箱，连接到自动化系统进行测试。

4）采用专用测力计监测锚杆（索）拉力时，应在锚秤（索）锁定后连续进行三次测读，当三次测试的差值小于 $1\%F \cdot S$ 时取平均值作为锚杆（索）锁定初始值。

5）锚杆（索）拉力监测现场测量：

① 了解与锚杆（索）拉力监测有关的资料并填写记录；

② 对二次读数设备进行日常检查测试；

③ 检查现场引出电缆保护装置的完好性；

④ 打开电缆保护装置，按照监测元件说明书要求连接引出电缆和二次读数设备，依次测量各传感器读数并填写记录；

⑤ 对监测数据进行初步分析，发现异常数据及时处理，必要时应进行复测。

（4）计算方法：

$$P = k(f_i^2 - f_0^2) \tag{17-3}$$

式中：P——内力（kN）；

　　k——钢筋计常数（kN/Hz²）；

　　f_i——钢筋计测量自振频率（Hz）；

　　f_0——钢筋计测量自振频率（Hz）。

（5）锚杆（索）拉力监测应提交下列图表：

1）监测点布置图；

2）监测成果表；

3）锚杆（索）拉力时间过程曲线图。

第四节　地下水位监测

1. 仪器设备

地下水位监测可采用钢尺水位计、（压力式）电子水位计或渗压计。仪器的量测精度不宜低于 10mm。

2. 水位孔布设

（1）水位孔在边坡开挖前完成埋设，采用钻孔埋设水位管的方式布设。

（2）水位管位于含水层的管段应预制成花管状（打孔），外缠滤布，管底端封闭。为避免滤布堵塞，钻孔施工宜采用清水钻进，成孔后将水位管送入孔中预定位置。

（3）水位管直径宜为 50～70mm，滤管段长度应满足量测要求，与钻孔壁间应砾砂或石米填实，水位管管口应加盖保护。被测含水层与其他含水层间应采取有效的隔水措施，含水层以上部分应用膨润土球或注浆封孔。

（4）水位管管底的埋置深度应满足设计要求，当设计无要求时，应超过边坡底不少于 3m。

3. 现场测量

（1）水位孔施工完毕一周后，宜逐日连续观测水位并取得稳定初始值。

（2）在水位孔安装完成后，地下水位测量前，宜对水位井逐个进行抽水或灌水试验，以判断其工作状态的可靠性。监测期间若发现数据异常，也可对异常井进行校验。

（3）地下水位监测应测量管口高程，用以修正水位高程。

（4）每次水位量测应至少进行 3 次读数，并取其平均值作为监测值。

4. 压力式计算方法

$$H_w = (F_i - F_0)k - H \tag{17-4}$$

式中：H_w——测量水位（mm）；

　　H——仪器测量点深度（mm）；

　　k——标定常数；

　　F_i——测试模数（Hz²×10⁻³）；

F_0——测试模数（$Hz^2 \times 10^{-3}$）。

则两次观测地下水位标高之差 $\Delta H_w = H_{wi} - H_{wi-1}$，即水位的升降数值。

5. 需注意事项

（1）水位管的管口要高出地表并做好防护墩台，加盖保护，以防雨水、地表水和杂物进入管内。水位管处应有醒目标识，避免施工损坏；

（2）在监测了一段时间后。应对水位孔逐个进行抽水或灌水试验，看其恢复至原来水位所需的时间以判断其工作的可靠性；

（3）水位管要注意做好保护措施，防止施工破坏。

6. 数据图表提交

（1）监测点布设图；

（2）监测成果表；

（3）地下水位时间过程曲线图。

第五节　裂缝监测

1. 仪器设备

裂缝的量测用比例尺、游标卡尺、坐标格网板、裂缝仪及裂缝计等工具进行。裂缝的宽度量测精度不宜低于 0.1mm，长度量测精度不宜低于 1.0mm。

2. 裂缝监测点的布设

为了观测裂缝的发展情况，要在裂缝处设置观测标志。对设置标志的基本要求是：当裂缝开展时，标志就能相应地开裂或变化，并能正确地反映建筑物裂缝发展情况。

3. 现场测量

（1）在边坡施工前应对其影响范围内的建（构）筑物、道路进行裂缝勘察，记录已有裂缝的分布位置和数量，测定其走向、长度及宽度，并选取有代表性的裂缝做好监测标志。标志安装完成后，拍摄裂缝观测初期的照片。

（2）对需要监测的裂缝应统一进行编号，每条裂缝布设的监测标志至少应设三组，一组应在裂缝的最宽处，另两组布设在裂缝的两个末端。裂缝监测标志应具有可供测量的明晰端面或中心，且应跨裂缝安装。

裂缝监测标志宜采用镶嵌或埋入金属标志、油漆平行线标志或在测量部位粘贴石膏饼标志等；当需要测出裂缝纵横向变化时，可采用坐标方格网板标志。使用专用仪器设备观测的标志，应按具体要求另行布设。

（3）裂缝宽度监测可根据标志形式的不同分别采用比例尺小钢尺或游标卡尺等工具量出标志间距离求得裂缝变化值，或用方格网板读取坐标差计算裂缝变化值。

（4）裂缝长度监测可用钢尺或游标卡尺等工具直接量测。若裂缝呈单一方向发展，可直接量测裂缝的两端直线距离作为裂缝长度发展参照值，判断裂缝发展速度；若裂缝发展不规则，则可将裂缝划分若干个单一方向段，再进行长度的量测，必要时采用坐标网格量取裂缝长度。

（5）当原有裂缝错位发育时，宜采用划平行线的方法量测裂缝的上下错位量。

边坡结构、周边道路和建（构）筑物出现新裂缝时，应及时选取有代表性的裂缝，增设监测点。

（6）每次裂缝监测皆应绘出裂缝的位置、形态和尺寸，注明日期，并拍摄裂缝照片。

4. 数据图表提交

裂缝监测应提交下列图表：

（1）裂缝位置分布示意图；

（2）裂缝监测成果表。

第六节　巡视检查

巡视检查也是不可或缺而且非常重要的监测项目，通过巡视检查，有助于及时了解现场的施工工况、边坡结构、地表裂缝发展情况，周边建筑物情况，堆载、监测设施保存等情况，有助于针对性地展开监测和分析，及时发现安全威胁。

为保证工程项目的安全，施工单位安排丰富工程实践经验的专门技术人员负责对边坡工程进行巡视检查。巡视检查主要以目测为主，配以简单的工器具，及时地弥补仪器监测的不足。

（1）巡查的内容主要包括边坡结构、施工状况、周边环境、监测设施等。

（2）巡视路线及人员。

（3）检查方法：主要依靠目测，可辅以锤、钎、量尺、放大镜等工器具进行。

每次巡视检查应对自然环境（雨水、气温、洪水的变化等）、边坡工程检查情况进行详细记录。对仪器监测发现可疑或异常情况的，应加大巡视检查力度、关注可疑或异常部位的变化情况；对巡视检查发现可疑或异常，应采取增加测点等措施加强监测。在巡视检查中发现异常或危险情况的，应核查监测数据变化情况，必要时采取加大监测频率。如发现异常，应及时通知建设单位、边坡工程设计方、监理单位、监测单位相关人员。

第七节　数据处理及信息反馈

监测成果有现场监测资料、计算分析资料、图表、曲线、监测报告等。

现场监测资料包括外业观测记录、巡视检查记录、记事项目以及视频和仪器电子数据资料等。

监测项目的数据分析应结合施工工况、地质条件、环境条件以及相关监测项目监测数据的变化进行，并对其发展趋势做出预测。

1. 监测数据处理

（1）每期观测结束后，应及时整理、分析监测数据；

（2）监测数据宜在现场进行核查，当发现数据异常时，监测人员应及时分析原因并进行复测。

（3）监测成果数据可靠、正确判断、准确表达，及时报送。

2. 监测数据评价

（1）结合其他相关监测项目的数据、自然环境、施工工况等，对监测结果进行综合分析；

（2）反映边坡施工各阶段的变化；

（3）反映边坡空间上的变化；

（4）监测点变形分析可通过比较监测点相邻两期的变形量与测量极限误差来进行。当变形量小于测量极限误差时，可认为该监测点在这两期之间没有变形或变形不显著。

对于多期变形观测成果，应综合分析多期的累积变形特征。当监测点相邻变形量小、但多期间变形量呈现明显变化趋势时，应认为其有变形。

3. 技术成果

技术成果应包括当日报表、阶段性分析报告和总结性报告，应按时报送。

（1）日报表内容：

① 当日的天气情况和施工工况；

② 仪器监测项目各监测点的本次测试值、单次变化值、变化速率以及累计值等，必要时绘制有关曲线图；

③ 对监测项目应有正常或异常、危险的判断性结论；

④ 对达到或超过监测报警值的监测点应有报警标示，并有原因分析及建议；

⑤ 对巡视检查发现的异常情况应有详细描述，危险情况应有报警标示，并有原因分析及建议；

⑥ 日报表应标明工程名称、监测单位、监测项目、监测日期与时间、报表编号等。

（2）阶段性报告

① 该监测期相应的工程、气象及周边环境概况；

② 该监测期的监测项目及测点的布置图；

③ 各项监测数据的整理、统计及监测成果的过程曲线；

④ 各监测项目监测值的变化分析及预测；

⑤ 相关的设计和施工建议。

阶段性监测报告应标明工程名称、监测单位、该阶段的起止日期和报告编号。

（3）总结报告

① 工程概况；

② 监测依据；

③ 监测项目；

④ 测点布置；

⑤ 监测设备和监测方法；

⑥ 监测频率；

⑦ 监测报警值；

⑧ 各监测项目全过程的发展变化分析及整体评述；

⑨ 监测工作结论与建议。

⑩ 总结报告应标明工程名称、监测单位、该项目的监测起止日期和报告编号。

第八节 边坡自动化监测

24. 边坡
自动化监测

第九节 边坡监测常见问题及注意事项

1. 由边坡地形、地质条件影响，基准测站点（工作基点）布设在边坡影响范围内，或不稳定的区域，易受边坡变形、施工作业以及观测体本身可能发生的不均匀沉降的影响，应定期对基准点和工作基点复核及对稳定性进行校验。

2. 用全站仪监测时未考虑边坡项目周边环境温度、气压和旁折光等因素影响，未设置观测墩以减少对中误差的影响。使用全站仪测量高程时，观测精度超过规范规定的三、四等的要求。

3. 水准测量作业受黄昏或天气变化较大影响，数据波动过大，从而影响测量数据的准确性及稳定性。

4. 路面监测布点时，监测点未打穿路面结构层钻入土层。

5. 水位孔孔口未测量孔口标高，孔口损坏未修正数据造成数据错误。

6. 钢筋计安装时，电焊温度过高未采取降温措施，造成监测点损坏。

7. 监测作业应安排在同一时段、同一环境条件下监测，固定监测人员、采用相同的观测路线和方法、固定仪器等措施减少误差。

8. 在受温度影响在较大的锚杆拉力等监测时应采用带测温功能的传感器，分析数据受温度影响变化过大的原因。

9. 边坡监测周期长，监测点易损坏，造成数据偏差、不连续或无法监测，达不到保护边坡安全施工的目的，现场监测点应采取有效的保护措施。

10. 巡查应对边坡支护结构、施工状况、边坡顶加载、降水、周边环境等情况进行描述，结合仪器监测的数据进行分析，有利于分析判断边坡支护结构的安全状态和对周边环境的影响，可以更有针对性地测量和采取施工措施保证边坡及周边环境的安全。

11. 在初始值采集应取连续观测 3 次以上的稳定值的平均值作业监测项目初始值，观测数据存在较大误差时，应分析误差产生的原因和采取处理措施再进行观测。

12. 采用自动化监测或新技术、新方法进行监测的同时，应以常规监测方法进行验证，保证有足够的可靠性。

13. 监测受到气候、天气和施工损坏监测点的影响，监测结果也会因为监测仪器设备和传感器等问题出现偏差。应对现场数据进行复核并与上次监测数据进行比对，发现监测数据变化较大时，应分析是监测对象实际变化还是监测点和仪器的问题所造成的。难以确定原因时，应进行复测。

监测结果异常并应进行复测的常见情况：

① 变形监测结果达到或超过设计规定的报警值；

② 本次变化突然变大或变形曲线出现明显拐点；

③ 变形趋势与现场施工工况不一致；

④ 同一区域只是个别参数或测点变形较大，其他参数或测点无明显变形或变形相反；

⑤ 经巡视发现基准点或测点松动或存在被碰撞的痕迹；

⑥ 监测人员观测过程出现人为的错误；

⑦ 仪器长期未检定、未做期间核查或存在影响监测结果的故障；

⑧ 监测单位或参建各方认为异常的其他情况；

14. 周边建（构）物、管线、道路出现异常报警时，应同时加强对周边地下水位监测，并巡查边坡渗、排水情况。

15. 出现以下情况时，应立即进行报警，通知参建各方对边坡支护结构和周边环境保护对象采取有效的措施：

① 支护结构的位移值突然明显增大；

② 锚杆体系出现过大变形、压屈、断裂、松弛或拔出的迹象；

③ 周边建筑的结构部分出现危害结构的变形裂缝；

④ 坡顶周边地面出现较严重的突发裂缝或地下空洞、地面下陷；

⑤ 坡顶周边管线变形突然明显增长或出现裂缝、泄漏等；

⑥ 出现边坡工程设计方提出的其他危险报警情况，或根据当地工程经验判断，出现其他必须进行危险报警的情况。

思考题

1. 边坡监测方案编制内容及要点有哪些？

2. 边坡监测测点布置方法及要求有哪些？

3. 如何进行监测基准网稳定性分析与处理？

4. 如何进行监测数据处理与分析，异常数据处理等可靠性的判断方法，如何对各监测项目全过程的发展变化分析与整体评述？

5. 自动化监测传感器如何选用、标定以及系统建设整合？

6. 自动化监测比对测量方法有哪些？

第十八章

软土地基监测技术

知识目标

1. 了解软土地基常规监测项目的基本概念；

2. 熟悉软土地基监测测量原理、推算软基处理固结度计算原理、预测工后沉降计算原理；

3. 掌握软土地基监测项目试验方法及评价软基工程处理效果。

能力目标

1. 具备软土地基常规监测项目的监测能力；

2. 能对软土地基常规监测项目数据进行计算、分析、评价并出具报告。

素质目标

安全风险意识、科学严谨、认真细致、用数据说话。

思维导图

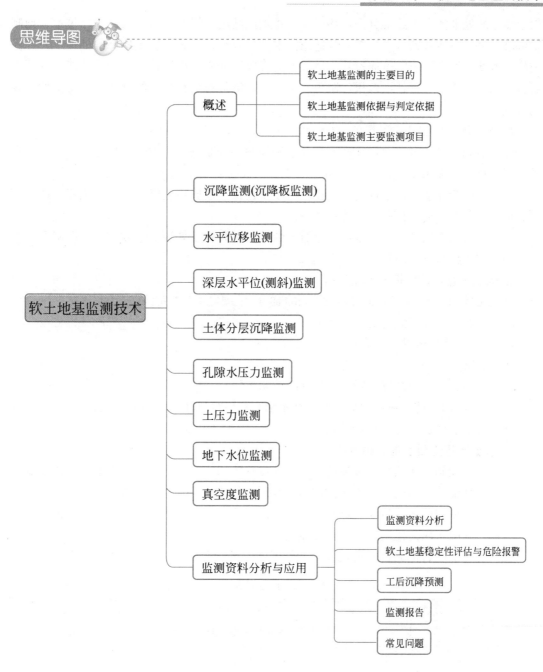

　　改革开放以来，我国的国民经济建设取得了举世瞩目的成就，城市基础设施建设发展突飞猛进，特别在经济发达的沿海地区和内陆平原地带。沿海地区和内陆平原地带广泛地分布着软土地层，软土地基处理无疑成为土木工程界所关注的重点、难点和热点。现阶段

软土地基的处理技术大致可分为：垫层法、排水固结法、振冲碎石桩法、粉喷桩法、预制管桩法。每一种地基处理方法都有其适用范围和局限性，要做好软土地基的处理工作并保证软土地基不发生沉降，可通过软土地基的沉降监测分析，推算软基处理固结度、预测工后沉降、评价软基工程处理效果，避免产生不均匀沉降对道路行车的舒适性和安全性造成危害。

1. 软土地基监测的主要目的

（1）准确测量计量，通过地面测量和软基处理沉降监测，了解软基处理沉降量，为合理计算土石方量提供依据。

（2）控制合理填土速率，为了避免路基填土过快，造成边坡滑移和场地失稳，通过沉降、边桩的监测数据来控制填土施工速率。

（3）评价软基处理工程效果，通过监测数据，推算软基处理固结度和工后沉降等，为确定卸载和评价软基处理效果提供依据。

2. 软土地基监测依据与判定依据

软土地基监测分为施工期间和运营期间的监测，主要监测与判定依据，有以下标准规范：

（1）《软土地基路基监控标准》GB/T 51275—2017；

（2）《工程测量标准》GB 50026—2020；

（3）《建筑变形测量规范》JGJ 8—2016；

（4）《建筑基坑工程监测技术标准》GB 50497—2019；

（5）《公路软土地基路堤设计与施工技术细则》JTG/T D31—02—2013；

（6）《建筑基坑施工监测技术标准》DBJ/T 15—162—2019。

3. 软土地基监测主要监测项目

（1）施工期间监测项目：沉降监测、水平位移监测、分层或深层沉降监测、深层水平位移监测、孔隙水压力监测、土压力监测、地下水位监测、真空度监测；

（2）运营期间监测项目：沉降监测、水平位移监测、分层或深层沉降监测、深层水平位移监测、孔隙水压力监测、地下水位监测；

（3）各监测项目监测目的见表 18-1，监测点位布设横断面示意如图 18-1 所示。

各监测项目监测目的 　　　　　　　　　　　　　　　　　　表 18-1

序号	监测项目	监测仪器设备	监测目的
1	沉降监测	水准仪、沉降板	监测软土地基沉降，控制加载速率；预测沉降趋势，确定预压卸载时间；提供施工期间沉降增加土方量的计算依据
2	水平位移监测	全站仪、测距仪、经纬仪、钢尺	监测软土地基表面水平位移变形及地表隆起情况，评价软土地基施工过程中的稳定性
3	深层水平位移（测斜）监测	测斜管、测斜仪	监测地基不同深度土体水平位移，推定土体剪切破坏的位置，掌握潜在滑动面发展变化，评价土体稳定性
4	土体分层沉降监测	分层沉降仪、磁环	监测土体在预压期间固结变形，估算地基不同深度的最终固结变形量，不同时间的固结度和相应的变形量，以分析地基处理效果
5	孔隙水压力	孔隙水压力计、读数仪	了解地基强度、控制施工进度以及推算地基平均固结度，从而有效地指导施工作业，获得良好工程效果

续表

序号	监测项目	监测仪器设备	监测目的
6	土压力监测	土压力盒、读数仪	监测软土地基深层土体的土压力,掌握软土地基内土应力发生变化,评价地基稳定性
7	地下水位监测	水位计	软土地基地下水位变化,会导致地基出现倾斜、裂缝、地表沉降等。评价地基的稳定性
8	真空度监测	真空表	监测真空预压及真空联合堆载预压过程中膜下真空度的变化情况

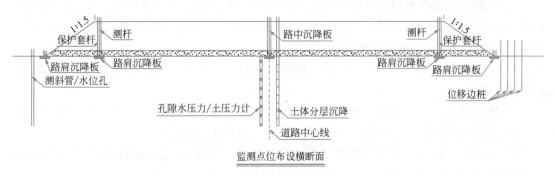

图 18-1　监测点位布设横断面示意

第二节　沉降监测（沉降板监测）

1. 一般规定

（1）沉降测量基准点应设置在不受路基沉降影响的部位；路基附近桥涵桩基础施工后,可设置在沉降稳定的桩基础上。

（2）沉降板底板宜采用钢板,底板边长不宜小于0.5m,厚度不宜小于5mm。

（3）沉降监测桩长度不宜小于0.2mm,顶部应磨圆。

（4）剖面沉降管直径变形量与直径的比值应小于5%,环向稳定性抗力系数不应小于2,失圆度应小于1。

（5）沉降板宜采用反挖法埋设,坑深不宜小于0.5m,测杆垂直度偏差不应大于1%。沉降监测桩周围应浇筑混凝。

（6）测杆接长前后应分别测量测杆顶面标高；路基填筑过程中应校正测杆,测杆垂直度偏差不应大于1%。

（7）监测时应避免施工机械产生的振动影响。

2. 仪器设备

水准测量所使用的仪器及水准尺,应符合下列规定：

（1）水准仪视准轴与水准管轴的夹角 i,DS1、DSZ1 型不应超过 $15''$,DS3、DSZ3 型不应超过 $20''$;

（2）补偿式自动安平水准仪的补偿误差 A_a，二等水准不应超过 $0.2''$，三等水准不应超过 $0.5''$；

（3）水准尺上的米间隔平均长与名义长差，线条式因瓦水准尺不应超过 0.15mm，条形码尺不应超过 0.10mm，木质双（单）面水准尺不应超过 0.50mm。

3. 基准点埋设

（1）基准点埋设

水准基点的设置，应符合下列规定：

1）沉降监测基准点的选设必须保证点位地基坚实稳定、通视条件好、利于标石长期保存与监测。基准点的数量应不少于 3 个（具体根据现场实际情况布置），基准点之间应形成闭合环，使用时应做稳定性检查或检验；

2）不应埋设在道路、仓库、河岸、质松软、地下水变化较大的地方以及受震动影响的范围之内；

3）距铁路 50m、距公路 30m（特殊情况可酌情处理）以内或其他受剧烈振动的地点；

4）短期内将因新建项目施工而可能毁坏标石或阻碍监测的地点；

5）采用人工挖孔或大钻孔埋设法在地表设置的工作基点，其钢筋长度不应小于 3m，直径为 20mm，并应作保护；

6）水准基点的帽头宜用不锈钢或铜材制成，如用普通钢代替，应采取防锈措施。

（2）定期对基准点、工作基点进行检测

1）稳定性检测方法：高程基准网点监测采用二等水准监测，根据监测距离高程基准网点计算；

2）检验频率：施工前，应进行 3 次以上检验，保证监测工作实施前工作基点已处于稳定状态，在施工过程中，宜 1~2 月复测一次，点位稳定后宜每个季度或每半年复测一次，当监测点变形测量成果出现异常，或测区受到地震，洪水等外界影响时，应及时进行复测；

3）稳定评判标准：工作基点相邻两期的变形量小于最大误差（取两倍中误差，即 1.0mm），可认为工作基点在这两个周期间没有变动。

4. 沉降监测点埋设

监测点的埋设位置根据布点图的要求进行，沉降板埋设示意如图 18-2 所示：

（1）沉降板采用 500mm×500mm 矩形钢板作为底板，测杆采用钢管，直径不小于 0.2m，与沉降板焊为一体，套管为塑料管，必须有足够的刚度与强度；底板和测杆保持相互垂直，管节及套管采用丝口连接，埋设前应试接，随着填筑的增高，测杆与套管也相应接高，每节长度不宜超过 50cm，接高后的测杆顶面略高于套管上口，套管上口加盖封住管口，避免填料落入管内而影响测杆下沉自由度，盖顶高出设计回填标高 1m。

（2）为预防施工时损坏测杆，在监测仪器周围用小型夯实机具夯实，套管外侧面涂一层醒目颜色，盖顶加插一面小红旗以示警诫，测量标志如有碰损，应立即复位并及时复测。

（3）沉降杆应布置在较为平整的原始地面上，沉降杆安装完成后应该统一编号并在回填前测量底部原始高程，同时应在沉降盘稳定后测量。

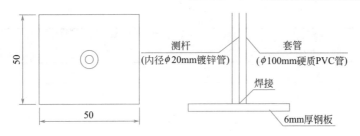

图 18-2　沉降板埋设示意

5. 监测方法

（1）水准测量工作原理：利用水准仪建立一条水平视线，借助水准尺来测定两点间的高差，从而由已知点的高程推算出未知点的高程。

（2）水准测量基准网的主要技术要求

定期进行水准测量基准网点测量，将所有基准点组成闭合水准路线，联测出各基准点高程。水准测量基准网的主要技术要求应符合表 18-2 的规定。

水准测量基准网的主要技术要求（mm）　　　　　　表 18-2

测量等级	相邻基准点 高差中误差	每站 高差中误差	往返较差或 环线闭合差	检测已测 高差较差
一等	0.3	0.07	$0.15\sqrt{n}$	$0.2\sqrt{n}$
二等	0.5	0.15	$0.30\sqrt{n}$	$0.4\sqrt{n}$
三等	0.3	0.07	$0.15\sqrt{n}$	$0.2\sqrt{n}$
四等	0.5	0.15	$0.30\sqrt{n}$	$0.4\sqrt{n}$

注：表中 n 为测站数。

（3）数字水准仪监测要求与数字水准仪监测限差

选择一个稳定的基准点作为沉降监测水准路线起闭合点，和所有的沉降监测点组成监测闭合水准路线。数字水准仪测量要求应符合表 18-3 的规定，数字水准仪监测限差应符合表 18-4 的规定。

数字水准仪监测要求　　　　　　表 18-3

测量等级	视线长度 （m）	前后视距差 （m）	前后视距 累积差（m）	视线高度 （m）	重复测量 次数（次）
一等	≥4m 且≤30m	≤1.0m	≤3.0m	≥0.65m	≥3
二等	≥3m 且≤50m	≤1.5m	≤5.0m	≥0.55m	≥2
三等	≥3m 且≤75m	≤2.0m	≤6.0m	≥0.45m	≥2
四等	≥3m 且≤100m	≤3.0m	≤10.0m	≥0.35m	≥2

数字水准仪监测限差　　　　　　表 18-4

测量等级	两次读数所测 高差之差	往返较差及附合 或环线闭合差	单程双测站所测 高差较差限差	检测已测段 高差之差限差
一等	0.5mm	$0.3\sqrt{n}$	$0.2\sqrt{n}$	$0.45\sqrt{n}$
二等	0.7mm	$1.0\sqrt{n}$	$0.7\sqrt{n}$	$1.5\sqrt{n}$
三等	3.0mm	$3.0\sqrt{n}$	$2.0\sqrt{n}$	$4.5\sqrt{n}$

测量等级	两次读数所测高差之差	往返较差及附合或环线闭合差	单程双测站所测高差较差限差	检测已测段高差之差限差
四等	5.0mm	$6.0\sqrt{n}$	$4.0\sqrt{n}$	$8.5\sqrt{n}$

注：表中 n 为测站数。

6. 数据处理

（1）水准测量的沉降量与累计沉降量的计算，步骤如下：

$$\Delta H_i^j = H_i^j - H_i^{j-1} \tag{18-1}$$

$$\sum \Delta H_i^j = H_i^j - H_i^1 \tag{18-2}$$

式中：ΔH_i^j——第 i 号监测点第 j 次沉降量；

$\qquad H_i^j$——第 i 号监测点第 j 次高程；

$\qquad H_i^1$——第 i 号监测点首期高程；

$\qquad \sum \Delta H_i^j$——第 i 号监测点前 j 次累计沉降量。

（2）当每条水准路线分测段施测时，应按下列公式计算每千米水准测量的高差偶然中误差，其绝对值不应超过相应等级每千米高差全中误差的 $1/2$。

$$M_A = \sqrt{\frac{1}{4n} \left[\frac{\Delta \Delta}{L} \right]} \tag{18-3}$$

式中：M——高差偶然中误差（mm）；

$\qquad \Delta$——测段往返高差不符值（mm）；

$\qquad L$——测段长度（km）；

$\qquad n$——测段数。

（3）水准测量结束后，应按下列公式计算每千米水准测量高差全中误差，其绝对值不应超过相应等级的规定。

$$M_w = \sqrt{\frac{1}{N} \left[\frac{WW}{L} \right]} \tag{18-4}$$

式中：M_w——高差全中误差（mm）；

$\qquad W$——附合或环线闭合差（mm）；

$\qquad L$——计算各 W 时，相应的路线长度（km）；

$\qquad N$——附合路线和闭合环的总个数。

第三节 水平位移监测

1. 一般规定

（1）边桩水平位移可采用测距法、视准线法、小角法、反演小角法、测边角法、前方交会法或扳坐标法等，应根据现场条件和监测精度要求等选择。

（2）垂直路基方向平坦空旷时，宜采用测距法。

（3）桥台附近路基的纵向水平位移宜采用视准线法。

（4）路基坡脚方向视线良好且软基路段长度小于250m的路基横向水平位移，宜采用视准线法、小角法等。

2. 仪器设备

水平位移测量所使用的全站仪及经纬仪，应符合下列规定：

（1）全站仪的精度要求：一测回水平方向角度中误差应不大于2″，测距精度达到2mm+2ppm以上；测量工作温度−20～+50℃。

（2）经纬仪的精度要求：一测回水平方向角度中误差应不大于2″，水平读数精度应不大于1″；测量工作温度−20～+50℃。

3. 水平位移观测站的埋设

观测站是直接测量监测点的工作基点，埋设在距离监测点较近且相对稳定位置，在监测过程中需要定期利用基准点对工作基点的稳定性进行复核，确保整个监测过程中监测数据可靠。

为保证监测工作的简单易行且提高观测精度的要求、消除测站的对中误差，工作基点采用强制对中的观测墩形式埋设。观测墩埋设方法为：在土中挖1000mm×1000mm×500mm的小坑，往土体埋设3～4根直径14mm的钢筋，然后用C20混凝土浇筑，待浇筑到与地面持平时，把直径为20cm、长为140cm的塑料管放在混凝土上，再往塑料管中浇筑C20混凝土，墩身设置加强钢筋，在塑料管内放3～4根钢筋，墩顶部埋设强制对中螺栓和仪器整平钢板，并刻十字丝。加工一个钢盖板，不使用工作基点墩时将盖板扣上，以保护螺栓不受破坏。观测站示意如图18-3所示。

4. 平位移监测点埋设

边桩水平位移监测点埋设方法为：

（1）位移边桩宜设置于路堤边坡坡脚外10m范围内的位置，每侧宜设置3～4个点。边桩采用10×10cm混凝土预制桩，位移边桩示意如图18-4所示，在边桩顶面应预埋不易损坏的金属测头（或用胶水固定反射片），边桩可采用打入法埋设，也可采用开挖埋设，埋设后桩顶露出地面的高度不大于100mm。桩周围0.3～0.5m的深度范围内可浇筑混凝土。

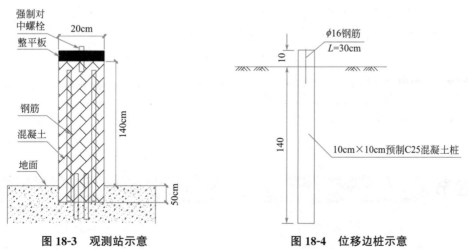

图18-3　观测站示意　　　　　　　图18-4　位移边桩示意

（2）位移边桩埋设在冻结深度以下不小于0.5m。

5. 监测方法与数据处理

（1）水平位移测量工作原理：

位移是矢量，位移的方向就是质点的运动方向，水平位移监测是指用观测仪器和设备对建筑物及地基有代表性的点位进行的水平方向位移量的量测。极坐标法是利用数学中的极坐标原理，以两个已知点为坐标轴，以其中一个点为极点建立极坐标系。通过测定监测点到极点的距离、监测点至极点的连线与已知坐标轴的角度，来计算监测点的坐标。如图 18-5 所示。

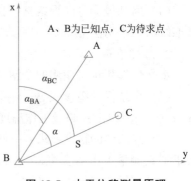

图 18-5　水平位移测量原理

测定待求点 C 坐标时，先计算已知点 A、B 的方位角：

$$\alpha_{BA} = \tan^{-1} \frac{y_A - y_B}{x_A - x_B} \qquad (18-5)$$

测定角度 α 和 BC 边长 S，根据方位角计算公式，计算 BC 方位角：

$$\alpha_{BC} = \alpha_{BA} + \alpha \qquad (18-6)$$

计算 C 点坐标：

$$x_C = x_B + S \cdot \cos \alpha_{BC} \qquad (18-7)$$

$$y_C = y_B + S \cdot \sin \alpha_{BC} \qquad (18-8)$$

（2）小角度法又称小角法，是水平位移监测中常用的方法，通过测定基准线方向与观测点的视线方向之间的微小角度从而计算观测点相对于基准线的偏离值（图 18-6）。

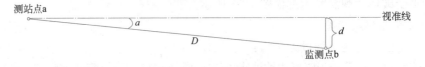

图 18-6　小角法测量原理

1）监测点偏离视准线的角度不应超过 $30'$。

2）应垂直于所测位移方向布设视准线，视准线小角法以工作基点作为测站点；3 测站点与监测点之间的距离不宜大于 300m；

3）监测点偏离视准线的垂直距离 d 应按下式计算：

$$d = a / \rho \times D \qquad (18-9)$$

式中：a——偏角（$''$）；

　　　D——监测点至测站点之间的距离（mm）；

　　　ρ——常数，其值为 $206265''$。

第四节　深层水平位（测斜）监测

1. 一般规定

软地地基以淤泥、流泥为主的地基宜采用 ABS 塑料、聚乙烯等材料制作的测斜管。

2. 仪器设备

测斜仪应符合现行行业标准《大坝观测仪器 测斜仪》SL 362—2006 和《滑动式岩土测斜仪》JB/T 12204—2015 的规定。

3. 测斜管的埋设

土体测斜管埋设应避开导管，具体安装步骤如下：

（1）钻孔：孔深深入硬土层 1～2m，孔径比所选的测斜管大 5～10cm，在土质较差地层钻孔时应用泥浆护壁。

（2）测斜管接头处，底端不应进入泥浆。

（3）测斜管的一对导槽连线方向应与路基最大水平位移方向一致。

（4）岩层孔壁与测斜管之间宜采用水泥砂浆回填，土层孔壁与测斜管之间宜采用风干膨润土泥球回填密实。

（5）在管内设置测斜管时，测斜管和管壁之间应设置居中器或回填中粗砂。

（6）下管：钻孔结束后马上将测斜管沉入孔中，然后在管内充满清水，以克服浮力，下管时一定要对好槽口，使其中一对槽口垂直软基边。

（7）接管：将测斜管用专用束节连接好，并对接缝处进行密封处理，连接好后边下管边注清水，直至测斜管底到达孔底。

（8）封孔：测斜管沉放到位后，在测斜管与钻孔空隙内填入细砂或水泥和膨润土拌合的灰浆，其配合比取决于土层的物理力学性能和地质情况。刚埋设完几天内，孔内充填物会固结下沉，因此要及时补充保持其高于出孔口。

（9）保护：测斜管顶部盖好管盖，防止泥沙进入测斜管，并在测斜管周围砌设保护井，以免破坏测斜管。测斜管底端进入压缩层底面以下土层的深度不应小于 3m，进入岩层时不应小于 1m。

4. 监测方法

（1）深层水平位（测斜）监测的工作原理是测量测斜管轴线与铅垂线之间的夹角变化，从而计算土体在不同高程的水平位移。测斜原理示意如图 18-7 所示。

（2）测斜监测分正测和反测，先进行正测，再进行反测。测量时，将测斜仪探头沿测斜管十字定向槽放至测斜管底 5～10 min，待探头接近管内温度后，从底至顶每 0.5m 测一次数值，得到每 0.5m 的偏斜量。填土过程中测量值与初值比较的差值即是每 0.5m 由于开挖引起的位移量。

（3）测斜监测时每 0.5m 标记一定要卡在相同位置，每次读数一定要等候电压值稳定才能读数，确保读数准确性。

5. 数据处理

（1）各测量段水平位移值计算可按下式计算：

$$\Delta_i = l \sin\theta_i \tag{18-10}$$

（2）某一深度的水平变位移值 δ_i 可通过区段变位 Δ_i 的累计得出，即：

图 18-7　测斜原理示意图

$$\delta_i = \sum \Delta_i = l\sin\theta_i \tag{18-11}$$

（3）设初次测量的变位结果为 δ_i^1，则在进行第 j 次测量时，所得的某一深度上相对前一次测量时的位移值 Δx_i，即为：

$$\Delta x_i = \delta_i^j - \delta_i^{j-1} \tag{18-12}$$

（4）相对初次测量时总的位移值为：

$$\sum \Delta x_i = \delta_i^j - \delta_i^1 \tag{18-13}$$

第五节　土体分层沉降监测

1. 一般规定

（1）分层沉降管环向抗压强度和环向刚度应根据分层沉降管内外最大压力差确定。

（2）分层沉降管宜采用平接头，当采用凸接头时，接头与其上方沉降环的间距应大于其上方沉降环的沉降量。

（3）当分层沉降管接头处不能伸缩时，分层沉降管纵向抗压能力应根据分层沉降管外侧摩擦力确定。

（4）分层沉降仪应与沉降环匹配。

（5）分层沉降管口高程应与地基沉降同步监测。

2. 仪器设备

分层沉降仪应符合现行国家标准《大坝监测仪器沉降仪第 2 部分：电磁式沉降仪》GB/T 21440.2—2008 的规定。

3. 分层沉降管与沉降环的埋设

（1）沉降环埋设前应利用探头检查确认工作正常，沉降环埋设应使沉降环与地基土沉降相同。

（2）分层沉降管接管和底端不应进入泥浆，接头不应影响沉降环下沉。

（3）真空和堆载联合预压路段宜预留分层沉降管与土体之间沉降差需要的密封膜，并将其放在分层沉降管的保护管内。

方法一：用钻机在预定孔位上钻孔，孔深由沉降管长度而定，孔径以能恰好放入磁环为佳。然后放入沉降管，沉降管连接时要用内接头或套接式螺纹，使外壳光滑，不影响磁环的上、下移动。在沉降管和孔壁间用膨润土球充填并捣实，至底部第一个磁环的标高再用专用工具将磁环套在沉降管外送至填充的黏土面上，施加一定压力，使磁环上的三个铁爪插入土中，然后再用膨润土球充填并捣实至第二个磁环的标高，按上述方法安装第二个磁环，直至完成整个钻孔中的磁环埋设。

方法二：在沉降管下孔前将磁环按设计距离安装在沉降管上，磁环之间可利用沉降管外接头进行隔离，成孔后将带磁环的沉降管插入孔内。磁环在接头处遇阻后被迫随沉降管送至设计标高。然后将沉降管向上拔起 1m，这样可使磁环上、下各 1m 范围内移动时不受阻，然后用细砂在沉降管和孔壁之间进行填充至管口标高，分层沉降埋设示意如图 18-8 所示。

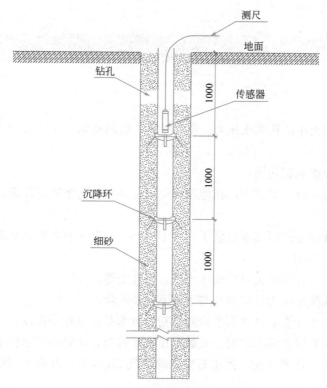

图 18-8 分层沉降埋设示意

4. 监测方法与数据处理

（1）土体分层沉降，是指地表以下不同深度土层内点的沉降或隆起，分层沉降仪探头从引导管下放到预埋的沉降环时，分层沉降仪的蜂鸣器发出叫声时，测量沉降环所在位置的标高。

（2）土体分层竖向位移可通过埋设分层沉降磁环或深层沉降标，采用分层沉降仪结合水准测量方法进行量测。具体检测方法如下：

1）监测时应先用水准仪测出沉降管的管口高程，然后将分层沉降仪的探头缓缓放入沉降管中。当接收仪发生蜂鸣或指针偏转最大时，就是磁环的位置。捕捉响第一声时测量电缆在管口处的深度尺寸，每个磁环有两次响声，两次响声间的间距十几厘米。这样由上向下地测量到孔底，这称为进程测读。当从该沉降管内收回测量电缆时，测头再次通过土层中的磁环，接收系统的蜂鸣器会再次发出蜂鸣声。此时读出测量电缆在管口处的深度尺寸，如此测量到孔口，称为回程测读。磁环距管口深度取进、回程测读数平均数。

2）分层竖向位移标应在事前埋设。沉降磁环可通过钻孔和分层沉降管进行定位埋设。

3）土体分层竖向位移的初始值应在分层竖向位移标埋设稳定后进行，稳定时间不应少于1周并获得稳定的初始值；监测精度不宜低于1mm。

4）每次测量应重复进行2次，2次误差值不大于1mm。

5）采用分层沉降仪法监测时，每次监测应测定管口高程，根据管口高程换算出测管内各监测点的高程。

6）对真空和堆载联合预压工程，分层沉降监测后应密封分层。

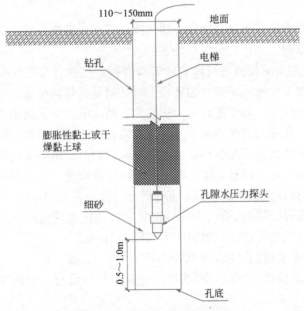

第六节　孔隙水压力监测

1. 一般规定

（1）根据不同大小的孔隙水压力、监测精度、监测期限、土层渗透性等，选择相应的孔隙水压力计；

（2）宜具有温度测试功能；

（3）制作后宜存放半年以上，在埋设前应率定并检验防水密封性能。

2. 仪器设备

孔隙水压力计的量测精度不宜低于 $0.5\%F \cdot S$，分辨率不宜低于 $0.2\%F \cdot S$。

3. 孔隙水压力的埋设

（1）孔隙水压力计的埋设可采用压入法、钻孔法等。

（2）流泥中孔隙水压力计应避免与土体不同步沉降。

（3）孔隙水压力计安装透水石前应测量初始频率并记录现场温度。

（4）当地基中有竖向排水体时，孔隙水压力计宜布置在竖向排水体平面分布的中心。

（5）孔隙水压力计埋设前，透水石应煮沸排气 2h 以上，并在不接触空气的状态下移入充满水的钻孔中。

（6）压入孔隙水压力计的过程中，应利用读数仪监测孔隙水压力，孔隙水压力不应大于其量程。

（7）孔隙水压力计的电缆应编号、标识并避免电缆受损。孔隙水压力计埋设示意如图 18-9 所示。

图 18-9　孔隙水压力计埋设示意

4. 监测方法与数据处理

（1）孔隙水压力计埋设后应测量初始值，且宜逐日量测 1 周以上并取得稳定初始值。

（2）孔隙水压力按下式计算：

$$u = k_j(f_i^2 - f_0^2)　　　　　　　　　　(18-14)$$

式中：u——孔隙水压力（kPa）；

　　　　k_j——孔隙水压力计常数（kPa/Hz²）；

　　　　f_i——孔隙水压力计测量自振频率（Hz）；

　　　　f_0——孔隙水压力计初始自振频率（Hz）。

第七节　土压力监测

1. 一般规定

（1）宜具有温度测试功能。

（2）制作后宜存放半年以上，在埋设前应率定并检验防水密封性能。

（3）包含应力集中、施工荷载等因素影响的最大应力应小于土压力计量程。

（4）除应采用气体或液体率定外，还宜在砂中率定。

2. 仪器设备

孔隙水压力计的量测精度不宜低于 0.5%F·S，分辨率不宜低于 0.2%F·S。

3. 土压力计的埋设

（1）地压力计的工作表面必须平整、均匀、密实，在工作表面均匀上铺 3～5cm 的中细砂后埋设仪器。

（2）土压力计光滑一面为受压面，安装时该面必须朝向土体并与拟测压力方向垂直。

（3）土压力计的电缆应编号、标识，从埋设点引出的导线应 S 形分布，导线不宜有接头。如图 18-10 所示。

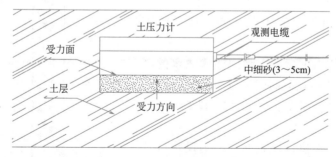

图 18-10　土压力计埋设示意

4. 监测方法与数据处理

（1）埋设前应测量初始频率并记录现场温度；

（2）土压力按下式计算：

$$P = k_f(f_i^2 - f_0^2) \qquad\qquad (18\text{-}15)$$

式中：P——土压力（kPa）；

$\quad$ k_f——土压力计常数（kPa/Hz^2）；

$\quad$ f_i——土压力计测量自振频率（Hz）；

$\quad$ f_0——土压力计初始自振频率（Hz）；

第八节　地下水位监测

1. 一般规定

（1）沉淀段长度不应小于0.5m；

（2）进水段开孔率宜为10%～20%，土工布渗透系数应大于1×10^{-2} cm/s，且应满足有效孔径$g < 0.075$mm。

2. 仪器设备

（1）仪器设备测量精度不低于10mm；

（2）地下水位仪测量仪器设备可采用钢尺水位计、水位渗压计。

3. 地下水位观测管埋设要求

（1）水位监测孔宜采用$\phi130$直径的钻头，水位观测管道一般直径为50～70mm。

（2）地下水位观测管的位置和深度应符合设计要求，当无设计要求时，管底埋置深度应在最低允许地下水位之下3～5m。

（3）管节接头不应渗水，管顶应有管盖。

（4）进水段与孔壁之间应回填洁净中粗砂，其余部分宜采用风干膨润土泥球或原状土回填密实。

（5）管内水位稳定后，向管内注入清水的高度为3～5m时，水位恢复时间不应大于120h。

地下水位观测管埋设示意如图18-11所示。

4. 监测方法

（1）采用钢尺水位计测量时，把钢尺水位计测量测头放入水位观测管内，手拿钢尺电缆，让测头的触点接触到水面时，接收系统的音响器便会发出连续不断的蜂鸣声，此时读出钢尺电缆在管口处的深度尺寸，即为地下水位离管口的距离；

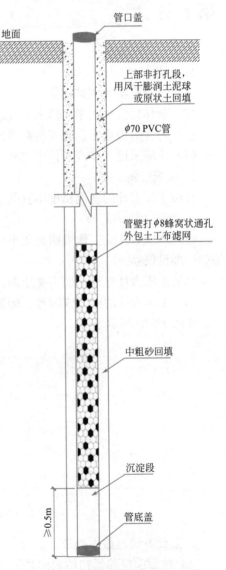

地面

管口盖

上部非打孔段，用风干膨润土泥球或原状土回填

$\phi70$ PVC管

管壁打$\phi8$蜂窝状通孔外包土工布滤网

中粗砂回填

沉淀段

≥0.5m

管底盖

图18-11　地下水位观测管埋设示意

（2）采用水位渗压计测量时，在未将探头进入水前采用频率读数仪测出水位渗压计的测试模数 F_0；然后将探头放入水位监测孔内，使其进入承压水层，此时读取与测头连接的初始标尺刻度 H，为了便于记录及其后的测量，初始标尺刻度 H 最好取整数，如 10 米，此读数为水位与固定测定的垂直距离，采用频率读数仪测出水位渗压计的测试模数 F_i，计算出水位深度再通过固定测点的标高及与地面的相对位置换算成水位标高。

5. 数据处理

水位渗压计按以下公式计算：

$$H_{SW} = k(F_i - F_0) - H \qquad (18\text{-}16)$$

式中：H_{SW}——测量水位（mm）；

$\quad\quad H$——仪器测量点深度（mm）；

$\quad\quad k$——标定常数；

$\quad\quad F_i$——测试模数；

$\quad\quad F_0$——测试模数。

第九节　真空度监测

1. 一般规定

（1）真空度监测应包括膜下真空度、竖向排水体真空度和土体真空度。

（2）连接真空表与真空度测头塑料软管不应有接头。

（3）当真空度明显低于附近真空度时，应检查真空表与塑料软管连接处的密封性，漏气时应进行密封。

（4）传导管应预留与差异沉降相适应的长度，穿过密封膜时不应漏气。

2. 仪器设备

（1）真空表精确度等级不应低于 16，并应符合现行国家标准《一般压力表》GB/T 1226—2017 的规定，检定应按现行行业标准《弹性元件式一般压力表、压力真空表和真空表检定规程》JJG 52—2013 执行。

（2）真空度监测宜定期检查真空表的零位误差，并应更换不符合要求的真空表。

（3）采用真空预压加固软土地基，应监测施工过程中真空压力（真空度）在软土地基中的分布、传递和持续过程。

3. 真空度测点的埋设

（1）监测装置由测头、传导管和真空压力表组成。真空压力传导管应适应负压条件。真空度测头应与泥土隔离并与周围水（气）连通。

（2）膜下真空度监测点应埋置于排水垫层中且远离抽气滤管，监测点应均匀分布，$1000\sim2000\text{m}^2$ 宜设置一点，且每个密封分区不少于 3 点。

（3）竖向排水体真空度测点应设置于排水体包裹滤层内。测点深度间隔宜为 $2\sim3\text{m}$。每个密封分区宜布置 $1\sim2$ 组。

（4）土体真空度分布位置宜与排水体真空度测点位置对应。土体真空度宜采用钻孔埋设，埋设时应满足：

　　1）测点平面位置应处于周围竖向排水体的中心点；

　　2）测点钻孔用原土回填密封；

　　3）压力感应腔内外连通性良好。

　　真空度监测点的埋设如图 18-12 所示。

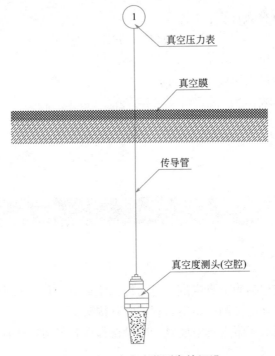

　　真空压力表

　　真空膜

　　传导管

　　真空度测头(空腔)

图 18-12　真空度监测点的埋设

4. 监测方法与数据处理

　　（1）膜下真空度监测在真空度上升阶段监测频次宜为 1～2h 测读 1 次；真空度达到设计要求后每天 1 次。

　　（2）竖向排水体真空度和土体真空度监测频次宜为 1～2d 测读 1 次。

　　（3）真空度监测应绘制各测点真空度过程线图，统计出真空度符合设计要求的有效加固天数。

第十节　监测资料的分析与应用

1. 监测资料分析

　　（1）每日监测结束，对监测数据进行误差分析、处理和修正。

　　（2）深层水平位移宜利用测斜管位置曲线与其初始位置曲线相减得到；当存在测斜仪不稳定、更换过测斜仪或者更换测斜管等情况时，深层水平位移应采用位移增量累加值。

（3）对软土地基裂缝应分析裂缝分布和发展规律。

（4）当监测项目达到预警值时，应采取以下措施：

1）当变形速率或累计变形量达到报警值时，必须立即口头通知业主、监理单位，并在 24h 内向业主、监理单位、施工单位和其他有关部门提供书面报警单、监测简报；

2）加密监测频率，跟踪监测路基变形，并向业主、监理和施工单位汇报监测结果和变形发展趋势。

2. 软土地基稳定性评估与危险报警

（1）路基稳定性评估方法选择应符合下列规定：

1）当路基荷载增加时，排水固结法路基、散体材料桩复合地基路基稳定性评估宜采用表观法、报警值法、拐点法等；柔性桩复合地基路基、刚性桩复合地基路基稳定性评估宜采用表观法、报警值法等；

2）当路基荷载不增加时，路基稳定性评估宜采用表观法、趋势法等。

（2）采用表观法评估路基稳定性应符合下列规定：

1）当根据裂缝、隆起等现象评估路基稳定性时，应先分析裂缝、隆起等现象的性质和原因；

2）裂缝的性质和原因可根据裂缝的位置、数量、间距、走向、宽度和长度等确定；

3）当路基稳定性恶化导致路基开裂、隆起时，应对路基稳定性进行危险报警。

（3）采用报警值法评估路基稳定性应符合下列规定：

1）对排水固结法路基、散体材料桩复合地基路基，报警值法宜采用沉降速率，水平位移速率、孔隙水压力系数等指标；对柔性桩复合地基路基、刚性桩复合地基路基，宜采用桩间沉降，当监测结果大于报警值时，应进行危险报警；

2）当连续两天的沉降速率或水平位移速率大于报警值的 60% 或连续三天的沉降速率或水平位移速率大于报警值的 40% 时，应进行危险报警；

3）当沉降速率、水平位移速率接近报警值时，宜利用其他监测项目和方法综合分析，评估路基稳定性。

（4）采用拐点法评估路基稳定性应符合下列规定：

1）拐点法宜利用路基荷载-瞬时沉降关系曲线、路基荷载-水平位移关系曲线；当拐点不明显时，可采用双对数曲线等；

2）路基荷载应包括路基沉降土方荷载；

3）晚时沉降可由路基填筑当天的沉降速率累加得到；

4）深层水平位移宜采用最大位移；

5）对排水固结法路基极限填土高度后的路基荷载-瞬时沉降曲线或路基荷载-位移曲线出现拐点，且拐点后斜率大于拐点前斜率的 2 倍时，应进行危险报警。

（5）采用趋势法评估路基稳定性应符合下列规定：

1）当路基荷载、周边条件不变，沉降、水平位移、孔隙水压力等与时间的关系曲线出现拐点，且拐点后斜率大于拐点前斜率的 2 倍时，宜进行危险报警；

2）当路基荷载、周边条件不变，沉降速率、水平位移速率、孔隙水压力等增大的时间超过 60d 时，宜进行危险报警。

（6）路基稳定性评估应利用监测断面上所用监测点的监测资料，并应根据各监测点的评估结果综合判断路基稳定性。

（7）当路基内外部条件发生变化时，路基稳定性评估应分析路基条件变化的影响。

（8）当可利用多种方法评估路基稳定性时，应根据各种方法评估结果综合判断路基稳定性。

3. 工后沉降预测

（1）路基预压荷载对应的最终沉降预测应符合下列规定：

1）恒载预压时间不宜少于 6 个月；

2）最终沉降预测方法应根据行业特点、容许工后沉降、地质条件、预压时间、监测期限等，结合经验选择双曲线法（全量法或双曲线法）、星野法等沉降预测方法。

（2）工后沉降预测前，应复测路基顶面高程，并按下式计算沉降完成后的路基高度：

$$H_p = H_t - S_p + S_t \tag{18-17}$$

式中：H_p——沉降完成后的路基高度（m）；

H_t——对应 t 的路基高度（m）；

S_p——预压荷载对应的最终沉降（m）；

S_t——对应 t 的沉降（m）。

（3）当竖向排水体打穿软土层时，工后沉降宜按下列公式计算：

$$S_{rT} = \frac{S_J - S_t}{1 - \dfrac{S_p}{H_r}} \tag{18-18}$$

$$S_d = S_p \frac{H_d}{H_p} \tag{18-19}$$

式中：S_{rT}——工后沉降（m）；

S_d——设计荷载对应的沉降（m）；

H_d——将路面等效为填土的路基设计高度（m）。

（4）双曲线法（全量法）推算最终沉降

1）恒载阶段的监测数据应采用下式拟合：

$$\frac{t - t_0}{S_t - S_0} = a + b(t - t_0) \tag{18-20}$$

式中：t_0——恒载阶段某时间点（d）；

S_0——对应 t_0 的沉降（mm）；

S_t——对应 t 的沉降（mm）；

a——拟合直线的截距（d/mm）；

b——拟合直线的斜率（mm）。

2）最终沉降应按下式计算：

$$S_\mu = S_0 + \frac{1}{b} \tag{18-21}$$

式中：S_μ——预压荷载对应的最终沉降（mm）。

（5）双曲线法（TS法）推算最终沉降

工后沉降量推算采用双曲线法（TS法）推算方法，TS法推算最终沉降一般小于全量双曲线法，相关系数一般也大于全量双曲线法。因此在利用监测资料预测总沉降时，优先采用 TS 法进行预测。

对全量双曲线法中 t_0 取 0 时，则双曲线方程变为：

$$t(S_0 - S_t) = k \tag{18-22}$$

式中：t——自第一级荷载施加起算的时间（d）；

$\quad$ S_0——最终沉降（mm）；

$\quad$ S_t——t 时的沉降（mm）；

$\quad$ k——系数。

由 $t(S_0 - S_t) = k$，得到 $S_t t = S_0 t + k$，可以采用图解法求解或利用计算器计算，执行线性回归计算公式：

$$y = Bx + A \tag{18-23}$$

(18-23) 式中 $y = S_t t$、$x = t$ 数列可以拟合得到拟合直线，得出斜率为 S_0 和截距为 k。

4. 监测报告

（1）监测报告一般分为监测周报、监测月报、监测竣工报告。

（2）监测周报

每周监测结束后，及时整理监测数据，并定期将监测周报及时报给相关单位。监测周报包含以下内容：

1）工程概况；

2）监测依据；

3）监测内容；

4）监测结果；

5）结论与建议；

6）监测点平面布置图。

（3）监测月报提交

每月监测结束后，及时整理监测数据，并定期将监测月报及时报给相关单位。监测月报包含以下内容：

1）工程概况；

2）监测目的；

3）监测依据；

4）监测内容；

5）监测结果；

6）结论；

7）包括前期监控工作总结和后期监控工作的完善建议；

8）监测点平面布置图。

（4）监测竣工总结报告

现场全部监测工作完成后编制监测竣工总结报告。最终监测竣工总结报告包含以下内容：

1）工程概况；

2）监测目的；

3）监测依据；

4）监测项目、仪器及工作量；

5）监测周期和监测频率；

6）监测报警值，包括报警路段原因存在的隐患、建议措施等；

7）监测方法；

8）监测数据分析；

9）路基设计高度、路基填筑高度、工后沉降确定方法、卸载标准、可卸载的路段等；

10）监测路段稳定性和工后沉降给出结论与建议；

11）成果表及曲线图；

12）监测点平面布置图。

---

5. 常见问题

（1）不同路段类型、不同施工阶段，沉降量速率、监测频率等取值的问题；

（2）软土地基不均匀沉降，产生地基表面起伏不平的问题；

（3）施工填土堆载过快，沉降速率较大，易发生裂缝的问题。

思考题

1. 软土地基监测如何选择满足精度要求仪器设备？

2. 软土地基监测项目测管、压力计等安装埋置应注意哪些问题？

3. 简述软土地基监测方法基本原理，如何正确操作？

4. 根据路段情况，在地基条件差、地形变化大等部位，如何加密设置观测断面的问题？

5. 施工过程不同工况，如何控制选择填土速率标准问题？

6. 如何预测路基预压荷载对应的最终沉降？

第十九章

检测新技术

知识目标

1. 了解结构抗震试验、风洞试验、智能检测机器人技术、装配式建筑检测的基本概念；

2. 熟悉结构抗震试验、风洞试验、智能检测机器人技术、装配式建筑检测的基本原理；

3. 掌握结构抗震试验、风洞试验、智能检测机器人技术、装配式建筑检测的试验检测方法。

能力目标

1. 具备结构抗震试验、风洞试验、装配式建筑检测的试验检测能力；

2. 能对结构抗震试验、风洞试验、智能检测机器人技术、装配式建筑检测数据进行计算、分析、评价并出具报告。

素质目标

科研精神、刻苦攻关、勇于创新、科技强国。

思维导图

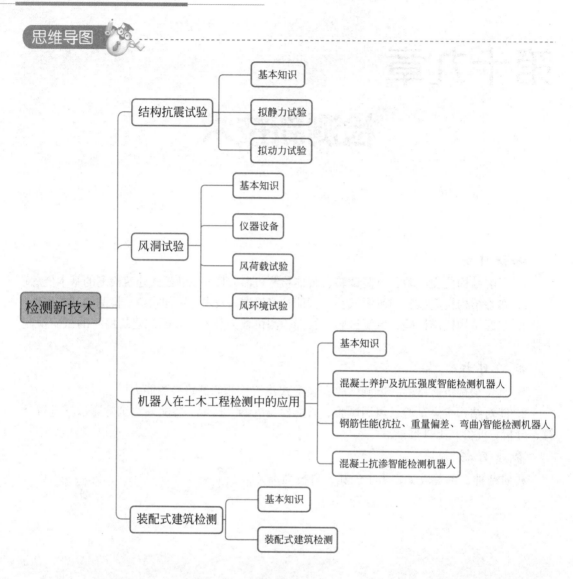

1. 基本知识

（1）基本概念

结构抗震试验是用各种加载设备模拟实际动力作用施加于结构、构件或其模型上，并测定结构抗震能力的试验。结构抗震试验的目的是研究开发具有抗震性能的新材料和新型结构体系，提出新的抗震设计方法以及对实际结构进行模型试验，验证结构的抗震性能，评价其安全性。

（2）基本方法

结构抗震试验主要包括在实验室场地条件下开展的拟静力试验和拟动力试验。

2. 拟静力试验

(1) 基本原理

拟静力试验，是指对结构或结构构件施加多次往复循环作用的静力试验，是使结构或结构构件在正反两个方向重复加载和卸载的过程，用以模拟地震时结构在往复振动中的受力特点和变形特点。这种方法是用静力方法求得结构振动时的效果，因此称为拟静力试验。

结构的拟静力试验是目前研究结构或结构构件受力及变形性能时应用最广泛的方法之一。它采用一定的荷载控制或位移控制对试件进行低周反复循环的加载方法，使试件从开始受力到破坏的一种试验方法，由此获得结构或结构构件非弹性的荷载-变形特性。该方法的加载速率很低，因此由于加载速率而引起的应力、应变的变化速率对于试验结果的影响很小，可以忽略不计。

进行结构拟静力试验的主要目的，首先是建立结构在地震作用下的恢复力特性，确定结构构件恢复力的计算模型，通过试验所得的滞回曲线和曲线所包围的面积求得结构的等效阻尼比，衡量结构的耗能能力，同时还可得到骨架曲线，结构的初始刚度及刚度退化等参数。由此可以进一步从强度、变形和能量等三个方面判断和鉴定结构的抗震性能。最后可以通过试验研究结构构件的破坏机制，为改进现行结构抗震设计方法及改进结构设计的构造措施提供依据。

(2) 方法标准

《建筑抗震试验规程》JGJ/T 101—2015。

(3) 适用范围

拟静力试验方法适用于混凝土结构、预应力混凝土结构、钢骨混凝土结构、钢纤维混凝土结构、高强混凝土结构、钢结构、混凝土与砌体混合结构的结构构件，如梁式构件、柱式构件、单层及多层框架、节点、剪力墙等构件。

以黏土砖或砌块（混凝土砌块、粉煤灰砌块等）砌筑的单层或多层墙片、配筋墙片、构造柱墙片、混凝土与砌体的组合墙片。

混凝土结构、钢结构、砌体结构、组合结构和混合结构的模型及原型试验。

(4) 仪器设备

1) 试验装置及加载设备

① 试验装置与试验加载设备应满足试体的设计受力条件和支承方式的要求。

② 试验台座、反力墙、门架、反力架等，其传力装置应具有足够的刚度、承载力和整体稳定性。试验台座应能承受竖向和水平向的反力。试验台座提供反力部位的刚度不应小于试体刚度的 10 倍，反力墙顶点的最大相对侧移不宜大于 1/2000。

③ 通过千斤顶对试体墙体施加竖向荷载时，应在门架与加载器之间设置滚动导轨或接触面为聚四氟乙烯材料的平面导轨。设置滚动导轨时，其摩擦系数不应大于 0.01；设置平面导轨时，其摩擦系数不应大于 0.02。

④ 竖向加载用千斤顶宜有稳压装置，保证试体在往复试验过程中竖向荷载保持不变。

⑤ 作动器的加载能力和行程不应小于试体的计算极限承载力和极限变形的 1.5 倍。

⑥ 加载设备精度应满足试验要求。

2) 量测仪表

① 应根据试验目的选择测量仪表，仪表量程宜为试体极限破坏计算值的 1.5 倍，分

辨率应满足最小荷载作用下的分辨能力。

② 位移测量仪表的最小分度值不宜大于所测总位移的 0.5%。示值允许误差应为满量程的 ±1.0%。

③ 应变式测量仪表的精度、误差和量程应符合下列规定：

a. 各种应变式传感器最小分度值不宜大于 $2\mu\varepsilon$，示值允许误差为满量程的 ±1.0%，量程不宜小于 $3000\mu\varepsilon$；

b. 静态电阻应变仪的最小分度值不宜大于 $1\mu\varepsilon$。

④ 数据采集系统的 A/D 转换精度不得低于 12 位。

（5）试验实施和控制方法

1）试验前，应先进行预加荷载试验。混凝土结构试体的预加载值不宜大于开裂荷载计算值的 30%；砌体结构试体的预加载值不宜大于开裂荷载计算值的 20%。

2）对于试体的设计恒载值，宜先施加满载的 40%～60%，再逐步加至 100%，试验过程中应保持恒载的稳定。

3）试验过程中，应保持反复加载的连续性和均匀性，加载或卸载的速度宜一致。

4）承载能力和极限状态下的破坏特征试验宜加载至试验曲线的下降段，下降值宜控制到极限荷载的 85%。

5）拟静力试验的加载程序宜采用荷载-变形双控制的方法，并应符合下列规定：

① 对无屈服点试体，试体开裂前应采用荷载控制并分级加载，接近开裂荷载前宜减小级差进行加载；试体开裂后应采用变形控制，变形值宜取开裂时试体的最大位移值，并应以该位移值的倍数为级差进行控制加载。

② 对有屈服点试体，试体开裂前宜采用荷载控制并分级加载，接近屈服荷载前宜减小级差进行加载；试体屈服后应采用变形控制，变形值宜取屈服时试体的最大位移值，并应以该位移值的倍数为级差进行控制加载。

③ 施加反复荷载的次数应根据试验目的确定，屈服前每级荷载可反复一次，屈服以后宜反复三次。

（6）试验数据处理

1）开裂荷载及变形应取试体受拉区出现第一条裂缝时相应的荷载和相应变形；

2）对钢筋屈服的试体，屈服荷载及变形应取受拉区纵向受力钢筋达到屈服应变时相应的荷载和相应变形；

3）试体承受的极限荷载应取试体承受荷载最大时相应的荷载；

4）破坏荷载及极限变形应取试体在荷载下降至最大荷载的 85% 时的荷载和相应变形；

5）试体的骨架曲线应取荷载变形曲线的各级加载第一次循环的峰值点所连成的包络线（图 19-1）。

6）试体的刚度可用割线刚度来表示，割线刚度 K_i 应按下式计算：

$$K_i = \frac{|+F_i| + |-F_i|}{|+X_i| + |-X_i|} \tag{19-1}$$

式中：$+F_i$、$-F_i$——第 i 次正、反向峰值点的荷载值；

$+X_i$、$-X_i$——第 i 次正、反向峰值点的位移值。

7）试体的延性系数 μ 应按下式计算：

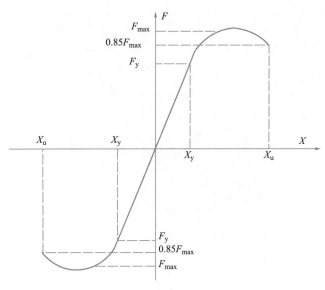

图 19-1 试体骨架曲线

$$\mu = \frac{\Delta_u}{\Delta_y} \tag{19-2}$$

式中：Δ_u ——试体的极限变形；

Δ_y ——试体的屈服变形。

8）试体的强度退化系数 λ_i，可按下式计算：

$$\lambda_i = \frac{F_j^i}{F_j^{i-1}} \tag{19-3}$$

式中：F_j^i ——第 j 级加载时，第 i 次循环峰值点的荷载值；

F_j^{i-1} ——第 j 级加载时，第 $i-1$ 次循环峰值点的荷载值。

9）试体的能量耗散能力，应以荷载-变形滞回曲线所包围的面积来衡量，通常用能量耗散系数 E 或等效黏滞阻尼系数 ζ_{eq} 来评价，分别按下列公式计数：

$$E = \frac{S_{(ABC+CDA)}}{S_{(OBE+ODF)}} \tag{19-4}$$

$$\zeta_{eq} = \frac{1}{2\pi} \cdot \frac{S_{(ABC+CDA)}}{S_{(OBE+ODF)}} \tag{19-5}$$

式中：$S_{(ABC+CDA)}$ ——图 19-2 中滞回曲线所包围的面积；

$S_{(OBE+ODF)}$ ——图 19-2 中三角形 OBE 与 ODF 的面积之和。

3. 拟动力试验

（1）基本原理

拟动力试验是根据数值化的典型地震加速度记录时程曲线，取某一时刻的地震加速度值和试验中前一时刻加载后实测的结构恢复力，用逐步积分振动方程的动力反应分析方法计算出该时刻结构试体的地震反应位移，并对结构试体施加此位移，实现该时刻结构试体的地震反应；实测此时的结构恢复力，按地震过程取下一时刻的地震加速度值，进行该时刻结构试体地震反应位移计算，再将位移施加到结构试体上。如此逐时刻反复实现计算位

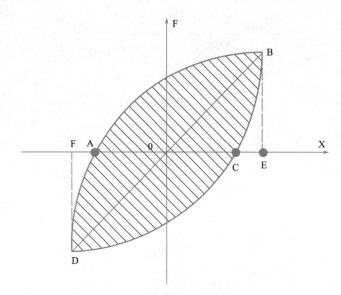

图 19-2　等效黏滞阻尼系数计数

移→施加位移→实测结构恢复力→再计算位移的循环过程，即模拟了结构试体在地震中的实际动态反应过程。

拟动力试验是用计算机直接参与试验的执行和控制，包括利用计算机按地震实际反应计算得到的位移结果驱动电液伺服作动器对结构进行位移加载。同时数采系统采集结构反应并反馈给计算机。计算机根据当前的结构反应进行下一步的地震反应分析计算，并将计算所得各控制点的位移转换为控制信号，驱动作动器强迫结构产生计算所得的地震反应位移。

（2）方法标准

《建筑抗震试验规程》JGJ/T 101—2015。

（3）适用范围

1）对刚度较大的多质点模型，宜采用等效单质点拟动力试验方法。

2）对地震动力反应中模型不同部位的部件会呈现弹性与弹塑性的结构，可采用子结构拟动力试验方法。

3）拟动力试验前，应根据结构的拟建场地类型选择具有代表性的地震加速度时程曲线，并形成计算机的输入数据文件。地震波选择应符合《建筑抗震设计规范》（2016 年版）GB 50011—2010 的规定。

（4）仪器设备

1）拟动力试验系统应符合下列规定：

① 加载设备宜采用闭环自动控制的电液伺服试验系统；

② 与动力反应直接有关的控制参数仪表不应采用非传感器式的机械直读仪表。

2）加载设备的性能应符合下列规定：

① 试验系统应能实现力和位移反馈的伺服控制；

② 系统动态响应的幅频特性不应低于 2（mm×Hz）；

③ 力值系统允许误差宜为满量程的±1.5%，分辨率应小于或等于满量程的 0.1%；

④ 位移系统允许误差宜为满量程的±1%，分辨率应小于或等于满量程的 0.1%；

⑤ 加载设备在一段加速度时程曲线的试验周期内，应稳定可靠、无故障地连续工作。

3）量测仪表可按拟静力试验要求选择。

4）试体各测量值，应采用自动化测量仪器进行数据采集，数据采样频率不应低于 1Hz。

5）拟动力试验采用的计算机（包括软件）应满足实时控制与数据采集、数据处理、图形输出等功能要求。

6）试体控制参量、结构量测参量应通过标准 D/A 接口、A/D 接口，实现控制与数据采集。

7）伺服作动器两端应有球铰支座，并应分别与反力墙、试体连接。

8）施加试体竖向恒载时，宜采用短行程的伺服作动器并配装能使试体产生剪弯反力的装置，恒载精度应为±1.5%。当采用一般液压加载设备装置时，应有稳压技术措施，稳压允许误差应为±2.5%。

9）框架或杆件结构试体的水平集中荷载应通过拉杆传力装置作用在节点上，其总承载力应大于最大加载力的 2 倍。

10）作用在试体上的水平集中荷载应通过分配梁-拉杆装置均布在楼层板或梁上。拉杆装置总承载力应大于最大加载力的 2 倍，各拉杆拉力的不均匀差不应大于 5%。拉杆穿过试体结构开间或墙板时，其孔洞位置和孔径不应影响试体受力状态。

11）分配梁应为简支铰接结构。集中荷载的分配级数不宜大于二级。与试体接触的卧式拉杆梁应具有足够刚度。

12）柔性或不稳定结构试体的拟动力试验应采取防失稳的技术措施。

13）双向拟动力试验施加轴力的装置应能保证双向自由滑动。

（5）试验实施和控制方法

1）拟动力试验应根据试体不同工作状态的要求，可将输入地震波按相似比对加速度幅值和时间间隔进行调整。

2）试验前宜对模型先进行小变形静力加载试验，以确定试体的初始侧向刚度。

3）拟动力试验初始计算参数应包括各质点的质量和高度、初始刚度、自振周期、阻尼比等。

4）试验的加载控制量应取试体各质点在地震作用下的反应位移。当试体刚度很大时，可采用荷载控制下逼近位移的间接加载控制方法，但最终控制量仍应是试体质点位移量。

5）量测试体各质点处的变形和恢复力，宜采取该级加载下多次采集的算术平均值。

6）在拟动力试验中，应对仪表布置、支架刚性、荷载最大输出量、限位等采取消除试验系统误差的措施。

（6）试验数据处理

1）对采用不同的地震加速度记录和最大地震加速度进行的试验，均应对试验数据进行图形处理，各图形应考虑计入结构模型进入弹塑性阶段后各次试验依次产生的残余变形影响。主要图形数据应包括下列内容：

① 基底总剪力-顶端水平位移曲线图；层间剪力-层间水平位移曲线图；试体各质点的

水平位移时程曲线图和恢复力时程曲线图。

② 最大加速度时的水平位移图、恢复力图、剪力图、弯矩图；抗震设计的时程分析曲线与试验时程曲线的对比图。

2）试体开裂时的基底总剪力、顶端位移和相应的最大地震加速度，应按试体第一次出现裂缝且该裂缝随地震加速度增大而开展时的相应数值确定，并应记录此时的地震反应时间。

3）试体屈服、极限、破坏状态的基底总剪力、顶端水平位移和最大地震加速度，宜按下列方法确定：

① 应采用同一地震加速度记录按不同峰值进行的各次试验得到的基底总剪力-顶端水平位移曲线，考虑各次试验依次使结构模型产生的残余变形影响，取各曲线中最大反应滞回环绘于同一坐标图中，做出基底总剪力-顶端水平位移包络线；

② 取包络线上出现明显拐弯点处，正、负方向绝对值较小一侧的数值为试体屈服基底总剪力、屈服顶端水平位移和屈服状态地震加速度；

③ 取包络线上基底总剪力最大处正、负方向绝对值较小一侧的数值，作为试体极限基底总剪力和极限剪力状态的地震加速度；

④ 取包络线上沿顶端水平位移轴、基底总剪力下降为极限基底总剪力的15％点处正、负方向绝对值较小一侧的数值，作为试体破坏基底总剪力、极限顶端水平位移及破坏状态地震加速度。

---

4. 注意问题

（1）拟静力试验的优点与不足

优点：在试验过程中可以随时停下来观测试件的开裂和破坏状态，并可根据试验需要改变加载历程。

不足：试验的加载历程是研究者事先主观确定的，与实际地震作用历程无关，不能反映实际地震作用时应变速率的影响。

（2）拟动力试验的优点与不足

优点：1）拟动力试验能进行原型或接近原型的结构试验；

2）拟动力试验过程利于观察和研究，特别是破坏过程。

不足：1）拟动力试验不能反映实际地震作用时材料应变速率的影响；

2）拟动力试验只能通过单个或几个加载器对试件加载，不能完全模拟地震作用时结构实际所受的作用力分布。

第二节　风洞试验

1. 基本知识

（1）基本概念

在试验风速下，研究空气流经物体所产生的流动现象和气动效应的试验。对于体型复杂、对风荷载敏感或者周边干扰效应明显的重要建筑物和构筑物，应通过风洞试验确定其风荷载。

（2）基本方法

风荷载试验包括测压试验、测力试验和气动弹性模型试验。

1）主要受力结构的风荷载及风致响应，应通过测压试验并结合风振计算或高频测力天平试验确定。

2）围护结构及其他局部构件的风荷载，应通过刚性模型测压试验确定。

3）有明显气动弹性效应的建筑工程，宜进行气动弹性模型试验。

4）风环境舒适度、风致介质输运、风致积雪飘移等，可采用风洞试验或数值模拟方法进行评价。

（3）基本原理

风洞的原理是使用动力装置在一个专门设计的管道内驱动一股可控气流，使其流过安置在实验段的静止模型，模拟实物在静止空气中的运动。测量作用在模型上的空气动力，观测模型表面及周围的流动现象。根据相似理论将实验结果整理成可用于实物的相似准数。

2. 仪器设备

（1）风洞

风洞是由洞体、动力驱动系统和测控系统组成。洞体主要包括动力段、扩散段、稳定段、收缩段、试验段、蜂窝器和阻尼网等。动力驱动系统为直流调速器或交流变速器控制电机驱动风扇。测控系统主要包括速压控制、α/β机构控制、移测架控制和风压（速）测量系统等。

风洞的分类方式有很多，按流动方式分为闭口回流式风洞和开口直流式风洞（图19-3、图19-4）；按风速大小分为低速风洞、高速风洞和高超声速风洞；按风洞试验段的构造分为封闭式风洞和敞开式风洞；按风洞的功能分为航空风洞、建筑风洞、环境风洞和汽车风洞。

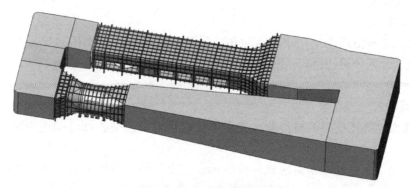

图 19-3 闭口回流式风洞

（2）风速量测仪器

常用的风速量测仪器主要有：皮托静压管、热线风速仪和眼镜蛇风速仪 Irwin 探头等。

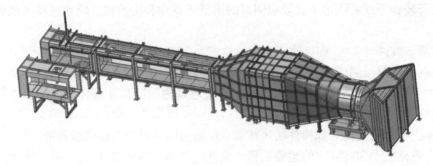

图 19-4　开口直流式风洞

（3）风力测试仪器

风力测试主要采用测力天平。测力天平按测力原理分为机械天平、应变天平、压电天平和磁悬挂天平。

（4）风压量测仪器

风压测量是通过风洞试验来量测结构模型的表面压力。测压试验设备主要有测压传感器、微压差变送器和压力扫描阀系统等。

不同类型的风洞试验对设备量程和精度有不同的要求。通常情况下，为保证试验精度，被测物理量的最大值一般不低于测试设备量程的 5％。一般电子类仪表的精度要优于 0.1％F·S，应变类仪表的精度要优于 0.3％F·S。动态试验根据关心的频率响应范围不同对设备的频响特性有不同的要求。通常情况下，测试设备的频响特性要达到被测物理量特征频率的 5 倍以上。

3. 风荷载试验

（1）方法标准

1)《建筑工程风洞试验方法标准》JGJ/T 338—2014；

2)《建筑结构荷载规范》GB 50009—2012。

（2）测压试验

1）基本原理

风压的测量是由风流作用于建筑表面，风流通过测压孔流经压力导管到达压力传感器，最后通过计算分析获得，量测得到的数值与皮托静压管测得的参考静压的差值即为风压值（图 19-5）。

2）试验要求

① 制作刚性测压模型的材料的强度和弹性模量以及模型各部分的连接应满足稳固性要求。

② 试验模型表面测点布置应能够反映风压分布规律，在压力变化较大的区域应加密测点。对于双面承受风压的区域应在两面的对应位置布置测点。

③ 用于动态风压测量的管路长度不宜超过 1.4m，且应采取措施减小管路系统造成的信号畸变。信号畸变较大时应进行修正。

④ 试验应保证测压管路畅通且不漏气。

⑤ 测量开口建筑的脉动内压值时，模型的内部容积应满足动力相似。

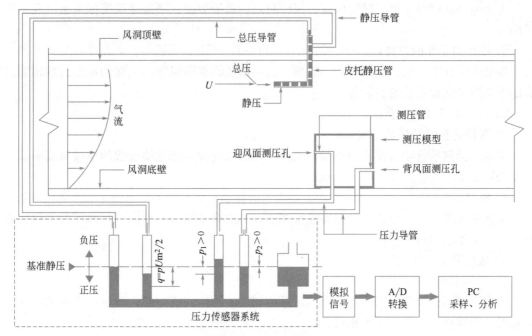

图 19-5　风压测量系统示意

⑥ 用于风振计算的动态测压数据应同步采集或同次扫描采集，采样频率应满足结构动力分析的需要。

3）测压模型

测压试验所采用的模型严格模拟被测建筑主体结构的外形和以主建筑为中心 300～500m 半径范围内的周边环境。模型一般为 ABS 塑料或者亚克力玻璃板制成的刚性模型。

4）测点布置

模型表面布设有测压孔，且测压孔布置时必须满足四个布置原则：

① 原型结构每 120m² 表面内不少于一个测点；

② 风压急剧变化区域需要对测点进行加密布置；

③ 面积较大的平缓区域可适当降低测点布置密度；

④ 双面受风构筑物需双面布置测点。

5）测压管理修正

测压管路由于来流脉动所产生的压力波在管端有时会发生反射，并与入射波叠加形成驻波，驻波频率与管路系统固有频率接近时就会产生管腔共振，从而引起压力信号的畸变。因此需要采取一定的措施来修正测压管路的影响，主要有以下几个方法：

① 缩短测压管路的长度，增大内径，可减小管路产生的影响。

② 将金属夹扁管插入到测压管的适当位置，可抑制共振现象。

③ 靠近传感器的位置加长串接的等截面毛细管。

④ 根据空气动力学原理，通过试验测得压力传递特性，然后利用频响函数进行修正。

6）试验步骤

① 基本参数的确定：

主要包括几何缩尺比、试验风速、采样时间、风场类型、周边建筑模拟范围以及试验风向等。

② 模型与工况的设计：

模型的设计主要包括模型尺寸、造型、材料以及测点布置等。工况的输出包括辅助道具的准备以及试验变量的确定等。

③ 大气边界层的模拟。

④ 管路连接以及模型的安装：

主要包括测压管路与模块的连接、模块与主机的连接、皮托静压管的连接与安装以及模型的固定等。

⑤ 模型试吹：

试吹时风速需要从小到大分等级进行试吹，主要检测模型的牢固性，测压管器的连通性以及采集系统的可工作性。

⑥ 数据采集及处理

7) 计算分析

为保证风洞试验获得的内部脉动风压系数和实际结构的值一致，确定试验模型的内部容积时，需要满足内压的动力相似。

对于要测量内压的建筑，模型体积与实际体积的比值为：

$$\frac{Q_{\mathrm{m}}}{Q_{\mathrm{p}}} = \left(\frac{L_{\mathrm{m}}}{L_{\mathrm{p}}}\right)^3 \left(\frac{V_{\mathrm{p}}}{V_{\mathrm{m}}}\right)^2 \tag{19-6}$$

式中：Q——体积（m^3）；

L——长度（m）；

V——风速（m/s）。

考虑到进行风洞试验时，$V_{\mathrm{p}}/V_{\mathrm{m}}$ 常大于 1，则 $Q_{\mathrm{m}}/Q_{\mathrm{p}}$ 要大于按照几何缩尺比确定的体积，因此，需将内部体积扩大。由于模型本身刚度和模型内部陈设会影响内压的脉动，因此，在具体实施时，模型及扩容装置的材料刚度应尽可能高，模型与扩容装置之间的通道应尽可能大，且不宜从模型内部走管。

8) 数据修约

为方便设计使用，测得风压时程后，一般将其转换成无量纲的风压系数：

$$C_{\mathrm{P}}(t) = \frac{p(t) - p_0}{0.5\rho U_{\mathrm{r}}^2} \tag{19-7}$$

式中：$C_{\mathrm{P}}(t)$——风压系数时程；

$p(t)$——测量得到的风压时程（Pa）；

p_0——来流静压（Pa）；

ρ——空气密度（kg/m^3）；

U_{r}——参考高度风速（m/s）。

U_{r} 的取值不同，风压系数也各不相同。当 U_{r} 取为各测点高度的来流风速时，平均风压系数与现行国家标准《建筑结构荷载规范》GB 50009—2012 中规定的体型系数基本一致（此时体型系数等于同一受风面上所有测点平均风压系数的加权平均）。当 U_{r} 取其他值时，得出的平均风压系数将和体型系数相差一个调整系数。

9）检测记录与报告

测压试验报告应提供平均风压系数和极值风压。报告应说明平均风压系数和现行标准《建筑结构荷载规范》GB 50009—2012 规定的体型系数的关系。应根据极值风压的试验结果提供围护结构风荷载标准值。

（3）测力试验

1）基本原理

测力试验是为了得到建筑物在风荷载作用下的整体或其中一部分的受力情况而进行的风洞试验。测力试验包括静态和动态测力。动态测力（即高频测力天平试验，简称 HFFB 试验）主要用于高层建筑或高耸结构的风效应分析。

试验原理为利用测力天平作为模型的基础承受着上部建筑传递下来的荷载，测力天平通过测量不同感应部位在各方向的应变从而得到测力天平所承受的荷载，再计算得到建筑物模型所承受的荷载。

2）试验要求

① 试验模型的形心主轴宜与天平底座的主轴保持一致。当二者出现偏离或天平测量中心与模型底边高度不一致时，应对数据进行修正。

② 高频测力天平试验结果可用于估算基本振型接近直线的工程结构的风致响应。

③ 进行高频测力天平试验时，模型-天平系统的固有频率换算到原型宜大于结构基阶频率的 2.0 倍，且不应小于结构基阶频率的 1.2 倍。当固有频率在基阶频率的 1.2～5.0 倍范围时，应根据模型-天平系统的频响函数对数据进行修正。

3）检测步骤

① 基本参数的确定，其主要包括几何缩尺比、试验风速、采样时间、风场类型、周边建筑模拟范围等。

② 模型与工况的设计，其中模型的设计包括模型尺寸、造型、材料，必须要保证模型质轻、刚度大，而工况的设计包括辅助道具的准备以及试验变量的确定等。

③ 风速测量仪器的安装以及大气边界层的模拟。

④ 测力天平的安装，信号传输线的连接与检查，模型-天平系统基频测试。

⑤ 模型试吹，试吹时风速需要从小到大分等级进行试吹，主要检测模型的稳定性；当风速稳定后需尝试采集数据，主要保证数据采集系统的可工作性以及收集获得的数据不受噪声干扰。

⑥ 进行试验，并采集与处理所获得的数据。

4）计算分析

当高层建筑或高耸结构的基阶振型为一直线时，其广义力和基底的气动弯矩成正比。

对于水平风力，若结构振型为 $\varphi_i = z_i/H$，则广义力为：

$$P(t) = \sum_i \frac{1}{H} F_i(t) z_i = \frac{1}{H} M_A(t) \tag{19-8}$$

式中：H——建筑总高度（m）；

　　z_i——第 i 层建筑高度（m）；

　$F_i(t)$——第 i 层建筑风荷载（N）；

　$M_A(t)$——建筑基底弯矩（Nm）。

对于扭转，其相应广义力可近似表示为：

$$P(t)=0.7M_A(t) \tag{19-9}$$

由上述公式可知，只要测出建筑模型的基底气动弯矩和扭矩前提下，就可以计算结构的风振响应。

5）数据修约

一般情况下，试验模型的主轴和天平主轴并不一致。此时由天平测量得到的弯矩和扭矩必须进行修正，消除由于主轴不一致所引起的附加弯矩和扭矩。

HFFB试验通过测量高层建筑的基底气动弯矩来估算建筑的风致响应和荷载。为获取符合要求的气动荷载的频率带宽，模型-天平系统需具有足够高的固有频率 f_0，模型-天平系统的固有频率（包括阻尼比 ζ_6）可采用局部激振法测定。当 f_0 换算为原型值处于 1.2~5.0 倍结构基阶频率范围时，应对测到的基底气动弯矩的功率谱密度进行修正：

$$S_A(f)=S_{AT}(f)/|H(f)|^2 \tag{19-10}$$

式中：$S_{AT}(f)$——测量得到气动弯矩的功率谱密度（$N^2 m^2 s$）；

$\quad\quad S_A(f)$——测量得到气动弯矩的功率谱密度修正结果（$N^2 m^2 s$）；

$\quad |H(f)|^2$——识别得到的天平模型系统的机械导纳函数为：

$$|H(f)|^2=\frac{1}{\left(1-\left(\dfrac{f}{f_0}\right)^2\right)^2+\left(2\zeta_0\dfrac{f}{f_0}\right)^2} \tag{19-11}$$

采用上述公式修正后，可取信号的有效频率宽度为 $f_B=0.85f_0$。上述修正方法仅适合于单模态的修正。由于模型制作技术的局限和天平本身各分量之间的耦合，可能会出现多模态耦合情况，此时单模态修正方法不适用，因此，试验中应尽量避免出现此种情况。若无法避免，则需采用多模态参数识别技术。

6）检测记录与报告

高频测力天平试验报告应提供换算到原型的基底弯矩值和顶部加速度响应等试验结果，并应提供用于主要受力结构设计的各高度等效静力风荷载。

（4）气动弹性模型试验

1）基本原理

气流中静止结构与振动结构所受气动力是不同的。由于结构运动与气流的耦合作用，后者还将承受运动导致的附加气动力，即气动弹性力。气动弹性模型试验是为了准确评估气动弹性力而进行的。

刚度和阻尼较大的结构，或者在较低风速作用下的结构，风致振动幅度较小，风和结构振动的耦合作用对响应的贡献可忽略不计。对这类结构一般不需要进行气动弹性模型试验，可以将刚性模型试验获得的风力施加到结构有限元模型上进行随机振动计算，获得结构的风致动力响应及等效静力风荷载。

2）试验要求

① 气动弹性模型试验应满足对结构风振响应有影响的主要动力特性参数的相似性要求。模型制作完成后，应验证其动力特性满足模拟要求。

② 气动弹性模型试验应在风压自准区范围内采用多个不同风速进行测量，换算到原型结构的最大试验风速不应小于基本风速的 1.2 倍。

③ 气动弹性模型试验的数据采集，应在模型响应稳定后进行。

3）检测步骤

① 模型的选择与制作，根据试验目的及试验对象进行选择。

② 基本参数的确定。主要包括几何缩尺比、采样时间与周边建筑模拟范围等。

③ 工况的设计。主要包括辅助道具的准备以及试验变量的确定等。

④ 大气边界层的模拟。

⑤ 测量系统的布置以及模型的安装。

⑥ 模型试吹。试吹时，风速需要从小到大，分等级试吹。试吹主要检测模型的牢固性，测量系统的稳定性与精度以及采集系统的可工作性。

⑦ 数据采集及处理。

4）计算分析

通过气弹试验并结合相应的传感器，可以测得建筑物顶点的位移响应以及加速度响应等，将位移响应进行无量纲化整理，还可绘出在设计风速时的结构顶部位移图、顶部变形功率谱密度曲线图及风速与顶部位移关系图。

主体结构各层的设计风荷载，可由下式确定：

$$W(z_i) = \overline{W}(z_i) + m_{zi}(2\pi f_0)^2 x_{max}(z_j) \tag{19-12}$$

式中：$\overline{W}(z_i)$ ——平均风荷载（kN）；

　　　m_{zi} ——建筑物各层的质量（kg）；

　　　f_0 ——建筑物的固有频率（Hz）；

　　$x_{max}(z_i)$ ——建筑物各层脉动位移的最大值（mm）。

5）检测记录与报告

气动弹性模型试验报告应给出模型的设计方法、主要设计参数和风振响应的测量结果，测量结果应按相似律换算到原型。报告尚应对气动弹性效应进行评价。

4. 风环境试验

（1）方法标准

1）《建筑工程风洞试验方法标准》JGJ/T 338—2014；

2）《建筑结构荷载规范》GB 50009—2012。

（2）试验方法

1）新建大型商业或住宅区域，宜通过风环境试验和舒适度评估准则判断建筑布局的合理性。

2）既有大型商业区或住宅区域内的新建建筑工程，应评估其对既有建筑周边风环境的影响。

3）绿色建筑和其他对行人风环境有较高要求的建筑工程，应对其周边风环境舒适度进行评价。

4）楼面、屋面等区域设有露天活动场地时，可按风环境试验的相关要求评价行人活动区域的风环境舒适度。地面高度应采用活动场地的实际标高。

（3）试验要求

1）评价新建建筑工程对既有建筑风环境的影响时，应分别测量新建建筑工程建成前后周边区域的风速分布。

2）风环境试验模型除应模拟建筑物的主要外部轮廓外，尚应模拟对行人高度风环境影响较大的建筑物细部构造和地面植被、障碍物等。

3）风环境试验的风速测点应覆盖建筑的主要出入口和行人活动区域，其密度和范围应满足风环境评估要求。测点高度换算到原型应为 2.0m。

4）风环境试验的风向角宜以正北方向为基准，风向角间隔宜取为 22.5°。

5）风环境试验宜采用无方向敏感性的风速传感器进行测量。当采用其他方向性敏感的探头进行测量时，探头主轴方向应与局部风向一致。

（4）检测步骤

1）基本参数的确定，其主要包括几何缩尺比、采样时间、周边建筑模拟范围等。

2）气象资料的收集和相关工况参数的确定，包括试验风速、试验风向。

3）模型与工况的设计，其中模型的设计包括模型尺寸、造型、材料以及流场测点布置等，工况的设计包括辅助道具的准备以及试验变量的确定等。

4）大气边界层的模拟。

5）管路连接以及模型的安装，主要包括测压管路与模块的连接、模块与主机的连接、模型的安装固定等。

6）模型试吹，试吹时风速需要从小到大分等级进行试吹，主要检测模型的牢固性、测压管路的连通性以及采集系统的可工作性。

（5）风环境评估方法和准则

1）建筑物的风环境舒适度应满足建筑功能。新建建筑不应对既有建筑的风环境舒适度造成明显的不利影响。

2）基于气象台站日最大风速进行评估所依据的风速资料不应少于 10 年；基于逐时风速进行评估所依据的风速资料不应少于 2 年。

3）风环境的舒适度分类应按表 19-1 采用。基于气象台（站）日最大风速进行评估时，应采用年超越次数；基于逐时风速进行评估时，应采用小时超越概率。

风环境的舒适度分类 表 19-1

舒适度类别	不同年超越次数或小时超越概率的最大风速(m/s)			适用环境
	≤52 次/年（≤1.50%）	≤12 次/年（≤0.30%）	≤1 次/年（≤0.02%）	
Ⅰ	3.6	5.4	15.2	全部适用
Ⅱ	5.4	7.6	15.2	公园、购物街、广场、人行道、停车场
Ⅲ	7.6	9.9	15.2	广场、人行道、停车场
Ⅳ	9.9	12.5	15.2	人行道、停车场
Ⅴ	不满足以上要求			不适于人员活动

注：括号内的百分数为基于逐时风速进行评估的小时超越概率。

4）当缺乏气象统计资料时，可采用平均风速比评价风环境舒适度。所有风向下的平均风速比均不宜小于 0.1；主导风向下的平均风速比不宜大于 1.2。平均风速比 R 应按下式计算：

$$R = V_r / V_0 \tag{19-13}$$

式中：V_r——测点的平均风速（m/s）；

V_0——当地标准地貌 10m 高度处的平均风速（m/s）。

5. 注意问题

（1）风洞试验要求在边界层风洞内进行，应当注意地面粗糙性质的模拟，不同地貌模拟得出的结果很不相同。

（2）风洞试验的风速与自然风场中风速对应高度的选择，也是风洞试验时确定风剖面的重要问题。

（3）风洞试验时，对周围建筑物按现状或设计规划，模拟高层建筑群体形成的局部风环境，但这一风环境在此建筑生存期间可能会改变，即有可能出现对本建筑更不利的群体干扰影响，因此在试验时，还要对周围环境进行调整，取最不利组合进行补充试验，得出该组合时群体干扰影响和压力分布。

第三节 机器人在土木工程检测中的应用

1. 基本知识

（1）基本概念及方法

将智能检测系统、检测机器人、标识信息识别、检测设备、数据管理和通信等人工智能的技术和方法应用于混凝土养护和抗压强度检测、钢筋性能（抗拉、重量偏差、弯曲）检测、混凝土抗渗检测。

（2）目前的发展动态

智能检测机器人可实现 24h 全流程无人作业，检测数据实时上传，极大地提升了检测效率、降低劳动强度。在日常工作时，可以完全代替人工完成检测任务，同时快速完成检测数据的分析和异常数据的处理等；在节假日期间，检测人员无需加班加点工作，可以远程监控系统的运行。在出现异常时，智能化系统可以通过客户端通知管理人员及时进行处理。

2. 混凝土养护及抗压强度智能检测机器人

（1）基本原理

混凝土养护及抗压强度智能检测机器人可实现对试件的自动识别、入库、养护、出库、抗压强度检测，完成混凝土试件养护及抗压强度检测全过程无人化试验。

（2）方法标准

1）《混凝土物理力学性能试验方法标准》GB/T 50081—2019；

2）《钻芯法检测混凝土强度技术规程》CECS 03—2007；

3）《钻芯法检测混凝土强度技术规程》JGJ/T 384—2016。

（3）仪器设备

1）尺寸测量仪和压力试验机

① 混凝土立方体试件尺寸测量仪和压力试验机的技术参数应符合现行标准《混凝土物理力学性能试验方法标准》GB/T 50081—2019 的相关规定。

② 混凝土芯样试件尺寸测量仪的技术参数应符合现行标准《钻芯法检测混凝土强度技术规程》CECS 03—2007、《钻芯法检测混凝土强度技术规程》JGJ/T 384—2016 等相关规定。

③ 应制备尺寸标准试块，用于对尺寸测量仪进行定期自校准。

④ 压力试验机应符合下列规定：

a. 压力试验机的技术参数应符合现行标准《混凝土物理力学性能试验方法标准》GB/T 50081—2019 的相关规定。

b. 压力试验机应配备自动清扫装置，用于清理每次试验后上、下承压板面的残留物。

c. 应配有传送带或导向带，将检毕混凝土试件及碎渣等运送至检毕试验箱或不合格留样箱。

2）标准养护室

标准养护室应符合现行标准《混凝土物理力学性能试验方法标准》GB/T 50081—2019 的相关规定。

3）试验环境应符合现行标准《混凝土物理力学性能试验方法标准》GB/T 50081—2019 等相关规定。

（4）检测步骤

1）混凝土智能养护

① 试件收样：混凝土试件信息录入数据库后自动生成样品信息二维码，将生成的二维码粘贴在试件的表面。

② 试件入库：由机器人或人工将试件扫描后放置在试件托盘上，并通过入库输送线传输至上料区，运输机器人收到指令后自动行驶至上料区提取试件，进入标准养护室内将试件存放在指定区域。

2）智能混凝土抗压强度检测

① 试验前准备

a. 试验前的准备工作包括待检试件的准备、样品状态箱的就位、运行前的检查等。

b. 待检试件的准备应符合下列规定：

待检试件的外观完好，试件表面擦拭干净；

立方体试件、混凝土芯样试件的标签宜粘贴在非承压面；

待检试件的摆放应确保试件易于抓取，试件的标签不会脱落，标签信息易于识别。

c. 将待检试验箱、检毕试验箱、不合格留样箱、异常试验箱置于系统指定位置。

d. 开机前的检查宜包括：

检查压缩空气连接管路的完整性和畅通性，并确保压缩空气入口压力在规定范围；

检查控制单元的功能是否正常；

检查系统进线电源是否正常；

软件的试运行；

其他有关的检查。

② 服务器根据系统录入的试件信息，自动识别当天需要做抗压试验的试件并发出指

令，同时将调度信息发送至运输机器人，运输机器人收到指令后到达相应区域提取试件运送到出库传输线，由传输线运输试件至智能混凝土抗压强度检测系统扫描识别工位。

③ 图像采集装置拍摄混凝土试件的二维码标识，利用智能图像处理技术对图像进行解析，获取试件相关信息（包括样品编号、试件序号、浇筑日期、试件尺寸、强度等级以及试验龄期等），将标识信息自动上传至数据管理单元。

④ 试件尺寸测量

a. 检测机器人将待检混凝土试件置于尺寸测量工位。立方体试件尺寸测量及尺寸公差应符合现行标准《混凝土物理力学性能试验方法标准》GB/T 50081—2019 的相关规定。圆柱体（芯样）试件尺寸测量及尺寸偏差应符合现行标准《钻芯法检测混凝土强度技术规程》CECS 03—2007 和《钻芯法检测混凝土强度技术规程》JGJ/T 384—2016 的相关规定。

b. 测量混凝土试件的边长、承压面平面度和相邻面间的夹角，可采用非接触式的测量方法。

c. 将混凝土的尺寸测量数据上传至数据管理单元。

d. 检测机器人将尺寸公差合格的混凝土试件置于压力试验机测试工位，将尺寸公差不合格的试件置于异常试验箱。

⑤ 抗压强度检测

a. 抗压强度的检测应符合现行标准《混凝土物理力学性能试验方法标准》GB/T 50081—2019 的相关规定。

b. 试验前，自动清扫装置应将压力试验机的上、下承压板面清理干净。

c. 检测机器人将混凝土试件放置于压力试验机下压板或垫板上，并调节试件中心与试验机下压板中心对准。

d. 根据标识信息识别单元上传的试件信息（样品编号及试件序号、试件尺寸、强度等级、浇筑日期和试验龄期等），检测控制单元自动调整压力试验机加荷速度，当立方体抗压强度小于30MPa 时，加荷速度宜取 0.3～0.5MPa/s；立方体抗压强度为 30～60MPa 时，加荷速度宜取 0.5～0.8MPa/s；立方体抗压强度不小于 60MPa 时，加荷速度宜取 0.8～1.0MPa/s。

e. 将试验结果保存至数据管理单元。

f. 判定为合格的样品，由检测机器人或传送带将检毕试样传送至检毕试验箱。判定为不合格的样品，由检测机器人或传送带将检毕试样传送至不合格留样箱。

混凝土养护及抗压强度智能检测工作流程如图 19-6 所示。

（5）计算分析

混凝土立方体抗压强度应该按公式（19-14）计算：

$$f_{cc} = F/A \tag{19-14}$$

式中：f_{cc}——混凝土立方体试件抗压强度（MPa）；

　　　F——试件破坏荷载（N）；

　　　A——试件承压面积（mm^2）。

（6）数据修约

混凝土立方体抗压强度计算结果精确至 0.1MPa，抗压强度值的确定应该符合《混凝

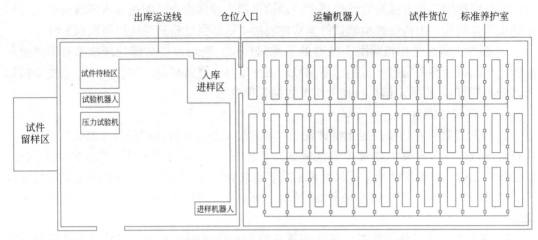

图 19-6　混凝土养护及抗压强度智能检测工作流程

土物理力学性能试验方法标准》GB/T 50081—2019 的相关规定。

（7）检测记录与报告

检测报告至少应包括下列内容：

1）标准编号；

2）试样标识；

3）强度等级；

4）成型日期；

5）破型日期；

6）龄期；

7）强度单个值；

8）强度代表值。

（8）常见问题

1）检测过程中，当出现以下情况时，检测机器人应将试件搬运至异常试验箱，待人工处理异常情况：

① 试件标识出现重号或无法识别；

② 试件龄期不符合；

③ 尺寸公差不合格；

④ 其他异常情况。

2）检测过程中，当出现以下情况时，异常情况通知单元应能发出报警或以其他方式通知检测人员：

① 检测数据未完成配对；

② 检毕试验箱、不合格留样箱、异常试验箱已经满仓；

③ 其他异常情况。

3. 钢筋性能（抗拉、重量偏差、弯曲）智能检测机器人

（1）基本原理

由电子万能试验机配上视频引伸计、称重测长装置、ABB 机器人、试样架、控制系统、软件等组成的智能钢筋拉伸性能检测系统，实现钢筋样品重量偏差的测量、钢筋拉伸试验检测、样品装卸等全过程的智能化；智能钢筋弯曲试验机实现自动调整跨距、自动弯芯计算、实时显示弯曲角度等全过程的智能化。

（2）方法标准

1）《金属材料 拉伸试验 第 1 部分：室温试验方法》GB/T 228.1—2021；

2）《钢筋混凝土用钢 第 1 部分：热轧光圆钢筋》GB/T 1499.1—2017；

3）《钢筋混凝土用钢 第 2 部分：热轧带肋钢筋》GB/T 1499.2—2018；

4）《钢筋混凝土用钢材试验方法》GB/T 28900—2022；

5）《金属材料 弯曲试验方法》GB/T 232—2010。

（3）仪器设备

1）重量偏差测量仪、拉力试验机、引伸计

① 重量偏差测量仪应满足下列规定：

a. 重量偏差测量仪应由长度测量部分和重量测量部分组成，技术指标应符合现行标准《钢筋混凝土用钢第 1 部分：热轧光圆钢筋》GB/T 1499.1—2017、《钢筋混凝土用钢第 2 部分：热轧带肋钢筋》GB/T 1499.2—2018 等的相关规定；

b. 应制备标准试件，用于对重量偏差测量仪进行定期核查。

② 拉力试验机应满足下列规定：

a. 拉力试验机的技术要求应符合现行标准《钢筋混凝土用钢材试验方法》GB/T 28900—2022、《金属材料拉伸试验第 1 部分：室温试验方法》GB/T 228.1—2021 等的相关规定；

b. 拉力试验机应配有自动清扫装置，用于定期清理夹具附近的金属氧化皮等残留物；

c. 拉力试验机宜采用液压平推夹具。

③ 引伸计应满足下列规定：

a. 引伸计应符合现行标准《金属材料 单轴试验用引伸计的标定》GB/T 12160—2019 的要求，达到 1 级；

b. 采用非接触引伸计时，应单独安装在拉力试验机外，不受试验过程中拉力试验机的振动影响；

c. 引伸计的状态应定期检查，并及时调整；

d. 试验宜采用非接触式视频引伸计，可配合拉力试验机自动测量最大力总延伸率或断后伸长率。

2）智能钢筋弯曲试验机

智能钢筋弯曲试验机的技术要求应符合《金属材料 弯曲试验方法》GB/T 232—2010、《钢筋混凝土用钢材试验方法》GB/T 28900—2022 的相关要求。

3）试验环境应符合《钢筋混凝土用钢材试验方法》GB/T 28900—2022、《金属材料拉伸试验第 1 部分：室温试验方法》GB/T 228.1—2021、《金属材料 弯曲试验方法》GB/T 232—2010 等相关标准的规定。

（4）检测步骤

1）试验前准备

① 试验前的准备工作包括待检试件的准备、样品状态箱的就位、运行前的检查等。

② 待检试件的准备包括试件的检查、标签的张贴、试件的摆放等，应符合下列规定：

a. 试件端面与长度方向垂直；

b. 试件的标签应粘贴包裹试件周身；

c. 标签中的一维条形码或二维码应完全可见，确保信息能被完整读取；

d. 待检钢筋试件的摆放应确保试件易于抓取，试件的标签不会脱落，标签信息易于识别。

③ 将待检试验箱、检毕试验箱、不合格留样箱、异常试验箱置于系统指定位置。

④ 运行前的检查应包括：

a. 检查压缩空气连接管路的完整性和畅通性，并确保压缩空气入口压力在规定范围；

b. 检查控制单元的功能是否正常；

c. 检查系统进线电源是否正常；

d. 软件的试运行；

e. 其他有关的检查。

2）试件标识识别

① 钢筋试件标签中标识信息应至少包括样品编号、试件序号、钢筋强度等级和公称直径等。

② 试件标识的智能识别应符合下列规定：

a. 试件标识应置于扫描识别区域内；

b. 试件应放置在合适位置，确保信息识别单元可采集分辨率高的标识图像。

③ 试件标识的智能识别应按下列步骤进行：

a. 检测机器人将待检钢筋试件置于扫描识别工位；

b. 图像采集装置拍摄钢筋试件一维条形码或二维码图像；

c. 利用智能图像处理技术对图像进行解析，获取样品编号、试件序号、钢筋强度等级和公称直径等标识信息；

d. 将标识信息自动上传至数据管理单元。

3）重量偏差检测

① 检测机器人将待检试件置于重量偏差测量工位，重量偏差测量应符合现行标准《钢筋混凝土用钢 第1部分：热轧光圆钢筋》GB/T 1499.1—2017、《钢筋混凝土用钢 第2部分：热轧带肋钢筋》GB/T 1499.2—2018 的相关规定。

② 逐根测量钢筋试件的长度，可采用接触式或非接触式的测量方法。

③ 同步测量5根钢筋试件的总重量。

④ 将重量偏差测量数据上传至数据管理单元。

4）力学性能检测

① 力学性能的检测应符合现行标准《钢筋混凝土用钢材试验方法》GB/T 28900—2022、《金属材料拉伸试验第1部分：室温试验方法》GB/T 228.1—2021 的相关规定。

② 试验前，自动清扫装置应将拉力试验机夹具附近的金属氧化皮等残留物清理干净。

③ 检测机器人将钢筋试件放置于拉力试验机夹头中，并调节确保钢筋试件与夹头对中。

④ 检测控制单元应能自动调整拉力试验机的试验速率。

⑤ 采用引伸计测量最大力总延伸率（A_{gt}），引伸计可采用非接触式引伸计。

⑥ 将试验结果保存至数据管理单元。

钢筋性能智能检测工作流程如图 19-7 所示。

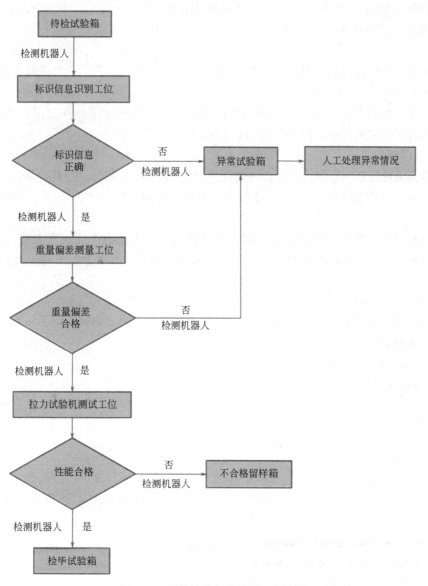

图 19-7 钢筋性能智能检测工作流程

5）弯曲性能检测

① 弯曲性能的检测应符合《金属材料 弯曲试验方法》GB/T 232—2010、《钢筋混凝土用钢材试验方法》GB/T 28900—2022 的相关规定。

② 在操作界面录入钢筋强度等级和钢筋直径，系统自动调整跨距和计算弯芯直径，根据计算结果更换弯头。

③ 设置弯曲角度，进行反向弯曲或者180°弯曲试验。

④ 弯曲试验时，应当缓慢地施加弯曲力，以使材料能够自由地进行塑性变形。

⑤ 当出现争议时，试验速率应为（1±0.2）mm/s。

（5）计算分析

1）钢筋重量偏差计算应符合《钢筋混凝土用钢 第1部分：热轧光圆钢筋》GB/T 1499.1—2017、《钢筋混凝土用钢 第2部分：热轧带肋钢筋》GB/T 1499.2—2018 的相关要求。

2）钢筋力学性能计算应符合《金属材料 拉伸试验 第1部分：室温试验方法》GB/T 228.1—2021 的相关技术要求。

3）应按照相关产品标准的要求评定弯曲试验结果。如未规定具体要求，弯曲试验后不使用放大仪器观察，试样弯曲外表无可见裂纹应评定为合格。

（6）数据修约

1）钢筋重量偏差数据修约应符合《钢筋混凝土用钢 第1部分：热轧光圆钢筋》GB/T 1499.1—2017、《钢筋混凝土用钢 第2部分：热轧带肋钢筋》GB/T 1499.2—2018 的相关要求。

2）钢筋力学性能数据修约应符合相关产品标准的要求，若产品标准无相关技术要求时，应符合《金属材料 拉伸试验 第1部分：室温试验方法》GB/T 228.1—2021 的相关技术要求。

（7）检测记录与报告

检测报告至少应包括下列内容：

1）标准编号；

2）试样标识（材料强度等级、炉号、取样方向等）；

3）试样的形状和尺寸；

4）试验条件；

5）与标准的偏差；

6）试验结果。

（8）常见问题

1）检测过程中，当出现以下异常情况时，检测机器人应将试件搬运至异常试验箱，待人工处理异常情况：

① 试件标识出现重号或无法识别；

② 待检样品数量不满足规范要求；

③ 重量偏差不合格；

④ 其他异常情况。

2）检测过程中，当出现以下异常情况时，异常情况通知单元应能发出报警或以其他方式通知检测人员：

① 试验无效状态；

② 待检试验箱中样品数量不足；

③ 检毕试验箱、不合格留样箱、异常试验箱已经满仓；

④ 其他异常情况。

---

4. 混凝土抗渗智能检测机器人

（1）基本原理

混凝土抗水渗透试验一般采用渗水高度法和逐级加压法，渗水高度法适用于以测定硬化混凝土在恒定水压力下的平均渗水高度来表示的混凝土抗水渗透性能；逐级加压法适用于通过逐级施加水压力来测定以抗渗等级来表示的混凝土抗水渗透性能。随着科学技术水平不断提高，检测设备逐渐趋于智能化，利用人工智能、数据管理等技术和方法提高检测的准确性和工作效率。

混凝土抗渗智能检测机器人由全自动混凝土抗渗仪、检测机器人、控制系统、软件等组成的智能混凝土抗水渗透性能检测系统，可实现自动样品装卸、密封、试验、判断、记录等全过程的智能化。

（2）方法标准

《普通混凝土长期性能和耐久性能试验方法标准》GB/T 50082—2009。

（3）仪器设备

全自动混凝土抗渗仪应符合《混凝土抗渗仪》JG/T 249—2009 的要求，并能使水压按规定稳定地作用在试件上。

（4）检测步骤

1）试验前准备

① 试验前的准备工作包括待检试件的准备、样品状态箱的就位、运行前的检查等。

② 待检试件的准备应符合下列规定：

a. 待检试件的外观完好，试件表面擦拭干净；

b. 待检试件的摆放应确保试件易于抓取，试件的标签不会脱落，标签信息易于识别。

③ 开机前的检查宜包括：

a. 检查压缩空气连接管路的完整性和畅通性，并确保压缩空气入口压力在规定范围；

b. 检查控制单元的功能是否正常；

c. 检查系统进线电源是否正常；

d. 软件的试运行；

e. 其他有关的检查。

2）试件标识识别

① 试件标识的智能识别应符合下列规定：

a. 试件标识应置于扫描识别区域内；

b. 试件应放置在合适位置，确保信息识别单元可采集分辨率高的标识图像。

② 图像采集装置拍摄混凝土试件的二维码标识，利用智能图像处理技术对图像进行解析，获取试件相关信息（包括样品编号及试件序号、浇筑日期、抗渗等级等），将标识信息自动上传至数据管理单元。

3）抗渗试验

① 检测机器人将待检试件置于全自动混凝土抗渗仪底模上，无需密封材料系统即可自动装夹试件。

② 试件安装完成后，系统自动加压，加压过程应符合现行标准《普通混凝土长期性能和耐久性能试验方法标准》GB/T 50082—2009 的相关技术要求。

③ 系统自动记录加压过程并判断试验结果。

④ 试验结束后，试件自动从模腔中脱出，判定为合格的样品，由检测机器人将检毕试样传送至检毕试验箱。判定为不合格的样品，由检测机器人将检毕试样传送至不合格留样箱。

（5）计算分析

混凝土抗渗等级应以 6 个试件中有 4 个试件未出现渗水时的最大压力乘以 10 来确定，混凝土的抗渗等级应按式（19-15）来计算：

$$P = 10H - 1 \tag{19-15}$$

式中：P——混凝土抗渗等级；

H——6 个试件中有 3 个试件渗水时的压力（MPa）。

（6）检测记录与报告

检测报告至少应包括下列内容：

1）标准编号；

2）试样标识；

3）强度等级；

4）抗渗等级；

5）成型日期；

6）试验结果。

（7）常见问题

1）检测过程中，当出现以下异常情况时，检测机器人应将试件搬运至异常试验箱，待人工处理异常情况：

① 试件标识出现重号或无法识别；

② 待检样品数量不满足规范要求；

③ 试验过程中出现渗水；

④ 其他异常情况。

2）检测过程中，当出现以下异常情况时，异常情况通知单元应能发出报警或以其他方式通知检测人员：

① 试验无效状态；

② 待检试验箱中样品数量不足；

③ 检毕试验箱、不合格留样箱、异常试验箱已经满仓；

④ 其他异常情况。

第四节 装配式建筑检测

1. 基本知识

（1）基本概念

装配式建筑是指建筑的结构系统、外围护系统、设备与管线系统、装饰装修系统的主要部分采用预制部品部件集成的供家庭居住使用的建筑。

（2）基本方法

装配式建筑检测包括结构系统、外围护系统、设备与管线系统、装饰装修系统等内容。

2. 装配式建筑检测

（1）基本原理

装配式建筑检测贯穿在设计、预制件制造、物流运输、施工安装等每一个建筑工序中，检测技术种类众多。在装配式建筑检测中，检测人员需要根据材料与工程要求，选择适合的检测技术，获得准确的检测结果，确保符合相关标准规范，为建筑工程质量提供保障。

（2）方法标准

《装配式住宅建筑检测技术标准》JGJ/T 485—2019。

（3）适用范围

适用于新建装配式住宅建筑在工程施工与竣工验收阶段的现场检测。

（4）基本规定

1）工程施工阶段，应对装配式住宅建筑的部品部件及连接等进行现场检测；检测工作应结合施工组织设计分阶段进行，正式施工开始至首层装配式结构施工结束宜作为检测工作的第一阶段，对各阶段检测发现的问题应及时整改。

2）工程施工和竣工验收阶段，当遇到下列情况之一时，应进行现场补充检测。

① 涉及主体结构工程质量的材料、构件以及连接的检验数量不足；

② 材料与部品部件的驻厂检验或进场检验缺失，或对其检验结果存在争议；

③ 对施工质量的抽样检测结果达不到设计要求或施工验收规范要求；

④ 对施工质量有争议；

⑤ 发生工程质量事故，需要分析事故原因。

3）第一阶段检测前，应在现场调查基础上，根据检测目的、检测项目、建筑特点和现场具体条件等因素制定检测方案。

4）现场调查应包括下列内容：

① 收集被检测装配式住宅建筑的设计文件、施工文件和岩土工程勘察报告等资料；

② 场地和环境条件；

③ 被检测装配式住宅建筑的施工状况；

④ 预制部品部件的生产制作状况。

5）检测方案宜包括下列内容：

① 工程概况；

② 检测目的或委托方检测要求；

③ 检测依据；

④ 检测项目、检测方法以及检测数量；

⑤ 检测人员和仪器设备；

⑥ 检测工作进度计划；

⑦ 需要现场配合的工作；

⑧ 安全措施；

⑨ 环保措施。

6）装配式住宅建筑的现场检测可采用全数检测和抽样检测两种检测方式，遇到下列情况时宜采用全数检测方式。

① 外观缺陷或表面损伤的检查；

② 受检范围较小或构件数量较少；

③ 检测指标或参数变异性大、构件质量状况差异较大。

7）装配式住宅建筑施工过程应测量结构整体沉降和倾斜，测量方法应符合《建筑变形测量规范》JGJ 8—2016 的规定。

8）当仅采用静力性能检测无法进行损伤识别和缺陷诊断时，宜对结构进行动力测试。动力测试应符合《建筑结构检测技术标准》GB/T 50344—2019 的规定。

9）检测结束后，应修补检测造成的结构局部损伤，修补后的结构或构件的承载能力不应低于检测前承载能力。

10）每一阶段检测结束后应提供阶段性检测报告，检测工作全部结束后应提供项目检测报告；检测报告应包括工程概况、检测依据、检测目的、检测项目、检测方法、检测仪器、检测数据和检测结论等内容。

（5）装配式混凝土结构检测

1）一般规定

① 结构构件或连接检测不合格，或对质量有怀疑时，可进行静载检测，静载检测方法及结果评定应符合《混凝土结构现场检测技术标准》GB/T 50784—2013 的规定。

② 装配式混凝土结构检测过程应采取可靠的安全防范措施，并应符合下列规定：

a. 当采用 X 射线法检测时，检测现场周边的防护措施、检测设备与人员之间的安全距离等应符合国家现行有关标准的规定；

b. 在结构负荷状态下进行结构构件静载检测时，应采取安全措施。

③ 装配式混凝土结构检测结果的评定，应符合《建筑工程施工质量验收统一标准》GB 50300—2013、《混凝土结构工程施工质量验收规范》GB 50204—2015、《建筑结构检测技术标准》GB/T 50344—2019 和《混凝土结构现场检测技术标准》GB/T 50784—2013 的规定。

2）材料

① 钢筋检测应符合《混凝土结构工程施工质量验收规范》GB 50204—2015 和《混凝土结构现场检测技术标准》GB/T 50784—2013 的规定。

② 装配式混凝土结构后浇混凝土施工后，当预留混凝土试块的抗压强度不合格时，应按《混凝土结构现场检测技术标准》GB/T 50784—2013 进行后浇混凝土的现场检测。

③ 混凝土检测宜包括力学性能、长期性能和耐久性能、有害物质含量及其作用效应等项目，检测方法应符合《混凝土结构现场检测技术标准》GB/T 50784—2013 的规定。

④ 连接材料检测应符合下列规定：

a. 灌浆料抗压强度检测应在施工现场制作平行试件，套筒灌浆料抗压强度检测应符合《钢筋连接用套筒灌浆料》JG/T 408—2019 的规定，浆锚搭接灌浆料抗压强度检测应符合

《水泥基灌浆材料应用技术规范》GB/T 50448—2015 的规定；

b. 坐浆料抗压强度检测应在施工现场制作平行试件，并应符合《建筑砂浆基本性能试验方法标准》JGJ/T 70—2009 的规定；

c. 钢筋锚固板的检测内容和方法应符合《钢筋锚固板应用技术规程》JGJ 256—2011 的规定；

d. 紧固件和焊接材料的检测内容和方法应符合《钢结构工程施工质量验收标准》GB 50205—2020 的规定。

3）装配式混凝土构件要求

25. 装配式
混凝土
构件要求

4）连接

① 结构构件之间的连接质量检测应包括套筒灌浆饱满度与浆锚搭接灌浆饱满度、焊接连接质量与螺栓连接质量、预制剪力墙底部接缝灌浆饱满度、双面叠合剪力墙空腔内现浇混凝土质量等内容。

② 套筒灌浆饱满度可采用预埋传感器法、预埋钢丝拉拔法、X 射线成像法等检测，检测方法的选用应符合下列规定：

a. 预埋传感器法可应用于正式灌浆施工前，针对工艺检验使用的平行试件进行的套筒灌浆饱满度检测；也可应用于正式灌浆施工过程中的套筒灌浆饱满度检测；

b. 预埋钢丝拉拔法可应用于正式灌浆施工前，针对工艺检验使用的平行试件进行的套筒灌浆饱满度检测，也可应用于正式灌浆施工后的套筒灌浆饱满度检测；必要时可采用内窥镜对检测结果进行校核；

c. X 射线成像法可应用于套筒单排布置或梅花状布置的预制混凝土剪力墙以及在正式灌浆施工后的套筒灌浆饱满度检测，必要时可采用局部破损法对检测结果进行校核。

③ 套筒灌浆饱满度检测的数量应符合下列规定：

a. 对重要的构件或对施工工艺、施工质量有怀疑的构件，所有套筒均应进行灌浆饱满度检测；

b. 首层装配式混凝土结构，每类采用钢筋套筒灌浆连接的构件，检测数量不应少于首层该类预制构件总数的 20%，且不应少于 2 个；其他层每层每类构件的检测数量不应少于该层该类预制构件总数的 10%，且不应少于 1 个；

c. 对采用钢筋套筒灌浆连接的外墙板、梁、柱等构件，每个灌浆仓的套筒检测数量不应少于该仓套筒总数的 30%，且不应少于 3 个；被检测套筒应包含灌浆口处套筒、距离灌浆口套筒最远处的套筒；对受检构件中采用单独灌浆方式灌浆的套筒，套筒检测数量不应少于该构件单独灌浆套筒总数的 30%，且不宜少于 3 个；

d. 对采用钢筋套筒灌浆连接的内墙板，每个灌浆仓的套筒检测数量不应少于该仓套筒总数的 10%，且不应少于 2 个；被检测套筒应包含灌浆口处套筒、距离灌浆口套筒最远处的套筒；对受检测构件采用单独灌浆方式灌浆的套筒，套筒检测数量不应少于该构件单独灌浆套筒总数的 10%，且不宜少于 2 个；

e. 当检测不合格时，应及时分析原因，改进施工工艺，解决存在的问题；整改后应重新检测，合格后方可进行下道工序施工。

④ 当采用预埋传感器法、预埋钢丝拉拔法、X 射线成像法检测套筒灌浆饱满度时，应符合相关规定。

⑤ 浆锚搭接灌浆饱满度可采用 X 射线成像法结合局部破损法检测；对墙、板等构件，可采用冲击回波法结合局部破损法检测，冲击回波法的应用应符合相关的规定。

⑥ 当构件采用焊接连接或螺栓连接时，连接质量检测应符合《钢结构工程施工质量验收标准》GB 50205—2020 的规定。

⑦ 预制剪力墙底部接缝灌浆饱满度宜采用超声法检测，采用超声法检测应符合下列规定：

a. 检测部位应避开机电管线，检测时的灌浆龄期不应少于 7d；

b. 超声法所用换能器的辐射端直径不应超过 20mm，工作频率不宜低于 250kHz；

c. 宜选用对测方法，初次测量时测点间距宜选择 100mm，对有怀疑的点位可在附近加密测点；

d. 必要时可采用局部破损法对检测结果进行验证。

⑧ 双面叠合剪力墙空腔内现浇混凝土质量可采用超声法检测，必要时采用局部破损法对超声法检测结果进行验证。

⑨ 当双面叠合剪力墙空腔内现浇混凝土预留试块的抗压强度不合格时，宜采用钻芯法检测空腔内现浇混凝土的抗压强度，并应符合《混凝土结构现场检测技术标准》GB/T 50784—2013 的规定。

⑩ 预制剪力墙底部接缝灌浆饱满度和双面叠合剪力墙空腔内现浇混凝土质量的检测数量应符合下列规定：

a. 首层装配式混凝土结构，不应少于剪力墙构件总数的 20%，且不应少于 2 个；

b. 其他层不应少于剪力墙构件总数的 10%，且不应少于 1 个。

⑪ 现浇结合面的缺陷检测宜采用具有多探头阵列的超声断层扫描设备进行检测，也可采用冲击回波法、超声法进行检测，检测要求应符合《混凝土结构现场检测技术标准》GB/T 50784—2013 的规定。检测数量应符合 GB/T 50784—2013 第 5.3.5 条的规定，测点布置应符合下列规定：

a. 测点在板上应均匀布置；

b. 测点上应有清晰的编号；

c. 测点间距不应大于 1m，板中部和距支座附近 500mm 范围内应布置测点；

d. 每个构件上测点数不应少于 9 个。

⑫ 当检测钢筋接头强度时，每 1000 个为一个检验批，不足 1000 个的也应作为一个检验批，每个检验批选取 3 个接头做抗拉强度试验。若有 1 个试件的抗拉强度不符合要求，应再取 6 个试件进行复检。复检中若仍有抗拉强度不符合要求，则该检验批为不合格。

⑬ 当钢筋采用套筒灌浆连接时，接头强度应在施工现场制作平行试件进行检测，检测方法应符合《钢筋套筒灌浆连接应用技术规程》JGJ 355—2015 的规定。

⑭ 当钢筋采用机械连接时，接头强度应在施工现场制作平行试件进行检测，检测方法应符合《钢筋机械连接技术规程》JGJ 107—2016 的规定。

⑮ 当钢筋采用焊接连接时，接头强度应在施工现场制作平行试件进行检测，检测方法应符合《钢筋焊接及验收规程》JGJ 18—2012 的规定。

（6）装配式钢结构检测

1）一般规定

① 按检验批检测时，抽样检测的比例及合格判定应符合《钢结构工程施工质量验收标准》GB 50205—2020 的规定。

② 当采用射线检测钢结构内部缺陷时，在检测现场周边区域应有防护措施，并应符合《焊缝无损检测 射线检测 第 1 部分：X 和伽玛射线的胶片技术》GB/T 3323.1—2019 的规定。

③ 装配式钢结构的重要受力部位或重要结构部位宜进行应力及变形监测，并应符合《民用建筑可靠性鉴定标准》GB 50292—2015 的规定。

④ 钢结构防腐涂层、防火涂层的检测应符合《钢结构现场检测技术标准》GB/T 50621—2010 的规定。

2）装配式钢结构材料及构件要求

3）连接

① 连接检测应包括焊接连接、螺栓连接等内容。

② 焊缝连接检测方法和要求应符合表 19-2 的规定，检测数量应符合《钢结构工程施工质量验收标准》GB 50205—2020 的规定。

焊缝连接检测方法和要求　　　　　　　　　　　　　　表 19-2

序号	检测项目		检测要求	检测方法
1	角焊缝	外观质量：裂纹、咬边、根部收缩、弧坑、电弧擦伤、表面夹渣、焊缝饱满程度、表面气孔和腐蚀程度等	《钢结构工程施工质量验收标准》GB 50205—2020；《钢结构焊接规范》GB 50661—2011	目测,辅以低倍放大镜,必要时采用磁粉探伤或渗透探伤
2		焊缝尺寸：焊缝长度、焊脚尺寸、焊缝余高		焊接检验尺检测
3	对接焊缝	外观质量：裂纹、咬边、根部收缩、弧坑、电弧擦伤、接头不良、表面夹渣、焊缝饱满程度、表面气孔和腐蚀程度等	《钢结构工程施工质量验收标准》GB 50205—2020；《钢结构焊接规范》GB 50661—2011	目测,辅以低倍放大镜,必要时采用磁粉探伤或渗透探伤
4		焊缝内部质量：裂缝、夹层、杂质		《焊缝无损检测超声检测技术、检测等级和评定》GB/T 11345—2013
5		焊缝尺寸：焊缝长度、焊缝余高		焊接检验尺检测
6		熔敷金属力学性能：—		截取试样检验

③ 普通螺栓连接的检测内容应包括螺栓断裂、松动、脱落、螺杆弯曲、螺纹外露圈数、连接零件齐全和锈蚀程度。

④ 普通螺栓连接检测宜采用观察、锤击等方法，检测数量应符合《钢结构工程施工质量验收标准》GB 50205—2020 的规定。

⑤ 当出现下列情况之一时，普通螺栓连接应判定为失效：

a. 部分连接螺栓出现断裂、松动、脱落、螺杆弯曲等损坏；

b. 连接板出现翘曲或连接板上部分螺孔产生挤压破坏；

c. 螺栓间距不符合规范，影响正常使用安全。

⑥ 高强度螺栓连接的检测应包括下列内容：

a. 螺栓断裂、松动、脱落、螺杆弯曲、螺纹外露圈数、滑移变形、连接板螺孔挤压破坏、连接零件齐全和锈蚀程度等；

b. 终拧扭矩。

⑦ 高强度螺栓连接检测方法及数量应符合《钢结构工程施工质量验收标准》GB 50205—2020 和《钢结构高强度螺栓连接技术规程》JGJ 82—2011 的规定。

⑧ 当出现下列情况之一时，高强度螺栓连接应判定为失效：

a. 连接中部分高强度螺栓出现断裂、脱落、螺杆弯曲等损坏；

b. 连接板出现滑移变形、翘曲或连接板上部分螺孔产生挤压破坏；

c. 螺栓间距不符合规范，影响正常使用安全。

⑨ 梁柱、梁梁节点的检测应包括下列内容：

a. 节点及其零部件的尺寸、构造；

b. 对于采用端板连接的梁柱连接，应检测端板厚度及变形、开裂状况，梁（柱）与端板的连接开裂状况；端板的连接螺栓松动、脱落状况；

c. 对于采用栓焊或全焊的框架梁柱、梁梁连接，应检测焊缝和螺栓连接质量。

⑩ 支座节点检测内容应包括支座偏心与倾斜、支座沉降、支座锈蚀、连接焊缝裂纹、锚栓变形或断裂、螺母松动或脱落、限位装置、铰支座转动或滑动状况等。

⑪ 对结构受力较大或对结构影响较大的焊接节点部位应进行残余应力的检测并进行消除处理。

⑫ 对于其他形式的节点，应根据其构造和受力特点确定检测项目和方法。

---

3. 注意问题

（1）装配式混凝土结构的检测的重点在于节点连接，节点连接的质量直接关乎着建筑物整体质量安全。

（2）装配式钢结构要重点检测：

1）钢结构的防火性能。现场检测要对防火涂料进行检测；

2）节点连接。要加强对交接点、焊接点的检测；

3）重视对挠度的测定。

思考题

1. 结构抗震试验方法分为哪几种？各自有哪些特点？
2. 拟静力试验的适用范围有哪些？
3. 简述拟静力试验的试验实施和控制方法。
4. 拟动力试验的基本原理是什么？
5. 简述拟动力试验的数据处理方法。
6. 风洞试验的基本方法是什么？
7. 风洞试验有哪些主要设备？
8. 测压试验有哪些试验要求？
9. 测力试验的基本原理是什么？
10. 气动弹性模型试验有哪些检测步骤？
11. 简述风环境的舒适度分类。
12. 智能检测系统由哪些单位组成？
13. 智能检测系统调试包括哪些内容？
14. 混凝土养护及抗压强度智能检测机器人检测包括哪些检测步骤？
15. 钢筋性能（抗拉、重量偏差、弯曲）智能检测机器人试验前需准备哪些内容？
16. 混凝土抗渗智能检测机器人的基本原理是什么？

参考文献

[1] 中华人民共和国交通运输部. 公路土工试验规程：JTG 3430—2020 [S]. 北京：人民交通出版社，2021.

[2] 中华人民共和国交通运输部. 公路工程无机结合料稳定材料试验规程：JTG E51—2009 [S]. 北京：人民交通出版社，2019.

[3] 张俊平. 土木工程试验与检测技术 [M]. 北京：中国建筑工业出版社，2013.

[4] 金桃等. 公路工程检测技术 [M]. 北京：人民交通出版社，2015.

[5] 中华人民共和国交通运输部. 公路工程沥青及沥青混合料试验规程：JTG E20—2011 [S]. 北京：人民交通出版社，2011.

[6] 中华人民共和国交通运输部. 公路路基路面现场测试规程：JTG 3450—2019 [S]. 北京：人民交通出版社，2019.

[7] 中华人民共和国交通运输部. 公路工程质量检验评定标准 第一册 土建工程：JTG F80/1—2017 [S]. 北京：人民交通出版社，2017.

[8] 中华人民共和国交通运输部. 公路沥青路面施工技术规范：JTG F40—2004 [S]. 北京：人民交通出版社，2004.

[9] 中华人民共和国交通运输部. 公路水泥混凝土路面施工技术细则：JTG/T F30—2014 [S]. 北京：人民交通出版社，2014.

[10] 吴佳晔. 土木工程检测与测试 [M]. 2版. 北京：高等教育出版社，2021.

[11] 中华人民共和国交通运输部. 公路桥梁荷载试验规程：JTG/T J21—01—2015 [S]. 北京：人民交通出版社，2016.

[12] 中华人民共和国交通运输部. 公路桥涵施工技术规范：JTG/T 3650—2020 [S]. 北京：人民交通出版社，2020.

[13] 黄成光. 公路隧道施工 [M]. 北京：人民交通出版社，2005.

[14] 中华人民共和国国家质量监督检验检疫总局 中国国家标准化管理委员会. 道路交通标线质量要求和检测方法：GB/T 16311—2009 [S]. 北京：中国标准出版社，2010.

[15] 中华人民共和国交通运输部. 公路交通安全设施设计规范：JTG D81—2017 [S]. 北京：人民交通出版社，2018.

[16] 中华人民共和国交通运输部. 软土地基路基监控标准：GB/T 51275—2017 [S]. 北京：中国计划出版社，2017.

[17] 中华人民共和国住房和城乡建设部. 建筑变形测量规范：JGJ 8—2016 [S]. 北京：中国建筑工业出版社，2016.

[18] 中华人民共和国住房和城乡建设部. 建筑抗震试验规程：JGJ/T 101—2015 [S]. 北京：中国建筑工业出版社，2015.

[19] 中华人民共和国住房和城乡建设部. 建筑工程风洞试验方法标准：JGJ/T 338—2014 [S]. 北京：中国建筑工业出版社，2014.

[20] 中华人民共和国住房和城乡建设部. 建筑结构荷载规范：GB 50009—2012 [S]. 北京：中国建筑工业出版社，2012.

[21] 中华人民共和国住房和城乡建设部. 装配式住宅建筑检测技术标准：JGJ/T 485—2019 [S]. 北京：中国建筑工业出版社，2019.

[22] 中华人民共和国住房和城乡建设部. 装配式混凝土建筑技术标准：GB/T 51231—2016 [S]. 北京：中国建筑工业出版社，2017.